小型建设工程施工项目负责人岗位培训教材

房屋建筑工程

小型建设工程施工项目负责人岗位培训教材编写委员会　编写

中国建筑工业出版社

图书在版编目（CIP）数据

房屋建筑工程/小型建设工程施工项目负责人岗位培训教材编写委员会编写. —北京：中国建筑工业出版社，2013.8

小型建设工程施工项目负责人岗位培训教材

ISBN 978-7-112-15568-2

Ⅰ.①房… Ⅱ.①小… Ⅲ.①建筑工程-施工管理-岗位培训-教材 Ⅳ.①TU71

中国版本图书馆 CIP 数据核字（2013）第 143774 号

本书是《小型建设工程施工项目负责人岗位培训教材》中的一本，是房屋建筑工程专业小型建设工程施工项目负责人参加岗位培训的参考教材。全书共分三部分内容，包括基础知识、建筑工程施工管理综合案例、建筑工程施工执业规模标准、执业范围、建造师签章文件介绍等。本书可供房屋建筑工程专业小型建设工程施工项目负责人作为岗位培训参考教材，也可供房屋建筑工程专业相关技术人员和管理人员参考使用。

* * *

责任编辑：刘 江 岳建光 周世明
责任设计：张 虹
责任校对：王雪竹 赵 颖

小型建设工程施工项目负责人岗位培训教材
房屋建筑工程
小型建设工程施工项目负责人岗位培训教材编写委员会 编写

*

中国建筑工业出版社出版、发行（北京西郊百万庄）
各地新华书店、建筑书店经销
北京科地亚盟排版公司制版
河北省零五印刷厂印刷

*

开本：787×1092 毫米 1/16 印张：15 字数：364 千字
2014 年 4 月第一版 2014 年 4 月第一次印刷
定价：**40.00** 元
ISBN 978-7-112-15568-2
（24154）

小型建设工程施工项目负责人岗位培训教材

编写委员会

主　编： 缪长江

编　委：（按姓氏笔画排序）

王　莹	王晓峥	王海滨	王雪青
王清训	史汉星	冯桂烜	成　银
刘伊生	刘雪迎	孙继德	李启明
杨卫东	何孝贵	张云富	庞南生
贺　铭	高尔新	唐江华	潘名先

序

为了加强建设工程施工管理，提高工程管理专业人员素质，保证工程质量和施工安全，建设部会同有关部门自2002年以来陆续颁布了《建造师执业资格制度暂行规定》、《注册建造师管理规定》、《注册建造师执业工程规模标准》（试行）、《注册建造师施工管理签章文件目录》（试行）、《注册建造师执业管理办法》（试行）等一系列文件，对从事建设工程项目总承包及施工管理的专业技术人员实行建造师执业资格制度。

《注册建造师执业管理办法》（试行）第五条规定：各专业大、中、小型工程分类标准按《注册建造师执业工程规模标准》（试行）执行；第二十八条规定：小型工程施工项目负责人任职条件和小型工程管理办法由各省、自治区、直辖市人民政府建设行政主管部门会同有关部门根据本地实际情况规定。该文件对小型工程的管理工作做出了总体部署，但目前我国小型建设工程还未形成一个有效、系统的管理体系，尤其是对于小型建设工程施工项目负责人的管理仍是一项空白，为此，本套培训教材编写委员会组织全国具有丰富理论和实践经验的专家、学者以及工程技术人员，编写了《小型建设工程施工项目负责人岗位培训教材》（以下简称《培训教材》），力求能够提高小型建设工程施工项目负责人的素质；缓解"小工程、大事故"的矛盾；帮助地方建立小型工程管理体系；完善和补充建造师执业资格制度体系。

本套《培训教材》共17册，分别为《建设工程施工管理》、《建设工程施工技术》、《建设工程施工成本管理》、《建设工程法规及相关知识》、《房屋建筑工程》、《农村公路工程》、《铁路工程》、《港口与航道工程》、《水利水电工程》、《电力工程》、《矿山工程》、《冶炼工程》、《石油化工工程》、《市政公用工程》、《通信与广电工程》、《机电安装工程》、《装饰装修工程》。其中《建设工程施工成本管理》、《建设工程法规及相关知识》、《建设工程施工管理》、《建设工程施工技术》为综合科目，其余专业分册按照《注册建造师执业工程规模标准》（试行）来划分。本套《培训教材》可供相关专业小型建设工程施工项目负责人作为岗位培训参考教材，也可供相关专业相关技术人员和管理人员参考使用。

对参与本套《培训教材》编写的大专院校、行政管理、行业协会和施工企业的专家和学者，表示衷心感谢。

在《培训教材》的编写过程中，虽经反复推敲核证，仍难免有不妥甚至疏漏之处，恳请广大读者提出宝贵意见。

小型建设工程施工项目负责人岗位培训教材编写委员会

2013年9月

前　　言

当前小型建筑工程施工项目负责人的管理还是一项空白，还未形成一个有效、系统的管理体系。因此，组织编写小型工程施工项目负责人岗位培训教材显得十分必要。旨在帮助地方建立小型工程管理体系；提高小型工程施工项目负责人素质，促进工程质量安全水平提高；缓解“小工程、大事故”矛盾；完善和补充建造师执业资格制度体系。

为此，本书编委会组织了全国具有丰富理论和实践经验的专家、学者以及工程技术人员，根据《注册建造师执业管理办法》第二十八条之规定：“小型工程施工项目负责人任职条件和小型工程管理办法由各省、自治区、直辖市人民政府建设行政主管部门会同有关部门根据本地实际情况规定。”编写了《小型建设工程施工项目负责人岗位培训教材》（房屋建筑工程）教材。本教材针对我国小型工程施工项目负责人的知识和技能特点，着重在房建施工技术、建筑工程相关法律法规及其建筑工程施工执业规模标准、执业范围、建造师签章文件等方面作了阐述，并通过工程实例剖析以增强小型工程施工项目负责人的实际应用能力，从而使他们在理论知识和实践技能方面得到全面的提升。

本书由杨卫东等同志负责编写统稿。其中第一部分由敖永杰、计奎、刘振宏、沈翔、罗洋静、朱文彬、陶春、周宵燕、曾炜、刘华负责编写；第二部分由胡庆红、周松、邵文约负责编写；第三部分由杨卫东、陈锦苑、牛安琪、吕晓磊、费海鑫负责编写。本书编写得到了上海同济工程咨询有限公司、上海城建集团市政二公司、浙江海滨建设集团、福建四海建设有限公司等单位的大力协作，在此一并表示感谢。

由于编者水平及经验所限，在编撰过程中，难免有不妥甚至疏漏之处，敬请广大读者批评指正。

编写委员会

目　录

第一部分　基础知识

1　房屋建筑工程施工技术及实例 …… 1

1.1　建筑结构知识及实例 …… 1

1.2　建筑构造知识及实例 …… 4

1.3　施工测量基础知识及实例 …… 22

1.4　建筑工程土方工程施工技术 …… 30

1.5　地基与基础工程施工技术及实例 …… 35

1.6　主体结构工程施工技术及案例 …… 40

1.7　防水工程施工技术及案例 …… 45

2　建筑工程相关法律法规 …… 49

2.1　建筑工程安全生产的相关法规及案例 …… 49

2.2　施工现场管理的相关法规 …… 68

2.3　建筑工程施工技术规范 …… 81

2.4　民用建筑节能法规 …… 105

2.5　建筑工程施工验收相关规范 …… 120

2.6　工程建筑标准强制性条文 …… 135

第二部分　建筑工程施工管理综合案例

3　某住宅保障房工程施工管理案例 …… 145

3.1　工程概况及特点 …… 145

3.2　施工总体规划和部署 …… 146

3.3　施工测量 …… 150

3.4　基础工程施工 …… 152

3.5　主体工程施工 …… 154

3.6　装修工程施工方案和技术措施 …… 163

3.7　施工进度及主要资源设备控制 …… 167

3.8　关键施工技术措施 …… 168

3.9　安全生产保证措施 …… 170

4　某航空综合楼工程施工管理案例 …… 172

4.1　项目简介 …… 172

4.2　项目的进度控制 …… 173

4.3　项目的质量控制 …… 174

4.4　项目的投资控制 …… 178

4.5 项目的信息管理 …… 179
4.6 项目的合同管理 …… 181
4.7 项目的组织协调 …… 184
4.8 项目的安全及文明施工管理 …… 187
4.9 项目的风险管理 …… 189
5 某厂房及配套设施工程施工管理案例 …… 191
5.1 工程概况 …… 191
5.2 施工部署 …… 191
5.3 主要施工方案 …… 193
5.4 项目采购管理 …… 201
5.5 项目质量管理 …… 206
5.6 项目安全管理 …… 211
5.7 项目文明管理 …… 212
5.8 项目进度管理 …… 215
5.9 项目应急预案 …… 219

第三部分 建筑工程施工执业规模标准、执业范围、建造师签章文件介绍

6 房屋建筑工程施工执业规模标准介绍 …… 221
6.1 房屋建筑工程施工执业资格概述 …… 221
6.2 房屋建筑工程施工执业规模标准 …… 222
6.3 小型房屋建筑工程规模标准 …… 222
7 房屋建筑工程注册建造师签章文件介绍 …… 224
7.1 注册建造师签章文件概述 …… 224
7.2 房屋建筑工程签章文件类型 …… 224
7.3 房屋建筑工程签章文件范例 …… 226
8 建造师诚信体系、职业道德及法律责任 …… 228
8.1 建造师信用体系 …… 228
8.2 建造师职业道德 …… 228
8.3 建造师法律责任 …… 230

第一部分 基础知识

1 房屋建筑工程施工技术及实例

1.1 建筑结构知识及实例

1.1.1 建筑结构的定义、组成及分类

简单地说，建筑结构就是房屋的承重骨架（图 1-1）。

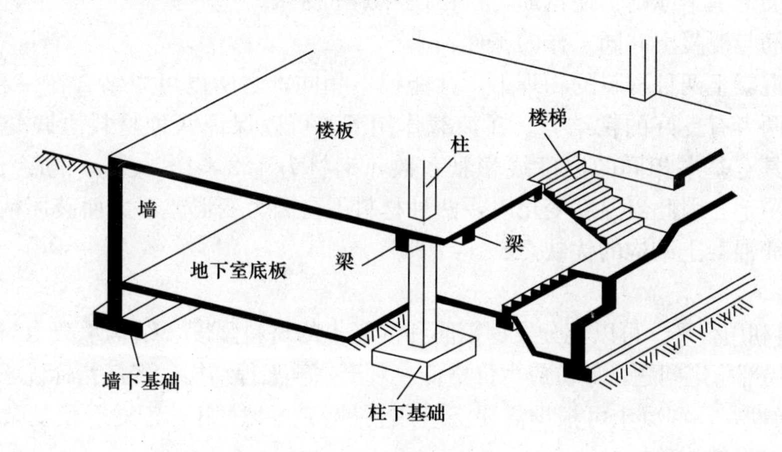

图 1-1 结构的组成

按所用材料的不同，建筑结构可分为：

①混凝土结构：钢筋混凝土结构、预应力混凝土结构（配置预应力钢筋的混凝土结构）、素混凝土结构（没有配置受力钢筋的混凝土结构）；②钢结构；③砌体结构：由块材通过砂浆砌筑而成的结构；④木结构；⑤混合结构：由两种及两种以上材料作为主要承重结构的房屋。此外还有钢-混凝土组合结构、钢管混凝土等。

按承重结构的类型可分为：

（1）框架结构：采用梁、柱结构体系作为承重结构，墙体只作为围护构件；框架可以预制或现浇，平面布置较灵活，可获得较大的使用空间；比混合结构强度高整体性强，但随层数增多侧移刚度不足。

（2）剪力墙结构：利用建筑物纵向及横向的钢筋混凝土墙体作为主要承重构件，再配以梁板组成的承重结构体系；其墙体同时也起围护分割作用。整体性好，刚度大，抗震性能好，适于 10～50 层的高层建筑；但剪力墙间距太小，平面布置不灵活，自重大，不适于公共建筑，一般适于住宅。

(3) 框架-剪力墙结构：框架结构的基础上，沿框架纵、横方向的某些位置，在柱与柱之间设置数道钢筋混凝土墙体作为剪力墙。框架-剪力墙结构是框架和剪力墙的有机结合，综合了两者的优点，布置灵活且抗侧力高。

(4) 筒体结构：用钢筋混凝土墙组成一个筒体作为房屋的承重结构；筒体可以由密柱深梁组成一个筒体，也可以用多个筒体组成筒中筒、束筒，还可以将框架和筒体联合起来组成框筒结构；筒体结构在各方向的抗侧刚度都很大，是目前高层建筑中较多采用的结构形式。

其他结构还有壳体结构、网架结构、悬索结构等，大多用于大跨度结构中。

1.1.2 各种建筑结构特点及应用情况

1.1.2.1 钢筋混凝土结构

(1) 两种材料的基本力学特性：

钢筋的抗拉与抗压强度较高，破坏时表现出较好的延性。混凝土的抗压强度高，抗拉强度远低于抗压强度，二者的比例约为 1∶10，破坏时具有明显的脆性性质。

(2) 配筋的基本原则：使钢筋受拉；使混凝土受压。

(3) 钢筋与混凝土共同工作的条件：

钢筋和混凝土两种材料的物理力学性能很不相同，之所以可以结合在一起共同工作，是因为：①两者有良好的粘结力，在荷载作用下，可以保证两种材料协调变形，共同受力；②两者具有基本相同的温度线膨胀系数 [钢材为 1.2×10^{-5}/℃，混凝土为 $(1.0\sim1.5)\times10^{-5}$/℃]，因此当温度变化时，两种材料不会因为变形差过大而破坏粘结力。

(4) 钢筋混凝土结构的优缺点：

优点：

1) 材料利用合理。可以充分发挥钢筋和混凝土的材料强度，结构承载力与刚度比例合适，基本无局部稳定问题，单位应力价格低，对于一般工程结构，经济指标优于钢结构。

2) 可模性好。混凝土可根据需要浇筑成各种尺寸，适用于各种形状复杂的结构，如空间薄壳、箱形结构等。

3) 耐久性和耐火性较好，维护费用低。钢筋有混凝土的保护层，不易锈蚀，混凝土的强度随时间而增长。混凝土是不良热导体，30mm 厚混凝土保护层可耐火 2h，使钢筋不致因升温过快而丧失强度。

4) 现浇混凝土结构的整体性好。通过合适的配筋，可获得较好的延性，适用于抗震、抗爆结构；同时防振性和防辐射性能较好，适用于防护结构。

5) 刚度大、阻尼大。有利于结构的变形控制。

6) 易于就地取材。混凝土所用的大量砂、石，易于就地取材，也可利用工业废料制造人工骨料，或作为水泥外加成分，改善混凝土性能。

缺点：

①自重大。不适用于大跨、高层结构。②抗裂性差。钢筋混凝土结构在正常使用阶段往往带裂缝工作，环境较差时会影响耐久性。③承载力有限。若用于重载结构和高层建筑底部结构，构件尺寸太大，减小使用空间。④施工复杂，工序多（支模、绑钢筋、浇筑、养护），工期长，施工受季节、天气的影响较大。⑤混凝土结构一旦破坏，其修复、加固、补强比较困难。

1.1.2.2 砌体结构

砌体结构的基本组成是砌块和砂浆。砌体抗压强度较高，但抗拉强度很低。砌体结构的优点是较易就地取材、具有很好的耐火性，以及较好的化学及大气稳定性、成本低。但自重大，强度低、砌筑工作繁重、砂浆和砌块的粘结力较弱、占用农田，影响环境。

1.1.2.3 钢结构

钢结构的优点是强度高、强重比大；塑性、韧性好；材质均匀，符合力学假定，安全可靠度高；工厂化生产，工业化程度高，施工速度快。但耐热不耐火；易锈蚀，耐腐性差。

钢结构多应用于重型结构及大跨度建筑结构，多层．高层及超高层建筑结构，轻钢结构，塔桅等高耸结构和钢-混凝土组合结构。

1.1.3 建筑结构技术要求

建筑结构技术要求包括安全性、适用性和耐久性，这三者概括称为结构的可靠性。

所谓结构的安全性是指结构在预定的使用期间，应能承受正常施工、正常使用情况下可能出现的各种荷载、外加变形（如超静定结构的支座不均匀沉降）、约束变形（如温度和收缩变形受到约束）等的作用。在偶然事件（如地震、爆炸）发生时和发生后，结构应能保持整体稳定性，不应发生倒塌或连续破坏而造成生命财产的严重损失。安全性是结构工程最重要的质量指标，主要决定于结构的设计与施工水准，也与结构的正确使用（维护、检测）有关，而这些又与土建法规和技术标准的合理规定及正确运用相关联。对结构工程设计而言，结构的安全性主要体现在结构构件承载能力的安全性、结构的整体牢固性等方面。因此，安全性表征了结构抵御各种作用的能力。

结构的适用性是指结构在正常使用期间具有良好的工作性能。如不发生影响正常使用的过大的变形（挠度、侧移）、振动（频率、振幅），或产生让使用者感到不安的过大的裂缝宽度。《混凝土结构设计规范》GB 50010 对适用性要求主要是通过控制变形和裂缝宽度来实现。对变形和裂缝宽度限值的取值，除了保证结构的使用功能要求，防止对结构构件和非结构构件产生不良影响外，还应保证使用者的感觉在可接受的程度之内。由于结构构件所处的位置及每个人的感觉均有所不同，考虑最一般的情况，规范将挠度控制在 $l_0/250$～$l_0/300$（l_0 为梁的计算跨度），最大裂缝宽度限制在 0.2～0.3mm 以内认为是可以接受的。由此看来，适用性是指良好的适宜的工作性能。

结构的耐久性按照《建筑结构可靠度设计统一标准》GB 50068 的定义是指结构在规定的工作环境中，在预定时期内，其材料性能的恶化不致导致结构出现不可接受的失效概率，在正常维护条件下，结构能够正常使用到规定的设计使用年限。而对于混凝土结构耐久性的定义则可为：混凝土结构及其构件在可预见的工作环境及材料内部因素的作用下，在预期的使用年限内抵抗大气影响、化学侵蚀和其他劣化过程，而不需要花费大量资金维修，也能保持其安全性和适用性的功能。在这个混凝土结构耐久性的定义中主要包含了三个基本要素：①环境。结构处于某一特定环境（包括自然环境、使用环境）中，并受其侵蚀作用；②功能。结构的耐久性是一个结构多种功能（安全性、适用性等）与使用时间相关联的多维函数空间；③经济。结构在正常使用过程中不需要大修。结构耐久性的概念使用已久，但尚无公认的定义。应当看到，包括上述定义及有关标准、规范、指南、文献等对结构耐久性的定义仅局限于外部环境（非荷载作用）对结构的长期作用，致使结构性能的（退化或增强）变化上，有一定的局限性。事实上，荷载对结构产生的累积损伤也应属于耐久性的范畴。结构的耐久性是结构的综合性能，反映了结构性能随时间的变化。

从结构的本意及安全性、适用性、耐久性的概念可以看出，安全性、适用性、耐久性三者都有明确的内涵。结构的安全性就是结构抵御各种作用的能力，结构的适用性是良好的适宜的工作性能，两者主要表征结构的功能问题。而结构的耐久性则是在长期作用下（环境、循环荷载等）结构抵御性能劣化的能力。耐久性问题存在于结构的整个生命历程中既涉及结构的承载能力，又涉及结构的正常使用以及维修等，因此，不能简单地把耐久性归属于安全性或适用性的一部分。

1.2　建筑构造知识及实例

一栋建筑一般包括基础、墙或柱、楼地层、楼梯、屋顶和门窗等六大部分。建筑构造设计须满足建筑物的各项使用功能要求，必须有利于结构安全，有利于使用先进技术，必须做到经济合理并注意美观。

1.2.1　基础的建筑构造

基础是建筑物地面以下的承重构件，承受建筑物上部结构传下来的全部荷载，并把这些荷载连同本身的重量一起传到地基。

1.2.1.1　基础的埋置深度

基础的埋置深度是指由室外设计地面到基础底面的距离（图 1-2）。一般认为，当基础埋深≤5m（或基础埋深＜基础宽度的 4 倍）时，属于浅基础；当基础埋深＞5m（或基础埋深≥基础宽度的 4 倍）时，属于深基础。按规定，基础的埋置深度一般不应小于 0.5m。

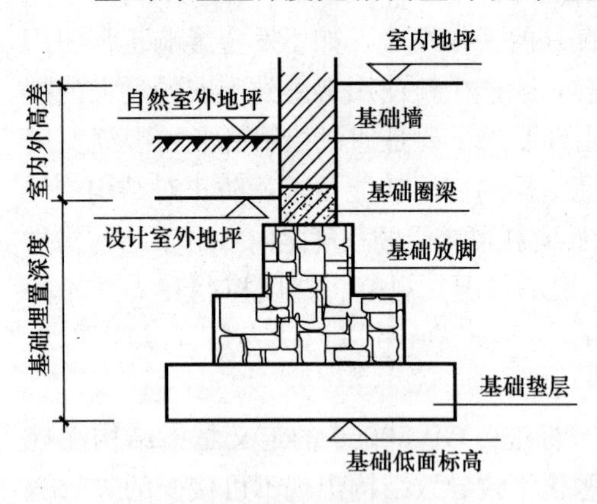

图 1-2　基础埋置深度示意

1.2.1.2　影响基础埋深的因素

影响基础埋深的主要因素包括地基、地下水位情况、冻结深度等。基础埋深与地基构造特性有直接、密切关系。

地下水的升降将导致土层膨胀收缩，进而导致基础产生沉降。当地下水位线较低时，基础埋深应在最高水位线以上。当地下水位线较高时，基础底面应在最低水位以下 200mm，并采用耐水基础材料（图 1-3）。

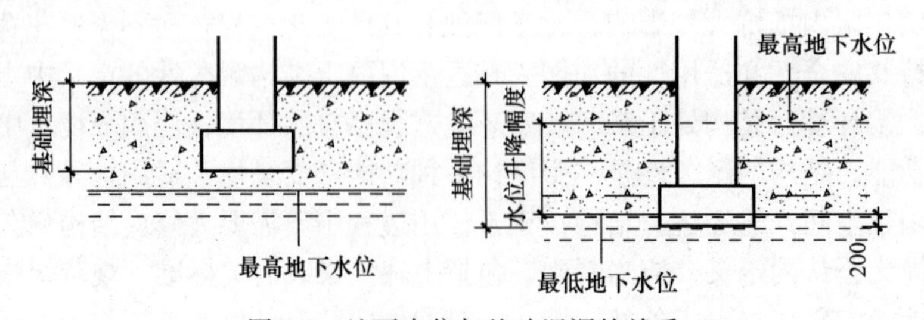

图 1-3　地下水位与基础埋深的关系

地基土冻结后，将产生冻胀现象，导致房屋上拱。土层解冻后，又导致基础下沉。冻融交错，致使建筑不稳定、开裂，门窗开启困难等。在粉砂，粉土和黏土中，基础埋深应在冰冻线以下 200mm。

另外，还应考虑相邻基础深度、拟建建筑物有无地下室、设备基础等因素对基础埋深的影响。新建建筑物的基础埋深一般不宜大于原有建筑物。若新建建筑物基础深于原基础，则新旧基础的相邻侧距离应为二者埋深之差的 1～2 倍，见图 1-4。

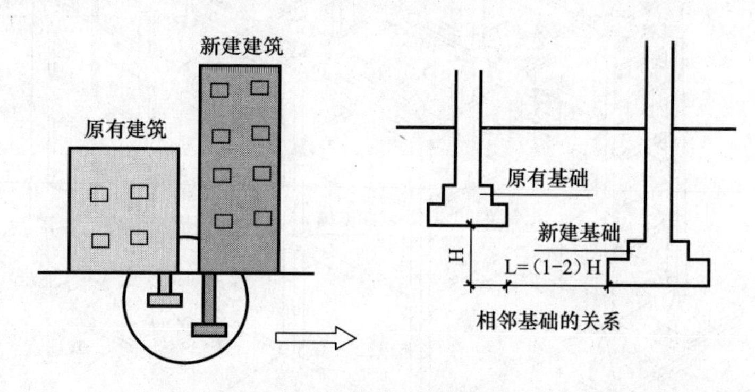

图 1-4　旧相邻基础的关系

1.2.1.3　基础的类型

按基础形状分为带形基础、独立式基础和联合基础等（图 1-5～图 1-7）。

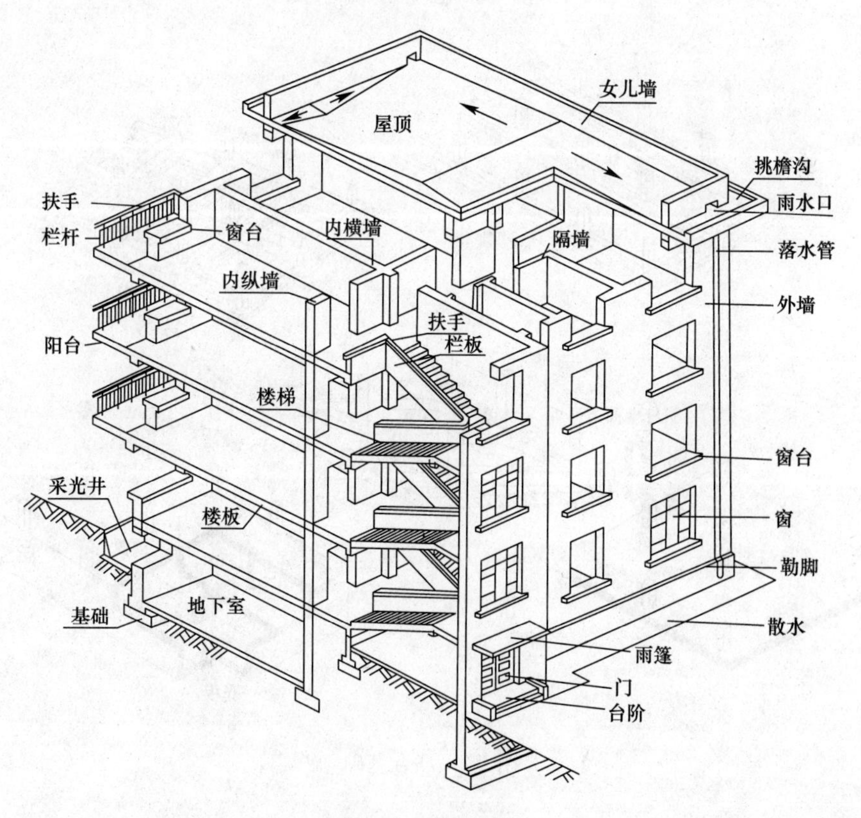

图 1-5　带形基础

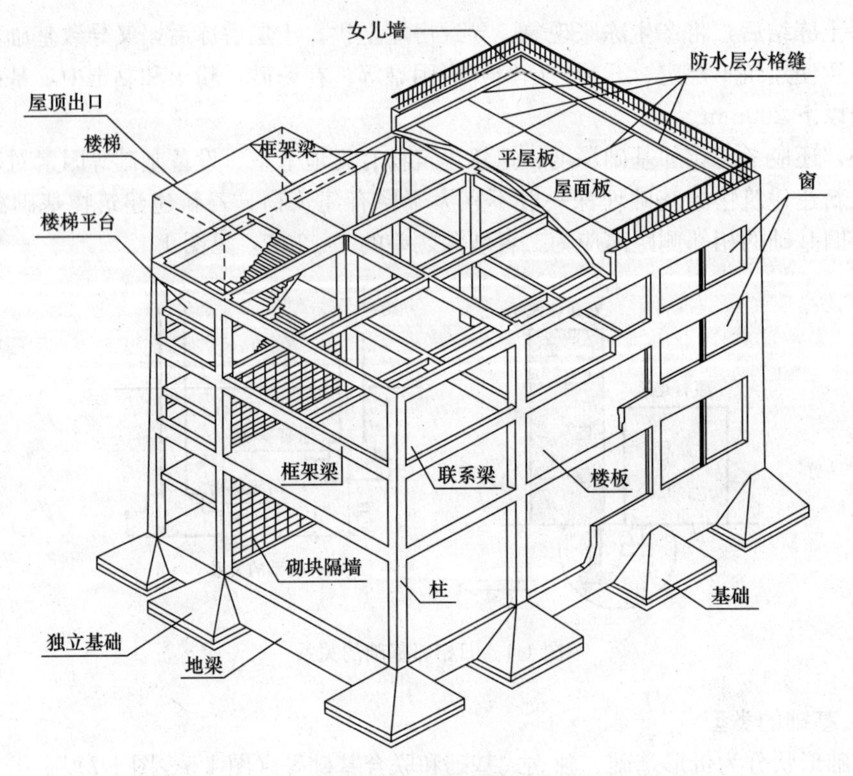

图 1-6　独立式基础

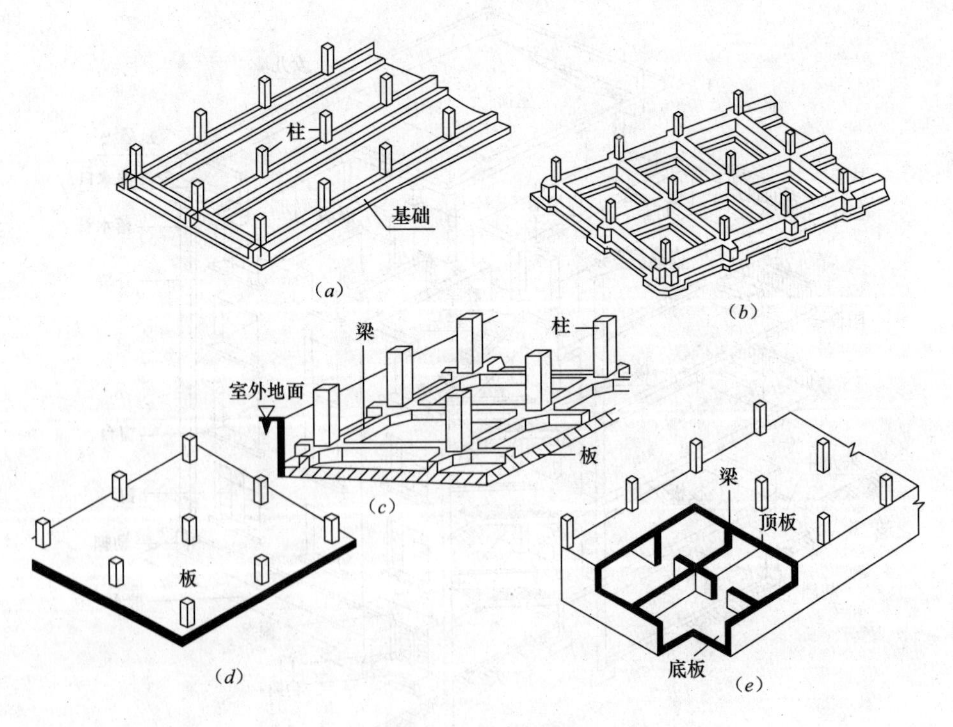

图 1-7　联合基础

按基础材料和基础的传力情况分为刚性基础和柔性基础（图 1-8、图 1-9）。刚性基础是指用砖、石、灰土、混凝土等抗压强度大而抗弯、抗剪强度小的材料做基础（受刚性角的限制），用于地基承载力较好、压缩性较小的中小型民用建筑。柔性基础是指用抗拉、抗压、抗弯、抗剪均较好的钢筋混凝土材料做基础（不受刚性角的限制），用于地基承载力较差、上部荷载较大、设有地下室且基础埋深较大的建筑。

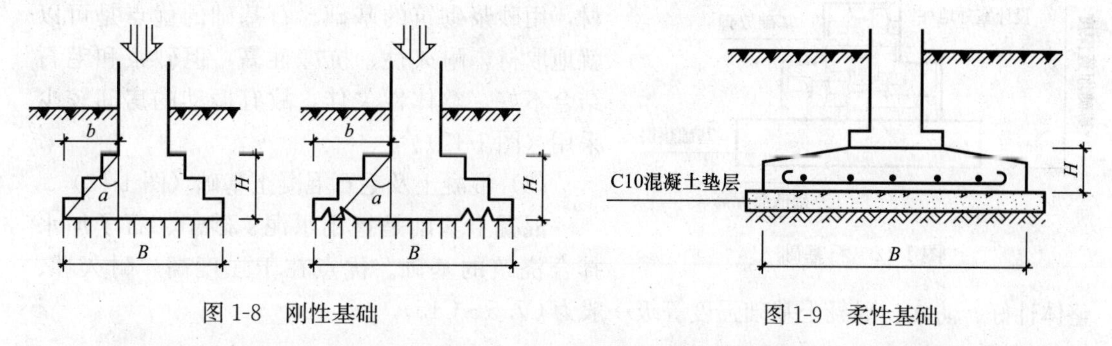

图 1-8　刚性基础　　　　图 1-9　柔性基础

按基础的深浅分为浅基础和深基础。浅基础包括无筋扩展基础、扩展基础、柱下条形基础、筏基、壳体基础、岩层锚杆基础。深基础主要为桩基，桩基由承台和桩柱组成。按荷载传递方式，桩柱可分为摩擦桩、摩擦端承桩和端承桩。按桩的制作方法分，桩柱可分为预制桩、灌注桩和爆扩桩，爆扩桩运用较少（图 1-10）。

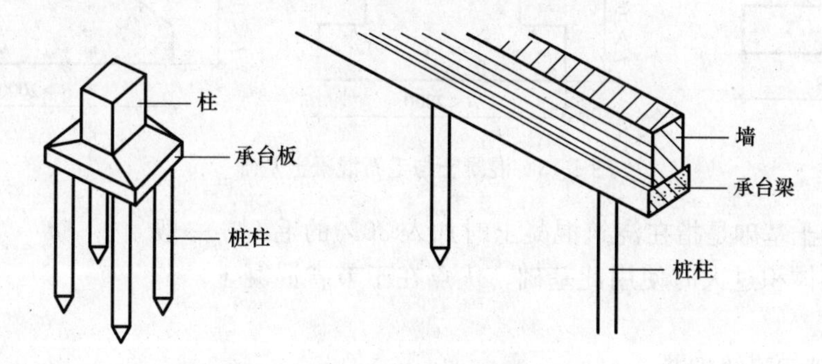

图 1-10　桩基组成

1.2.1.4　常用刚性基础构造

（1）砖基础

砖基础是指用砖砌筑的基础。优点是取材容易、价格较低、施工简便。缺点是强度、耐久性和抗冻性差（图 1-11）。

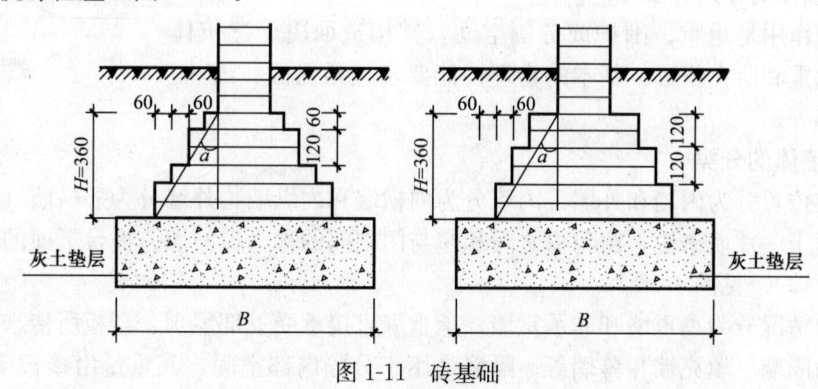

图 1-11　砖基础

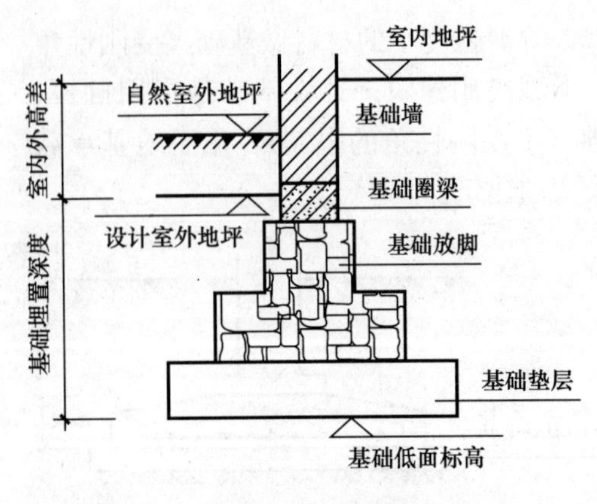

图 1-12　石基础

（2）石基础

石基础分为毛石基础和料石基础。毛石基础是指用开采下来未经雕琢形成的毛石和砂浆砌筑的基础。料石基础是加工成一定规格的石材，用砂浆砌筑的基础。石基础的优点是可以就地取材，耐久性、抗冻性高，但砂浆和毛石结合不好，整体性欠佳，故有振动的房间较少采用（图 1-12）。

（3）混凝土及毛石混凝土基础（图 1-13）

混凝土基础是指用水泥、砂子、石子加水拌合浇筑的基础。优点在于强度高、耐久性、整体性好、防水。混凝土基础强度等级一般为 C7.5～C15。

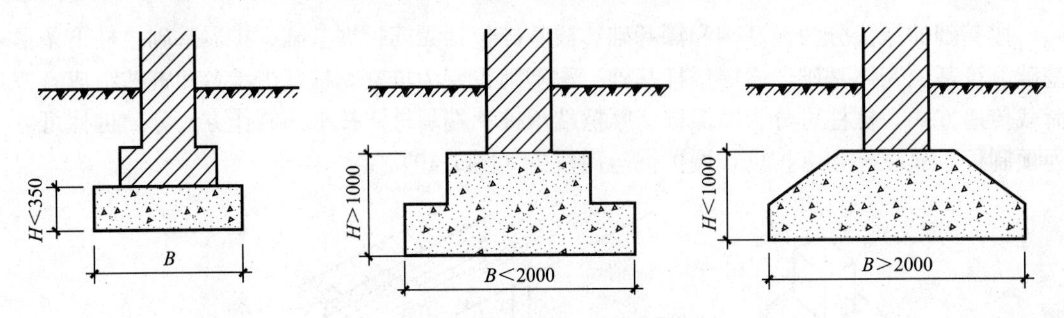

图 1-13　混凝土与毛石混凝土基础

毛石混凝土基础是指在浇筑混凝土时加入 30％的毛石。一般当混凝土基础体积过大时使用此基础。优点在于节省混凝土，节约造价。

1.2.1.5　基础沉降缝构造

设置基础沉降缝目的是为了消除基础不均匀沉降，应按要求设计基础沉降缝（图 1-14）。沉降缝常用的做法包括双墙式和悬挑式。

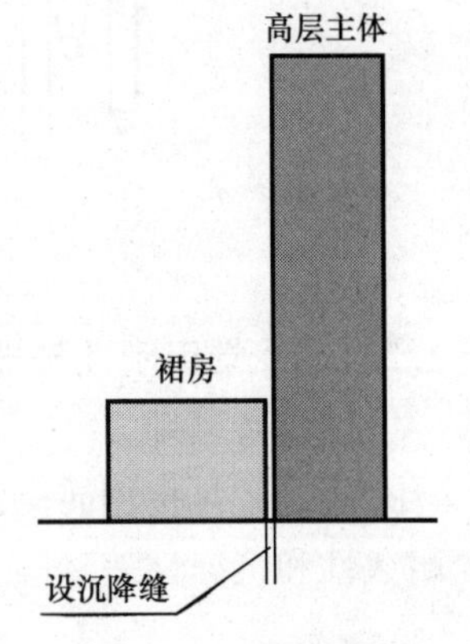

图 1-14　基础沉降缝

1.2.2　墙体的建筑构造

1.2.2.1　墙体的作用和要求

墙体的作用是承重、围护或分割空间。其构造取决于建筑体系、是否承重和所在位置。基本的物理性能要求包括保温、隔热、防火、隔声等。

1.2.2.2　墙体的分类

按所在位置分为内墙和外墙。内墙分为内横墙和内纵墙，外墙分为外横墙（山墙）和外纵墙。对于一片墙来说，窗与窗之间和窗与门之间的称为窗间墙，窗台下面的墙称为窗槛墙（窗下墙）。见图 1-15。

按受力情况分为承重墙和非承重墙。承重墙直接承受上部屋顶、楼板所传来荷载，非承重墙分为隔墙、填充墙和幕墙等。隔墙是用于分隔内部空间，其重量由楼板或梁承受。

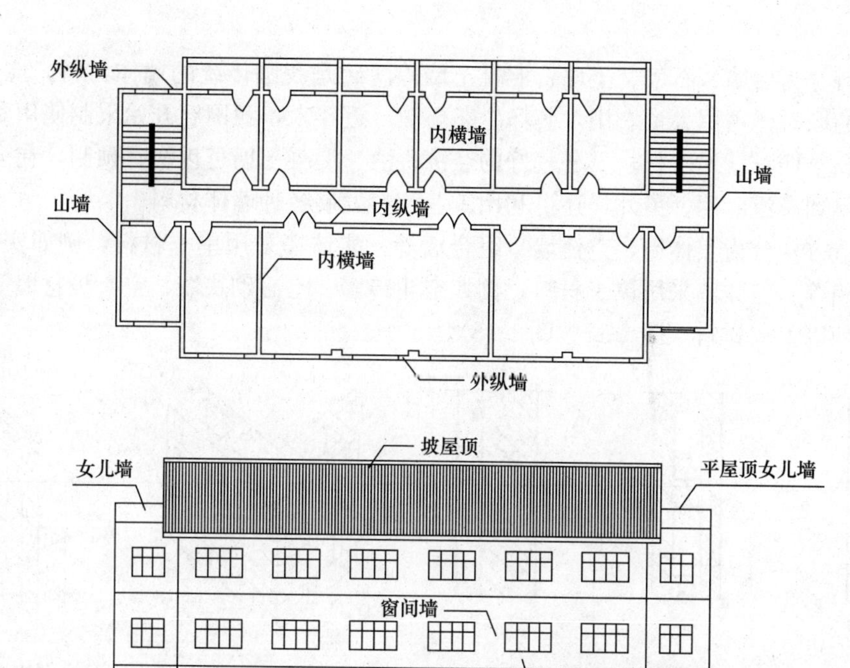

图 1-15　墙体名称

填充墙是框架结构中填充在柱子之间的墙。幕墙是悬挂于外部骨架或楼板间的轻质外墙。外部的填充墙和幕墙不承受上部楼板层和屋顶的荷载，却承受风荷载和地震荷载（图 1-16）。

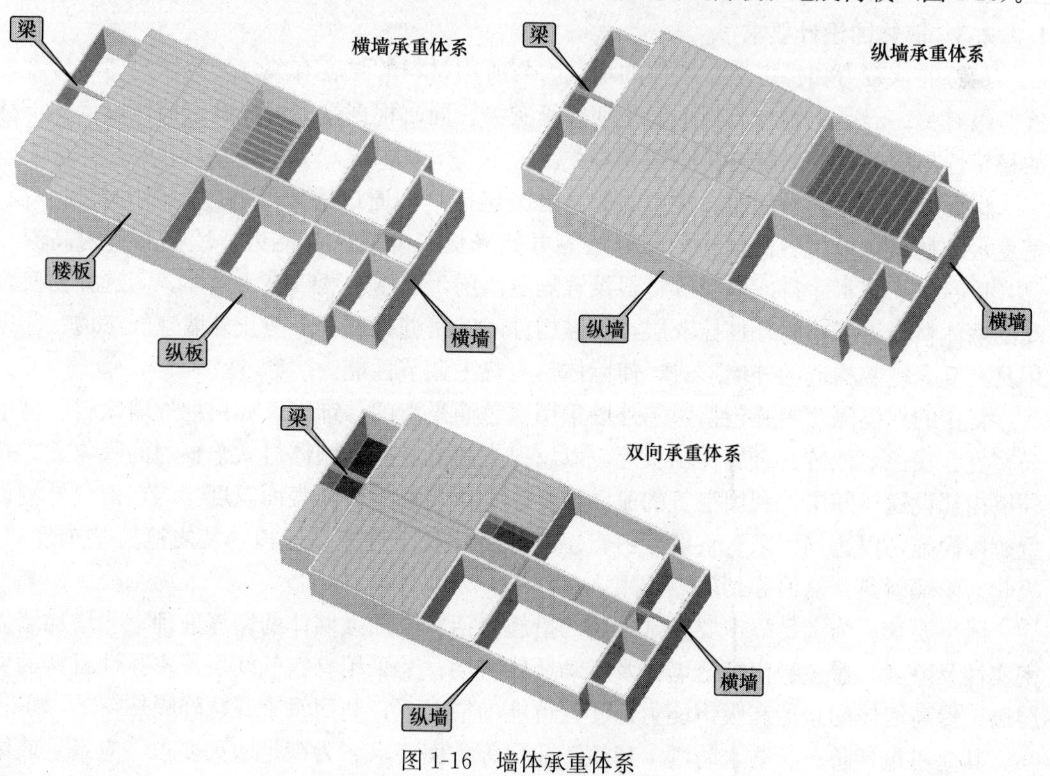

图 1-16　墙体承重体系

按材料分为砖墙、石墙、土墙、混凝土墙等。砖是我国传统的墙体材料，应用较广，但黏土砖的取材需占用大量农田，破坏生态环境，近年来，我国已开始限制使用黏土实心砖。石墙和土墙宜就地取材，具备较好的经济价值。混凝土墙可现浇、预制，在多层和高层建筑中得到广泛应用。另外，还可利用工业废料发展各种墙体材料。

按构造方式分为实体墙、空体墙、组合墙等。实体墙采用单一材料，例如实心砌块、普通黏土砖等。空体墙采用单一材料，例如空斗砖墙、空心砌块墙、空心板材墙等。组合墙采用两种以上的材料（图 1-17、图 1-18）。

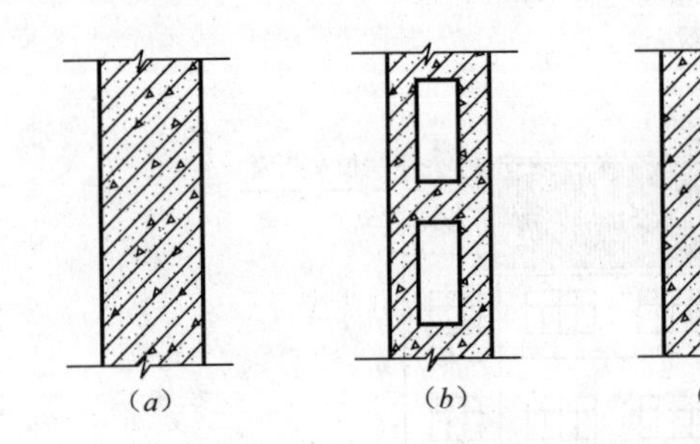

图 1-17　墙体构造形式

(a) 实体墙；(b) 空体墙；(c) 组合墙

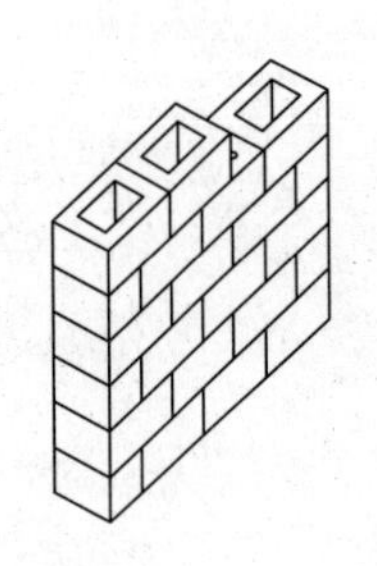

图 1-18　空斗砖墙、空心砌块墙

按施工方式分为块材墙、板筑墙、板材墙等。块材墙是用砂浆等胶结材料将砖石块材等组砌而成，例如砖墙、石墙及各种砌块墙等。板筑墙是在现场立模板，现浇而成的墙体，例如现浇混凝土墙等。板材墙是预先制成墙板，施工时安装而成的墙，例如预制混凝土大板墙、各种轻质条板内隔墙等。

1.2.2.3　墙体的设计要求

足够的承载力和稳定性。墙体的承载力与所用材料的强度有关。如砖墙与砖、砂浆强度等级有关；混凝土墙与混凝土的强度等级有关。同时根据受力情况确定墙体厚度。墙体的稳定性与墙的长度、高度、厚度等有关。

保温、隔热等方面性能。常用的保温措施包括：①通过增加外墙厚，选用孔隙率高、密度轻的材料，采用多种材料的组合墙等方式来提高外墙保温能力。②在靠室内高温一侧，用卷材、防水涂料或薄膜等材料设置隔蒸汽层，阻止水蒸气进入墙体。③选择密实度高的墙体材料，墙体内外加抹灰层，加强构件间的密缝处理等，防止外墙空气渗透。④采用具有复合空腔构造的外墙形式，使墙体具有热工调节性能。

常用的保温隔热措施包括：①外墙采用浅色而平滑的外饰面，如白色外墙涂料、玻璃马赛克、浅色墙地砖、金属外墙板等，以反射太阳光，减少墙体对太阳辐射的吸收。②在外墙内部设通风间层，利用空气的流动带走热量，降低外墙内表面温度。③在窗口外侧设置遮阳设施，以遮挡太阳光直射室内。④在外墙外表面种植攀援植物使之遮盖整个外墙，吸收太阳辐射热，从而起到隔热作用。

隔声要求。为满足隔声要求，常用的措施包括：①加强墙体的密缝处理；②增加墙体密实性及厚度，避免噪声穿透墙体及带动墙体振动；③采用有空气间层或多孔性材料的夹层墙，提高墙体的减振和吸声能力；④在可能的情况下，利用垂直绿化降噪。

其他还包括防火、防水防潮、建筑工业化等方面要求。为满足防火要求，应满足墙体材料及墙身厚度，应符合防火规范中相应燃烧性能和耐火极限所规定的要求，如划分防火区域、设置防火墙等。为满足防水防潮要求，应在卫生间、厨房、实验室等有水的房间及地下室的墙采取防水防潮措施。为满足建筑工业化要求，应进行墙体改革，提高机械化施工程度，采用轻质高强的墙体材料。

1.2.2.4 砖墙的构造

砖墙的尺寸有模数的要求。砖墙的组砌方式有实砌砖墙和空斗墙，排砖必须遵守施工规范要求，砂浆要饱满。为了满足砖墙的耐久性和墙体与其他构件连接的可靠性，必须对一些重点部位加强构造处理。

1.2.2.5 砌块墙的构造

砌块墙的构造原理与砖墙有许多相似之处，但砌块的组合很重要。砌块砌筑必须遵守砌筑规程。

1.2.2.6 隔墙构造

隔墙仅起分隔房间的作用，为非承重墙，包括立筋隔墙、块材隔墙和条板隔墙。隔墙与楼板及梁下必须抵紧，有可靠连接。隔墙的各处细部构造必须按照各自的规程施工。

1.2.3 楼地层的建筑构造

1.2.3.1 楼层、地层的作用

楼层是多层建筑层与层之间的水平分隔构件。作用承受荷载（活荷＋自重）并传递给墙或柱，以及连接水平构件与竖向构件，保证竖向构件的稳定性。

地层是建筑物室内与土壤直接相接或接近土壤的水平构件。作用是承受作用其上的全部荷载，并将其均匀地传给土壤或通过其他构件传给土壤。

1.2.3.2 楼地层的设计要求

楼地层应有足够的强度，以保证使用安全，同时还应有足够的刚度。在荷载的作用下，变形不超过容许范围，现浇钢筋混凝土板挠度应控制在 $f\leqslant L/250\sim L/350$，装配板的挠度应控制在 $f\leqslant L/200$，其中 L 为板跨。

根据不同的使用要求和建筑质量等级，要求楼地层具有不同程度的隔声、防水、防潮、耐腐蚀、防火、保温、隔热等性能。另外，楼地层的设计应便于敷设各种管线，并尽可能为工业化施工创造条件，提高建筑质量、加速施工进度。

1.2.3.3 楼地层的组成

楼地层的组成包括结构层、面层和顶棚。结构层是楼层、地层的承重部分，承受其上的荷载并传给墙、柱或土壤。面层包括面层和垫层，起保护结构层、分布荷载、室内装饰并满足隔声、保温、防水等功能。顶棚是楼层下面部分、起保护结构层、装饰室内、安装灯具、敷设管线等多种功能（图 1-19）。

1.2.3.4 钢筋混凝土楼板

钢筋混凝土楼板包括现浇式钢筋混凝土楼板、装配式钢筋混凝土楼板和装配整体式钢筋混凝土楼板。

（1）现浇式钢筋混凝土楼板

1）板式楼板。当房间尺寸较小，荷载通过楼板直接传递给墙或柱。

2）梁式楼板。当房间跨度较大，为了使板的受力、传力更合理，常在板下设梁（图 1-20）。

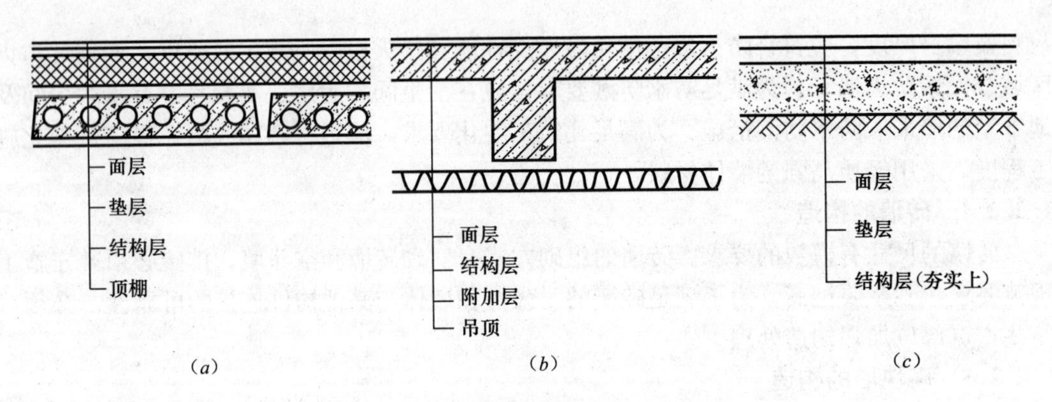

图 1-19　楼层和地层的组成

（a）楼层的组成；（b）楼层的组成；（c）地层的组成

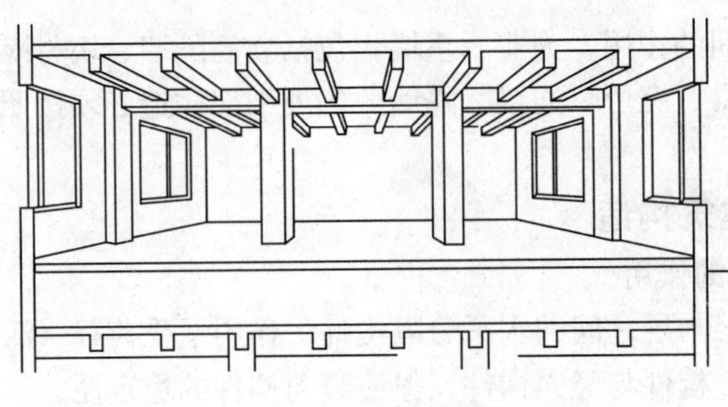

图 1-20　肋梁楼板

主梁：跨度一般：L=5～8m，高：h=L/14～L/8，宽：b=h/3～h/2。

次梁：跨度一般：L=4～6m，高：h=L/18～L/12，宽：b=h/3～h/2。

3）井式楼板。是梁式楼板的一种特殊形式。当房间尺寸接近正方形时，常在两个方向等距离布置梁格。这些梁的截面高度相等，不分主次（图 1-21）。

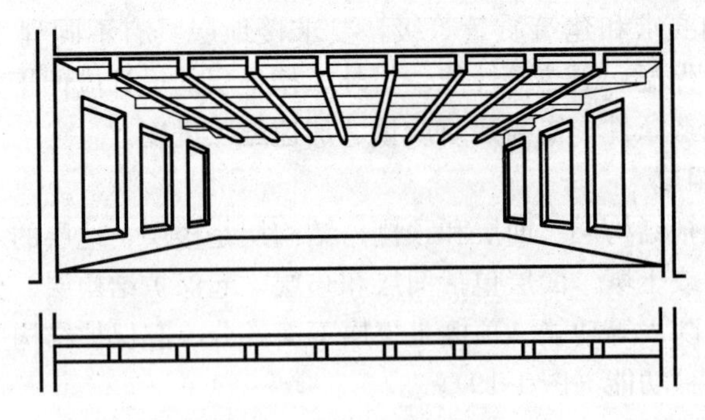

图 1-21　井式楼板

梁格一般布置成正交正放，正交斜放和斜交斜放（图 1-22）。

4）无梁楼板：是将板直接支撑在柱上，不设梁，多用于荷载较大的商场、展览厅、仓库等，板厚一般为 160～200mm，特点是顶棚平整、室内净高增大、采光通风良好（图 1-23）。

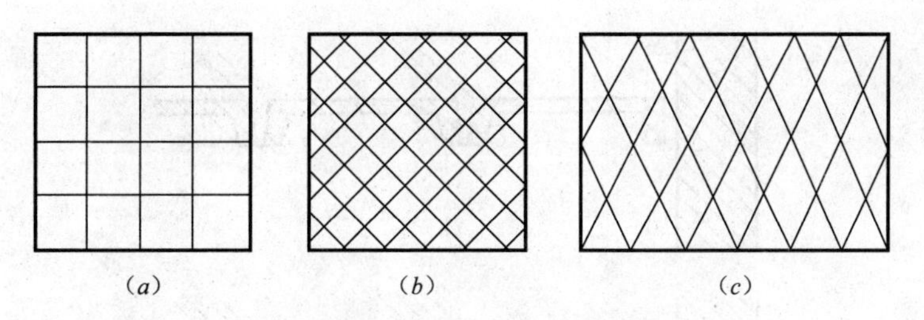

图 1-22　井式楼板梁格布置

(a) 正交正放；(b) 正交斜放；(c) 斜交斜放

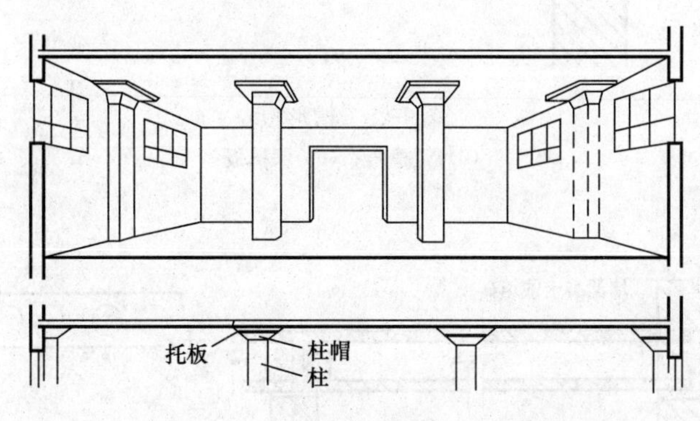

图 1-23　无梁楼板

5）压型钢板、混凝土组合楼板。是以压形钢板为衬板与混凝土浇筑在一起构成整体式楼板结构，一般在大空间、高层建筑中采用。钢衬板起到永久模板和配筋作用。特点是简化了施工程序，刚度大、整体性好，在压形钢板肋间空间还可以敷设管线（图 1-24）。

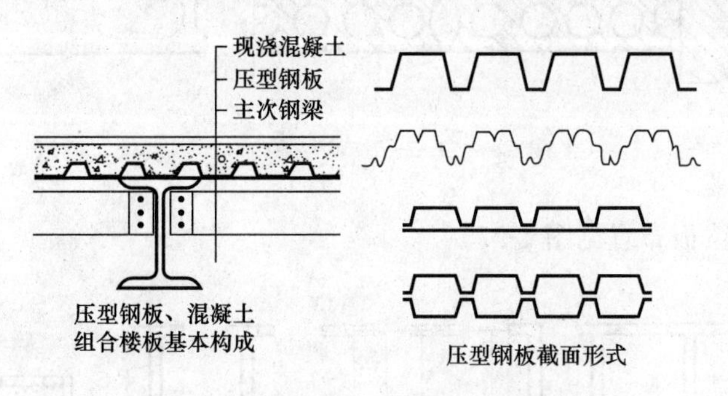

图 1-24　压型钢板与混凝土组合楼板

（2）装配式钢筋混凝土楼板

装配式钢筋混凝土楼板的构件类型包括实心板、槽形板和空心板。实心板的板厚一般为 50～80mm 厚，跨度≤2400mm。槽形板是一种梁板合一构件，有正槽板、倒槽板之分，特点是受力合理，充分发挥混凝土的抗压、钢筋的抗拉性能，正槽板较倒槽板合理，但是顶棚（地面）不平整、美观差，且板薄、隔声差。当板长≥6m，应加设横肋（图 1-25）。

空心板的特点是上下板面平整，便于做楼面和顶棚。较实心板经济，刚度好。安装时，两端用砖填塞，避免漏浆和保证荷载正常传递（图 1-26）。

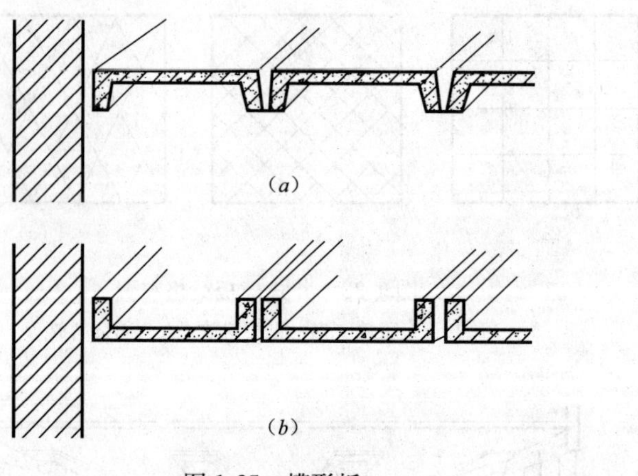

图 1-25　槽形板
（*a*）正槽板；（*b*）倒槽板

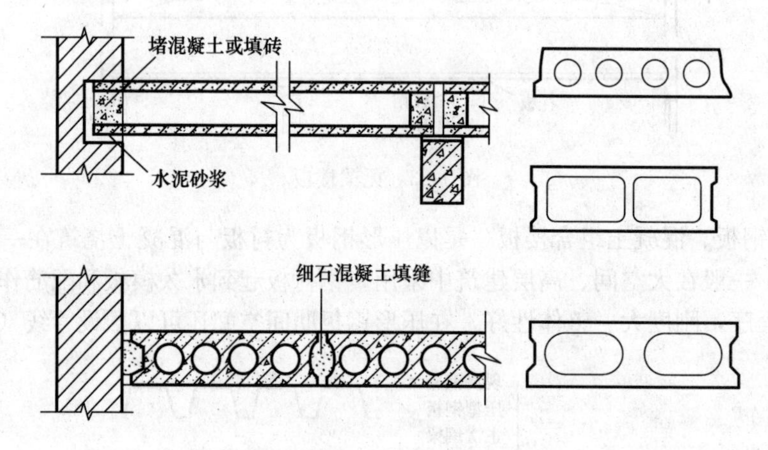

图 1-26　空心板

装配式楼板的梁板布置见图 1-27。

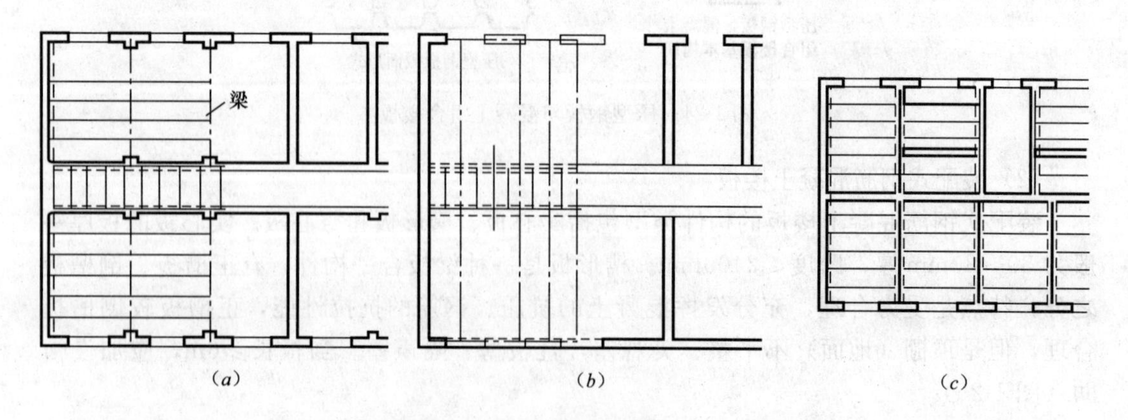

图 1-27　预制楼板的结构布置（一）
（*a*）设进深梁，纵向布置短板；（*b*）横向布置长板；（*c*）纵向布置短板

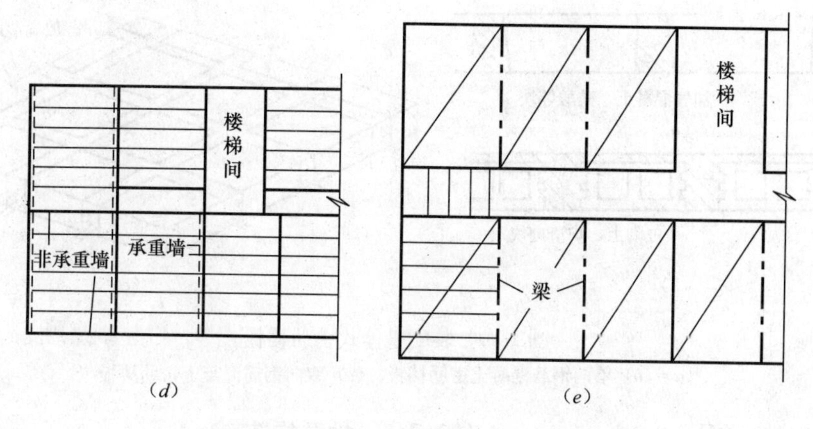

图 1-27　预制楼板的结构布置（二）

(*d*) 板式结构布置；(*e*) 梁板式结构布置

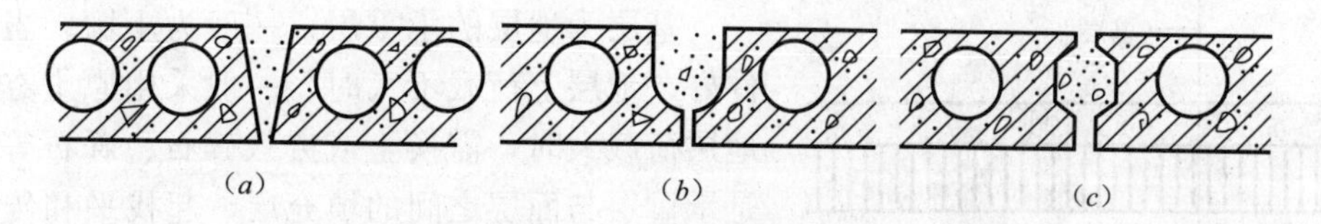

图 1-28　楼板侧缝接缝形式

(*a*) V 型缝；(*b*) U 型缝；(*c*) 凹槽缝

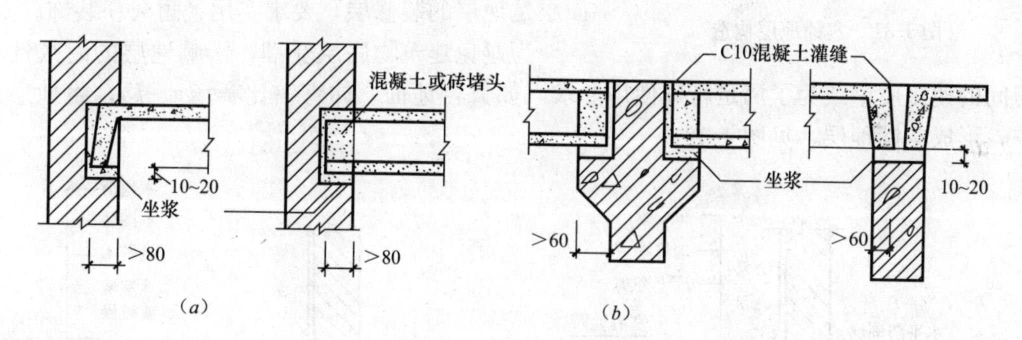

图 1-29　板与墙、梁的连接

(*a*) 板支承在砖墙上；(*b*) 板支承在钢筋混凝土梁上

装配式楼板侧缝的接缝形式见图 1-28。板与板之间的连接缝下部宽应不大于 20mm，当缝宽大于 50mm 时，需在缝内配纵向筋，然后灌注。

板与墙、梁的连接见图 1-29。若为砖墙，板的搁置长度应不小于 80mm，在梁上的搁置长度应不小于 60mm。在抗震地区，外墙的搁置长度不小于 120mm，内墙的搁置长度不小于 100mm，梁上的搁置长度不小于 180mm。所有板的支撑面上都应有 10～20mm 的混凝土坐浆，且混凝土的强度应不小于 M50。在板与墙、梁之间，板与板间应设拉结筋。

(3) 装配整体式钢筋混凝土楼板

装配整体式钢筋混凝土楼板是采用部分预制构件，通过现浇混凝土使其连成一体的楼板结构，兼有整体性强和节约模板特点（图 1-30）。

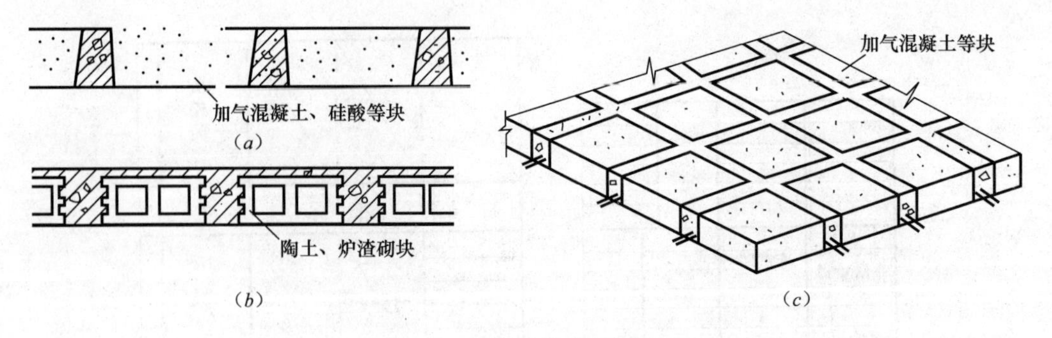

图 1-30　装配整体式密肋楼板

(a)(b) 单向钢筋混凝土密肋楼板；(c) 双向钢筋混凝土密肋楼板

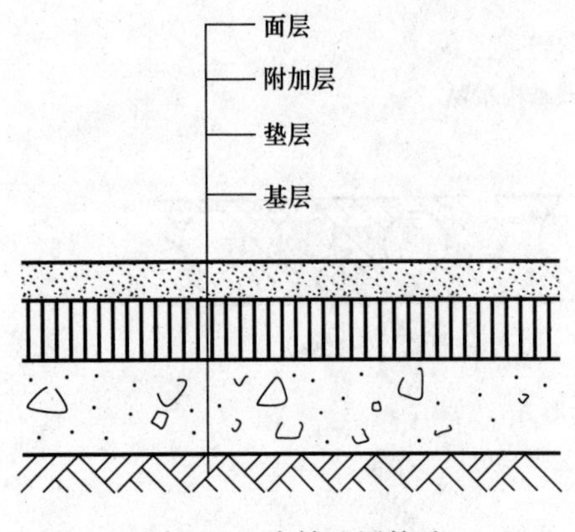

图 1-31　实铺地层构造

1.2.3.5　地层构造

实铺地层由基层、垫层和面层组成。垫层和面层一起称为地面（图 1-31）。

基层为地层的承重层，一般为土壤。当土壤条件好，地层上荷载不大时，一般采用原土夯实；当地层荷载大时，需换土或夯入碎石、砾石等。垫层是承重层与面层之间的填充层，起找平和传递荷载作用，要求强度大、刚度好，承受上部荷载并均匀传递，一般采用 C10 混凝土，厚度为 80～100mm。面层是地层的装修层，要求实用、耐久、装饰。

为避免建筑物底层受潮，影响地层的耐久性和房间的使用质量或为了满足特殊使用要求（如舞台地面、体育馆比赛场地等），将地层架空，形成空铺地层，见图 1-32。

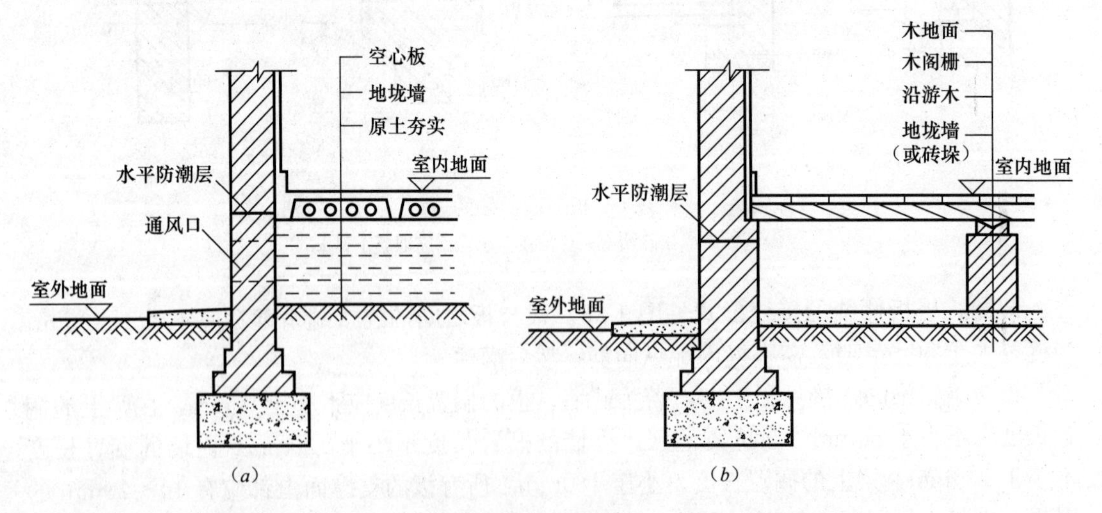

图 1-32　空铺地层

(a) 钢筋混凝土预制板空铺地层；(b) 木空铺地层

1.2.3.6　楼地面的构造

楼地面是楼板和地层基层上面的装修层。楼地面的设计要求包括：①具有足够的坚固性，要求在外力作用下不易破坏和磨损；②表面平整、光洁、不起尘、易清洁；③有良好的热工性能，保证寒冷季节脚部舒适；④有一定的弹性，使人驻留或行走有舒适感；⑤其他要求：例如：防潮、防水、防火、耐燃烧、耐酸碱等。

楼地面由垫层、附加层、面层组成，通常按面层材料命名。根据面层材料和施工方法的不同，楼地面可分为：①现浇类：水泥砂浆、细石混凝土、水磨石等；②镶铺类：黏土砖、水泥砖、陶瓷地砖、锦砖、人造石板、天然石板等；③卷材类：油地毡、橡胶地毯、塑料地板、地毯等；④涂料类：油漆、高分子合成涂料层等；⑤木地板：各种嵌木和条木等。

1.2.4 楼梯的建筑构造

1.2.4.1 楼梯的组成、形式与尺度

楼梯的组成包括梯段、楼梯平台和栏杆扶手。梯段的踏步数一般在 3～18 之间。楼梯平台包括中间平台和楼层平台。当梯段宽大于 1.4m 时，非临空面应设靠墙扶手；当梯段宽大于 2.2m 时，梯段中间增设中间扶手（图 1-33）。

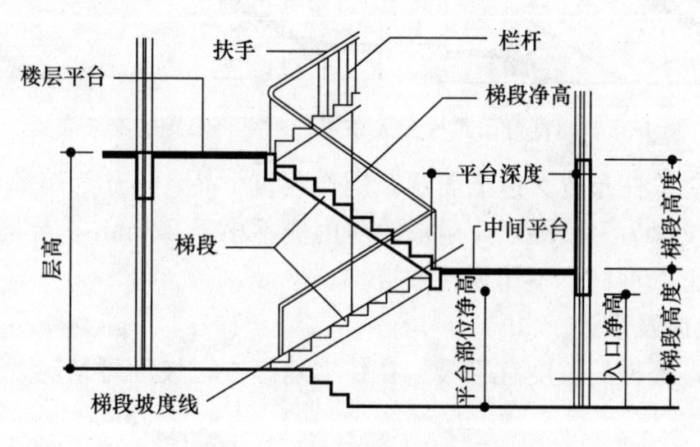

图 1-33 楼梯组成剖面示意

1.2.4.2 楼梯的形式

楼梯的形式包括直行单跑楼梯、直行多跑楼梯、平行双跑楼梯、平行双分双合楼梯（图 1-34）、折行多跑楼梯、交叉跑（剪刀）楼梯、螺旋形楼梯和弧形楼梯等。

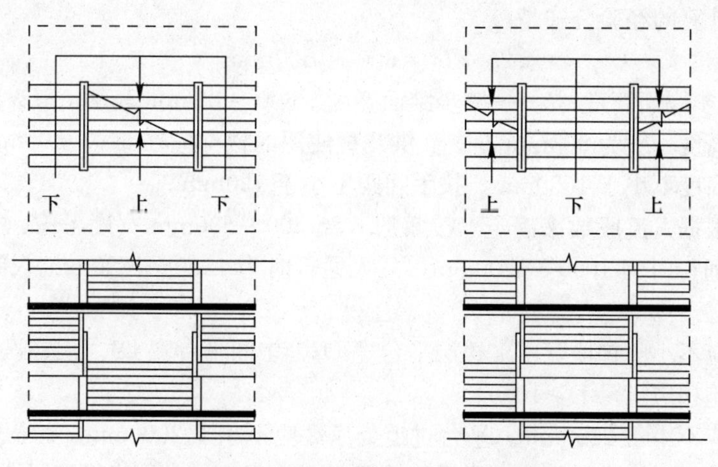

图 1-34 平行双分楼梯和平行双合楼梯

直行单跑楼梯无中间平台，踏步数不大于 18，用于层高不大的建筑。直行多跑楼梯有中间平台，导向性较强，用于层高较大的建筑，多用于大厅。平行双跑楼梯是最常用的形式，可缩短人流行走距离，节约面积。平行双分双合楼梯用于人流多、梯段宽时，最常用于办公建筑中。

折行多跑楼梯的导向自由、折角多变，有较大梯井，少儿建筑禁用；常用于布置两跑进深不够，开间较大时。交叉跑（剪刀）楼梯是两直行梯交叉布置，相当于两部楼梯，见图 1-35。

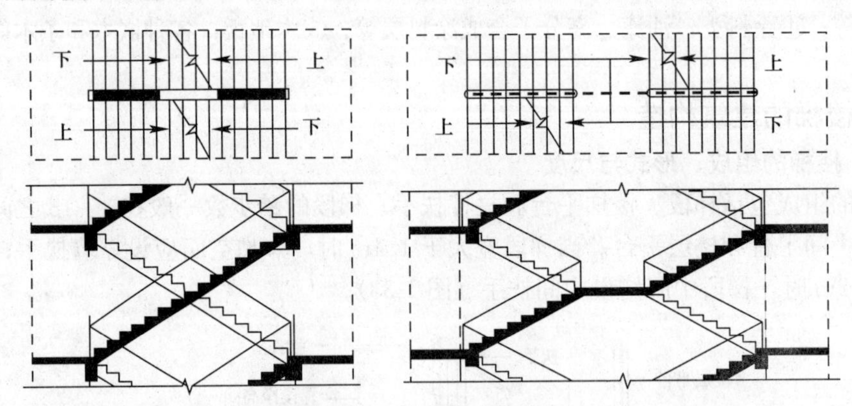

图 1-35　两直行单跑梯交叉布置和两直行多跑梯交叉布置

螺旋形楼梯围绕单柱布置、造型美观，用作建筑小品、不作为疏散楼梯。弧形楼梯围绕轴心空间布置、投影为一段圆弧，扇形踏步内侧不小于 220mm，导向性强，施工复杂，材料常用钢筋混凝土、钢材，不作为疏散楼梯。

1.2.4.3　楼梯的尺度及设计

在公共建筑中，楼梯的坡度宜平缓。在住宅建筑中，坡度可稍陡。老年人、幼儿建筑宜平缓（表 1-1）。

常用适宜踏步尺寸　　**表 1-1**

名　称	住　宅	幼儿园	学校、办公楼	剧院、会堂	医　院
踏步高 h（mm）	150～175	120～150	140～160	120～150	120～150
踏步宽 b（mm）	260～300	260～280	280～340	300～350	300～350

踏步尺寸计算的经验公式是

$$2h+b=600\sim620\text{mm},$$

式中：h——踏步踢面高度；b——踏步踏面宽度。600～620mm 表示一般人的步距。

室内扶手高度一般为 900mm 左右。供儿童使用的楼梯应在 500～600mm 高度增设扶手。室外扶手高度不小于 1050mm。扶手间距不小于 120mm。

梯段宽度根据人流股数来确定。按每股人流 500～600mm 宽度考虑，单人通行时为 900mm，双人通行时为 1000～1200mm，三人通行时为 1500～1800mm。梯井宽度在 0～200mm 之间。

平台宽度应不小于梯段宽度。楼层平台宽 D2≥中间平台宽 D1。但在医院中，应 D≥1800。直行多跑梯应满足 D≥1000。

梯段净高应不小于 2200mm；平台过道处净高应不小于 2000mm。

平行双跑楼梯底层中间平台下需设置通道时，为保证平台下净高满足通行要求，可通过以下方式解决：①在底层变作长短跑梯段。②局部降低底层中间平台下地坪标高。③综合上两种方式。④底层用直行单跑或直行双跑楼梯直接从室外上二层。

1.2.4.4 钢筋混凝土楼梯构造

现浇整体式钢筋混凝土楼梯的整体性好、施工周期长、自重大。按梯段的结构形式分为：①梁承式：由平台梁和梯段组成。平台梁的梁高＝1/8～1/12 梁跨，梁宽＝1/2～1/3 梁高。梯段分为板式梯段和梁式梯段。②梁悬臂式：常用于室外露天楼梯，分为单梁悬臂和双梁悬臂。③扭板式。

预制装配式钢筋混凝土楼梯分为墙承式、墙悬臂式和梁承式。墙承式常不设平台梁，抗震性差，一般用于小型的一般性建筑。墙悬臂式的整体刚度差，不适于抗震设防地区。梁承式由梯段、平台梁和平台板组成，较为常用。

1.2.4.5 楼梯的细部构造

踏步面层及防滑处理。踏步面层要求耐磨、防滑、防火、易清洗，常用水泥砂浆、水磨石、缸砖、天然石材等材料。防滑处理的常用做法有贴防滑条、踏面刻凹槽处理。

栏杆的形式包括空花式（漏空式）、栏板式、混合式。空花式（漏空式）的常用材料包括钢材、木材、铝材等，空花竖向净间距不小于 120mm，应尽量减少横向杆件。栏板式包括砖砌栏板、钢筋混凝土栏板、厚玻璃栏板、钢丝网水泥抹灰栏板。

楼梯扶手的常用材料有木材、钢管、塑料、水泥、石材等，手握面宽不小于 120mm，且扶手应连续。

栏杆扶手连接构造。栏杆与扶手的连接常采用焊接、绑扎、螺栓等形式。在栏杆与梯段、平台连接时，金属栏杆常在梯段设预埋件，用焊接的方式连接，或者采用膨胀螺栓铆固。在扶手与墙面连接中，砖墙常采用留洞，细石混凝土嵌固的方式，钢筋混凝土墙或柱则采用预埋钢板焊接。

楼梯起步与梯段转折处栏杆扶手处理方式是栏杆移至半步位置，上下行梯段错一步，出现水平栏杆。

1.2.5 屋顶的建筑构造

屋顶是房屋顶部起覆盖作用的围护结构，也是承重结构。屋顶承受自重和作用于屋顶上各种荷载，并将这些荷载传给墙或梁柱，同时对房屋上部起水平支撑作用。

1.2.5.1 屋顶的设计要求

屋顶的设计要求主要包括围护和承重。围护是指要满足防水、保温、隔热以及隔声、防火等要求。承重是指强度、刚度和整体空间的稳定性要求。

1.2.5.2 屋顶的类型

平屋顶一般是指坡度不大于 10%的屋顶。坡屋顶一般是指坡度大于 10%的屋顶。

平屋顶的组成包括屋面层、结构层、顶棚层和附加层。屋面层主要是防水层或保护层。结构层是承受屋顶荷载并将荷载传递给墙或柱，常用钢筋混凝土楼板。顶棚层的作用和构造做法与楼板层的顶棚层相同。附加层是根据不同情况而设置的保温层、隔热层。

平屋顶排水。①排水找坡：上人屋面的坡度一般采用 1%～2%，不上人屋面的坡度一般采用 2%～3%。平屋顶排水坡度的形成分为搁置找坡（结构找坡）和垫置找坡（材料找坡）。②排水方式：分为无组织排水和有组织排水。无组织排水是使屋面的雨水由檐口自由滴落到室外地面。这种作法构造简单、经济，一般适用于低层和雨水少的地区。有组织排水是将屋面划分成若干个排水区，按一定的排水坡度把屋面雨水有组织地排到檐沟或雨水口，通过雨水管排泄到散水或明沟中。分为外排和内排两种。一般大量性民用建筑多采用外排水方式；某些大型公共建筑、高层建筑以及严寒地区为防止雨水管冰冻堵塞可采用内排水方式。

1.2.6 门窗的建筑构造

1.2.6.1 门窗的设计要求和类型

门窗的设计要求包括：①防风雨、保温、隔声；②开启灵活、关闭紧密；③便于擦洗和维修方便；④坚固耐用，耐腐蚀；⑤符合《建筑模数协调统一标准》的要求。

按开启方式，门可分为平开门、弹簧门、推拉门、折叠门和转门等类型（图 1-36）。平开门即水平开启的门，有单扇、双扇及内开和外开之分，特点是构造简单，开启灵活，制作、安装和维修方便。弹簧门的制作简单、开启灵活，采用弹簧铰链或地弹簧构造，开启后能自动关闭，适用于人流出入较频繁或有自动关闭要求的场所。推拉门的制作简单，开启时所占空间较少，但五金零件较复杂，开关灵活性取决于五金的质量和安装的好坏，适用于各种大小洞口的民用及工业建筑。折叠门开启时占用空间少，但五金较复杂，安装

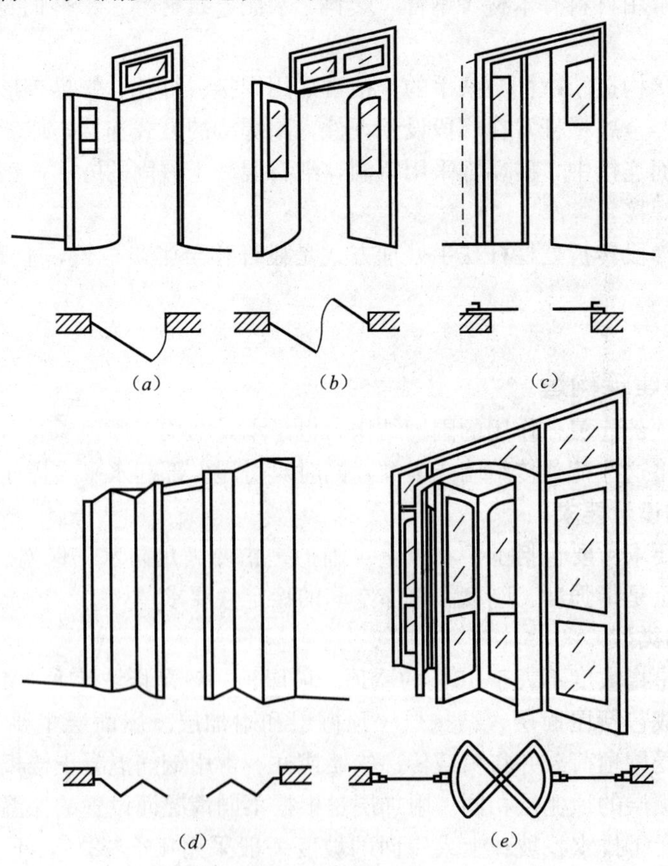

图 1-36 门的开启方式

(*a*) 平开门；(*b*) 弹簧门；(*c*) 推拉门；(*d*) 折叠门；(*e*) 转门

要求高，适用于各种大小洞口。转门为三扇或四扇门连成风车形，在两个固定弧形门套内旋转的门。对防止内外空气的对流有一定的作用，可作为公共建筑及有空气调节房屋的外门。

按开启方式，窗可分为固定窗、平开窗、旋窗、立转窗、推拉窗、百叶窗扇等类型。见图 1-37。固定窗的窗扇不能开启，一般将玻璃直接安装在窗框上，作用是采光、眺望。平开窗是将窗扇用铰链固定在窗框侧边，有外开、内开之分，构造简单、制作方便，开启灵活，广泛应用于各类建筑中。旋窗分为上旋式（外开时防雨好，但通风较差）、中旋式（通风较好，多用于厂房侧窗）和下旋式（不能防雨，开启时占用室内空间，只能用于特殊房间）。立转窗有利于通风与采光，但防雨及封闭性较差，多用于有特殊要求的房间。推拉窗分垂直推拉和水平推拉，开启时不占据室内外空间，窗扇比平开窗扇大，有利于照明和采光，尤其适用于铝合金及塑钢窗。百叶窗扇具有遮阳、防雨、通风等多种功能，但采光较差。

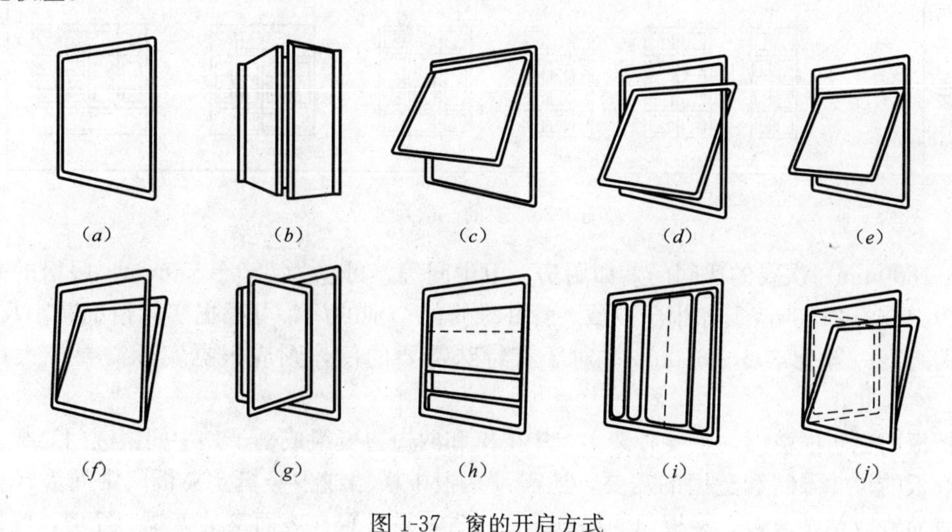

图 1-37　窗的开启方式

(a) 固定窗；(b) 平开窗；(c) 上旋窗；(d) 中旋窗；(e) 下滑旋窗；(f) 下旋窗；(g) 立转窗；(h) 垂直推拉窗；(i) 水平推拉窗；(j) 下旋平开窗

1.2.6.2　窗的构造

窗的尺度一般根据采光通风要求、结构构造要求和建筑造型等因素确定，同时应符合 300mm 的扩大模数要求。窗洞口常用尺寸为，宽度为 1200mm、1500mm、1800mm、2100mm、2400mm，高度为 1500mm、1800mm、2100mm、2400mm。窗扇宽度为 400～600mm，高度 800～1500mm。见图 1-38。

1.2.6.3　平开门的构造

平开门主要由门框、门扇、亮窗和五金配件等部分组成。门扇通常有玻璃门、镶板门、夹板门、拼板门等。亮窗又称亮子，在门的上方，可供通风、采光用，形式上可固定也可开启。亮窗是为走道、暗厅提供采光的一种主要方式。五金配件常用的有合页、门锁、插销、拉手等。

门的尺寸主要根据通行、疏散以及立面造型的需要设计，并应符合国家颁布的门窗洞口尺寸系列标准。在一般的民用建筑中，门的宽度为：单扇门 800～1000mm；双扇门

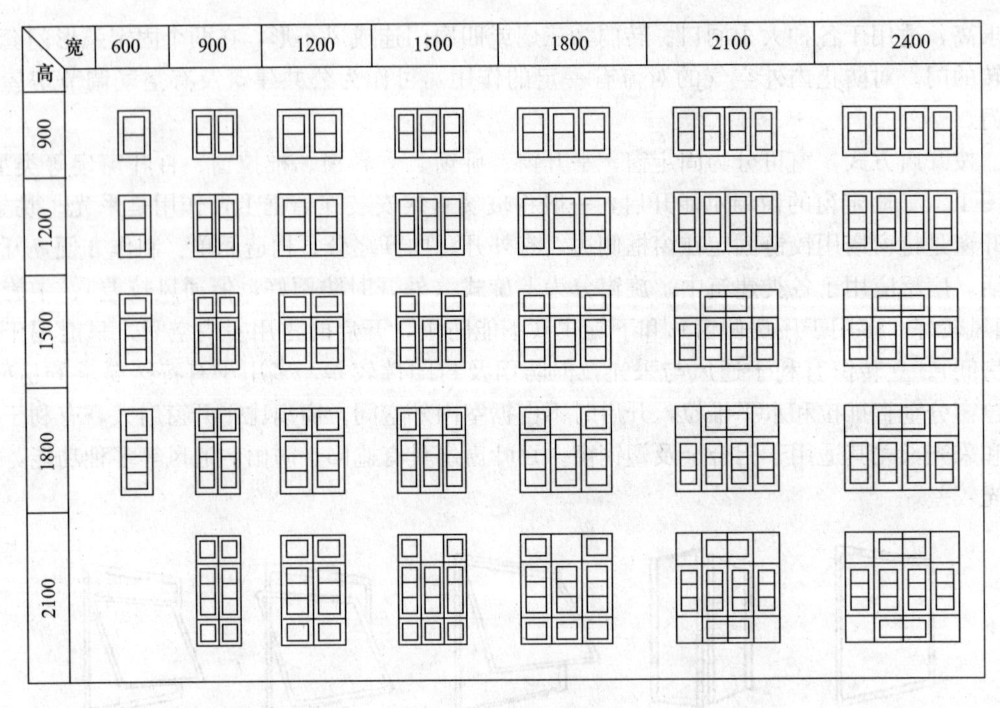

图 1-38　窗的一般尺寸

1200～1800mm；次要的房间门，如厨房、卫生间等，可以为 650～850mm。门扇的高度一般为 1900～2100mm。如用于贮藏、管井维修的个别的门，可根据实际情况减小尺寸。亮窗的高度一般为 300～600mm。对于有特殊需要的门，则应根据实际需要扩大尺寸设计。

镶板门也叫框樘门，主要骨架由上中下梃和两边边梃组成框子，中间镶嵌门心板。由于门心板的尺寸限制和造型的需要，还需设几根中横档或中竖梃。夹板门中间为轻型骨架，表面钉或粘贴薄板。夹板门的特点是用料省，重量轻，表面整洁美观、经济，框格内如果嵌填一些保温、隔声材料，能起到较好的保温、隔声效果。

1.3　施工测量基础知识及实例

1.3.1　施工测量基础知识

施工测量是建筑测量中的一个组成部分，包括施工放样和竣工测量。施工放样通常指使用测量仪器和工具，按照设计要求，采用一定的方法，将设计图纸上设计好的工程建筑物、构筑物的平面位置和高程标定到施工作业面上，为施工提供正确依据，指导施工。因为放样是直接为施工服务的。竣工测量是指工程建设竣工、验收时所进行的测量工作。主要是对施工过程中设计有所更改的部分、直接在现场指定施工的部分以及资料不完整无法查对的部分，根据施工控制网进行现场实测，或加以补测。提交的竣工成果包括竣工测量成果表、竣工总平面图、专业图、断面图以及细部点平高点明细表等。

1.3.1.1　施工放样方法

以控制点为基础，将设计图上表示建（构）筑物形状、大小的点位测定到实地，这是施工测量的目的。施工放样是施工过程的开端，施工过程以放样数据和标桩为依据。点位放样是建（构）筑物放样的基础，放样点位应有两个以上的控制点，且放样点坐标已知，首先根据已知坐标数据计算放样数据，再通过实地测量来放样待定点。

（1）平面放样

常用放样方法包括：①直角坐标法：利用点位之间的坐标增量及其直角关系进行点位放样的方法，适用于放样点离控制点较近（一般不超过 100m）而且便于测量的地方。当然，测量仪器不同可放样点的范围也不同。②极坐标法：它利用点位之间的边长和角度的关系进行放样。③坐标法：利用点位设计坐标以全站仪测量技术或 GPS 测量技术进行点位放样的方法，其与极坐标法不同的是不需要事先计算放样元素，只要直接提供坐标就可以放样，且操作简单方便。④距离交会法：利用点位之间的距离关系通过交会的方式进行点位放样。⑤角度交会法（方向交会法）：利用点位之间的角度或方向关系进行点位放样。⑥角边交会法：利用点位之间的角度、距离关系进行点位放样。

在实际的放样工作中，一般同时采用上述的常用放样法和归化放样法。所谓的归化放样法就是先放样一个过渡点，埋设临时桩，然后测量该过渡点与已知点之间的关系，再与设计值进行比较的差值，根据差值在过渡点上修正，重复操作，把放样点归化到更精确的位置上。对于一般放样法的角度、距离和高程放样，为了得到更加精确的放样精度，分别应采取不同的修正方法，比如对于角度放样，可以应用多测回修正法；对于距离放样，应加上尺长、温度和倾斜改正。

针对于不同的项目工程，在实际的施工放样工作中通常需要根据工程现场及周围的条件、放样所要求的精度、控制点的分布情况、施工计划以及人员技术和仪器设备条件等合理选择放样方法。

（2）高程放样

在工程施工中，需要将设计的高程在实地进行指定即高程放样。比如，放样基坑坑底高程、平整场地以及为了控制房屋基础面的标高、各层楼板的高度及平整度等都需要随着施工的进展做大量高程放样工作。

高程放样主要采用水准测量法和三角高程测量法，有时也采用钢尺直接量取垂直距离。水准测量法一般采用视线高程法进行放样。三角高程法一般是指全站仪高程放样法。当欲放样的高程与已知高程控制点之间的高差远远超过水准尺高度时，可以用悬挂钢尺来代替水准尺进行放样测量，通常称这种放样方法为倒尺法放样。但用水准仪法放样一些高低起伏较大的工程时，如桥梁构件、厂房屋架、体育馆钢架等，放样工作可能相当困难，此时就应该使用全站仪法进行三角高程放样。

1.3.1.2 民用建筑与工业建筑施工测量

（1）校核起始依据

定位测量前，应由甲方提供三个相互关联的坐标控制点和两个高程控制点，作为场区控制依据点。以坐标控制点为起始点，作二级导线测量，作为建筑物平面控制网。以高程控制点为依据，作等外附合水准测量，将高程引测至场区内。平面控制网导线精度不低于 1/10000，高程控制测量闭合差不大于$\pm 30\sqrt{L}$mm（L 为附合路线长度，以“km”计）。

在测设建筑物控制网时，首先要对起始依据进行校核。根据红线桩及图纸上的建筑物角点坐标，反算出它们之间的相对关系，并进行角度、距离校测。校测允许误差：角度为

±12″；距离相对精度不低于为 1/15000。对起始高程点应用复合水准测量进行校核，高程校测闭合差不大于±10mm$\sqrt{n}$（n为测站数）。

（2）建立建筑物控制网

以导线点为依据，测设出施工现场的平面控制网。建筑物平面控制网点必须妥善保护。

（3）主轴线的测设

定主轴线时，按平行与 X 轴的轴线作为 X 方向的主轴线；平行于 Y 轴的轴线作为 Y 方向的主轴线。根据图纸尺寸架设测量仪器，并分别测设出主轴线桩及引桩。测设完的主轴线桩及引桩应用围栏妥善保护，长期保存。

利用高程点进行附合测法在场区内布设不少于三个点的水准路线，这些水准点作为施工高程传递的依据。

（4）±0.000m 以下及基础施工测量

标高传递采用钢尺配合水准仪进行，并控制挖土深度。挖土深度要严格控制，不能超挖。在基础施工时，为监测边坡变形，在边坡上埋设标高监测点，每 10m 埋设一个，随时监测边坡的情况。清槽后，用测量仪器将轴线投测到基坑内，并进行校核，校核合格后，以此放出垫层边界线。按设计要求，抄测出垫层标高并钉小木桩。在垫层混凝土施工时，拉线控制垫层厚度。

地下部分的轴线投测，采用测量仪器挑直线法进行外控投测。垫层施工完后，将主轴线投测到垫层上。先在垫层上对投测的主轴线进行闭合校核，精度不低于 1/8000，测角限差为±12″。校核合格后，再进行其他轴线的测设。并弹出墙、柱边界线。施测时，要严格校核图纸尺寸、投测的轴线尺寸，以确保投测轴线无误。

地下部分结构施工的高程传递，用钢尺传递和楼梯间水准仪观测互相进行，互为校核。

（5）±0.000m 以上施工测量

1）轴线竖向传递

工程的轴线竖向传递通常采用激光铅直仪内控法。在首层地面设置投测基点。在首层地面钢筋绑扎施工时，在欲设置激光投测点的位置预埋 100mm×100mm 铁板，铁板上表面略高于混凝土上表面。激光投测点的选择要综合考虑布设。

施工至首层平面时，对各主轴线桩点进行距离、角度校核，校核合格后再进行首层平面放线。放线后，再将各激光投测点测定在预埋铁板上，并再次校核，合格后方可进行施工。

每层顶板应在各激光投测点相应的位置上预留 150mm×150mm 的孔。投测时将激光铅直仪置于首层控制点上，在施工层用有机玻璃板贴纸接收。每个点的投测均要用误差圆取圆心的方法确定投测点。即：每个点的投测应将仪器分别旋转 90°、180°、270°、360°投测四个点，这四个点形成的误差圆取其圆心作为投测点。每层投测完后均要进行闭合校核，确保投测无误，再放样其他轴线及墙边线、柱边线。

2）高程传递

首层施工完后，将±0.000m 的高程抄测在首层柱子上，且至少抄测三处，并对这三处进行复合校核，合格后以此进行标高传递。

±0.000m 以上标高传递采用钢尺从三个不同部位向上传递。每层传递完后，必须在施工层上用水准仪校核。由于高程超过一整尺，因此，在十层标高投测后，精确校核，合格后，以此作为十以上结构施工高程传递依据。且每层标高竖向传递的标高传递误差不应超过±3mm，超限必须重测。每层结构施工完后，在每层的柱、墙上抄测出 1.000m 线，作为装修施工的标高控制依据。

（6）装修施工测量

在结构施工测量中，按装修工程要求将装饰施工所需要的控制点、线及时弹在墙、板上，作为装饰工程施工的控制依据。

1）地面面层测量：在四周墙身与柱身上投测出 1.000m 水平线，作为地面面层施工标高控制线。根据每层结构施工轴线放出各分隔墙线及门窗洞口的位置线。

2）吊顶和屋面施工测量：以 1.000m 线为依据，用钢尺量至吊顶设计标高，并在四周墙上弹出水平控制线。对于装饰物比较复杂的吊顶，应在顶板上弹出十字分格线，十字线应将顶板均匀分格，以此为依据向四周扩展等距方格网来控制装饰物的位置。屋面测量首先要检查各方向流水实际坡度是否符合设计要求，并实测偏差，在屋面四周弹出水平控制线及各方向流水坡度控制线。

3）墙面装饰施工测量：内墙面装饰控制线，竖直线的精度不应低于 1/3000，水平线精度每 3m 两端高差小于±1mm，同一条水平线的标高允许误差为±3mm。外墙面装饰用铅直线法在建筑物四周吊出铅直线以控制墙面竖直度、平整度及板块出墙面的位置。

4）电梯安装测量：在结构施工中，从电梯井底层开始，以结构施工控制线为准，及时测量电梯井净空尺寸，并测定电梯井中心控制线。测设轨道中心位置，并确定铅垂线，并分别丈量铅垂线间距，其相互偏差（全高）不应超过 1mm。每层门套两边弹竖直线，并保证电梯门槛与门前地面水平度一致。

5）玻璃幕墙的安装测量：结构完工后，安装玻璃幕墙时，用铅垂钢丝的测法来控制竖直龙骨的竖直度，幕墙分格轴线的测量放线应以主体结构的测量放线相配合，对其误差应在分段分块内控制、分配、消化，不使其积累。幕墙与主体连接的预埋件，应按设计要求埋设，其测量放线偏差高差不大于±3mm，埋件轴线左右与前后偏差不大于 10mm。

（7）放线质量检查工作

每次放线前，均应仔细看图，弄清楚各个轴线之间的关系。放线时要有工长配合并检查工作。放线后，质检人员要及时对所放的轴线进行检查。重要部位要报请监理进行验线，合格后方可施工。所有验线工作均要有检查记录。

验线成果与放线成果之间的误差处理应符合《建筑工程施工测量规程》的规定：

1）当验线成果与放线成果之差小于 $1/\sqrt{2}$倍的限差时，放线成果可评为优良；

2）当验线成果与放线成果之差略小于或等于$\sqrt{2}$限差时，对放线工作评为合格（可不必改正放线成果或取两者的平均值）；

3）当验线成果与放线成果之差超过$\sqrt{2}$限差时，原则上不予验收，尤其是重要部位，若次要部位可令其局部返工；

4）精度要求：轴线竖向投测精度不低于 1/10000。平面放线量距精度不低于 1/8000，标高传递精度主楼、裙房分别不超过±15mm、±10mm。

1.3.1.3 竣工测量

工程竣工后，为检查建筑体的主要结构及路线位置是否符合设计要求，应进行竣工测量。在每一个单项工程完成后，必须由施工单位进行竣工测量，提出工程的竣工测量成果，作为编绘竣工总平面图的依据。包括房角坐标，各种管线进出口的位置和高程，并附房屋编号、楼层数、面积和竣工时间等资料。

1）竣工检测验收测量

竣工检测与验收测量的内容一般包括竣工建筑物及周边现状图测绘、建筑物与道路控制红线和用地红线等规划要素关系的标定、与周边建筑物关系的标定等。规划行政管理部门以此作为行政审批的依据，将竣工测量的结果与报建材料对照，以确定该项目是否有位移、超面积建设、不按设计图纸施工等违章建设行为。因此，竣工测量成果的精度较普通的地形图测绘要高，其表示的内容更加丰富和详尽。

2）竣工总平面图的测绘

竣工测量的成果之一地形图，称为竣工地形图。竣工总平面图根据已竣工的建筑物竣工测量成果进行编绘。竣工总平面的编绘主要包括室外实测和室内编绘，室外实测又称竣工测量，室内编绘主要包括：竣工总平面图、专业分图和附表等的编绘工作。一般选用的比例尺为1∶500。

编绘总平面图分三个步骤：选择图幅大小与确定比例尺、绘制底图和编绘竣工总图。竣工总平面图是随着工程的陆续竣工相继编绘的。当某项工程竣工后，立即进行竣工测量并编绘总平面图。如果有发现位置偏移、变更等问题可及时到现场查对，使竣工总平面图能够真实反映实际情况。

1.3.2 施工测量实例

1.3.2.1 施工场地控制测量

（1）工民建施工场地平面控制

工民建施工场地平面控制布设形式见图1-39。建筑基线适用于面积不大，建筑物较少且形状简单的建筑场地。布置形式有：十字形、一字形、T字形、L形。建筑方格网适用于建筑面积较大，建筑物轴线多且复杂的施工场地，形式有正方形、矩形两种。

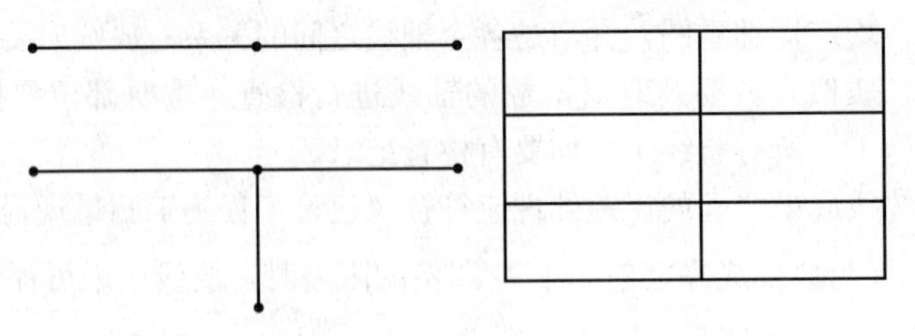

图1-39 平面控制布设形式

全站仪导线适用于大多数工程，如道路、管线工程、工业与民用建筑工程。特别是当钢尺无法量距时或距离较长时。

（2）建筑基线的测设

布设要求包括根据建筑物平面布置选择基线形式；基线尽量位于场地中心，并与主要建筑物轴线平行；基点不少于三个；基线点互相通视，并易于保存。

基线测设（放样）方法包括利用已有控制点测设基线、利用建筑红线测设基线、利用原有建筑物测设基线。

测设步骤是：①坐标反算角度、边长；②极坐标法测设三主点；③检测角度；④计算并改正；⑤再检测角度、距离，直到角度误差≤20″，距离相对误差≤1/10000。

建筑方格网的测设顺序是先测设主轴线点（按基线测设方法），检测合格后再测设其他网点。

（3）施工场地高程控制测量

多用水准测量布测水准点，一般布测三、四等或等外水准路线（闭合、附合）。布点要求是土质坚固，不受施工影响，能长久保存，便于高程放样。每一个小区一般水准点个数不少于三个。

1.3.2.2　民用建筑施工放样

（1）放样前的准备工作

1）熟悉设计资料及图纸，了解新建筑物与控制点及原有建筑物之间的关系。了解新建筑物总尺寸及各轴线之间的关系（细部尺寸），各部设计标高等。

2）现场踏勘，了解现场通视情况及控制点分布情况，可利用情况，初步确定放样方法。

3）制定放样方案（放样方法、放样草图、放样数据）。见图 1-40。

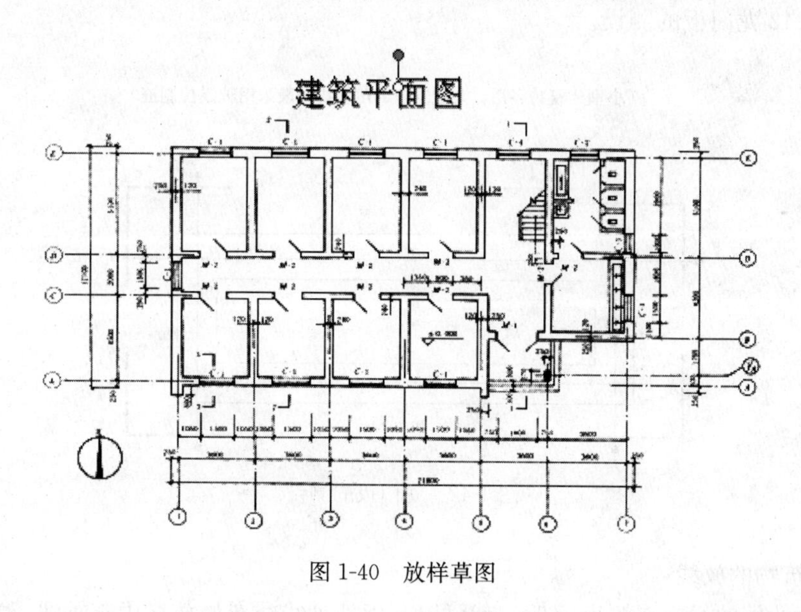

图 1-40　放样草图

（2）建筑物的定位、放线

1）定位：确定建筑物在实地上的位置。即确定建筑物与控制点及相邻地物的关系。也就是建筑物外部轴线交点的放样。外部轴线是基础及细部放样的依据。

如果平面控制是建筑基线或建筑方格网，则用直角坐标法定位，如果是导线控制，则用极坐标法定位。通常对于四点直角房屋，可以用极坐标法放样两点，再用直角坐标放样另两点。见图 1-41。

①利用建筑基线或方格网进行建筑物定位（直角坐标法），测设完后检测直角及边长，

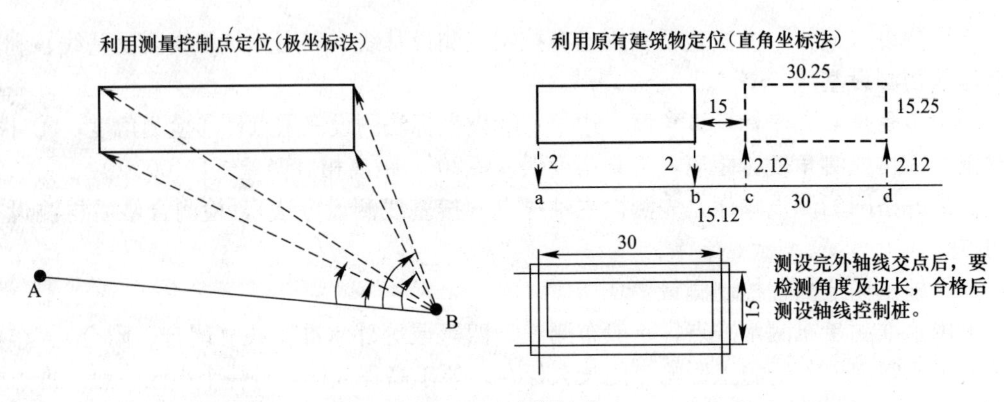

图 1-41　定位放线

民用建筑定位精度要求：直角误差≤40″，距离相对误差≤1/5000。②利用原有建筑物定位（新、旧建筑互相平行或在同一直线上时）（直角坐标法）。③利用导线点定位（极坐标法），全站仪放样精度很大程度取决于立棱镜的精度。测设完外轴线交点后，要检测角度及边长，合格后测设轴线控制桩或设置龙门板。

2）轴线控制桩或龙门板的设置：由于开挖基坑的破坏，建筑物定位结束，并检测合格后，必须在 3m 外设置轴线控制桩或龙门板，作为恢复轴线的依据。轴线控制桩的测设，见图 1-42 龙门板的测设。

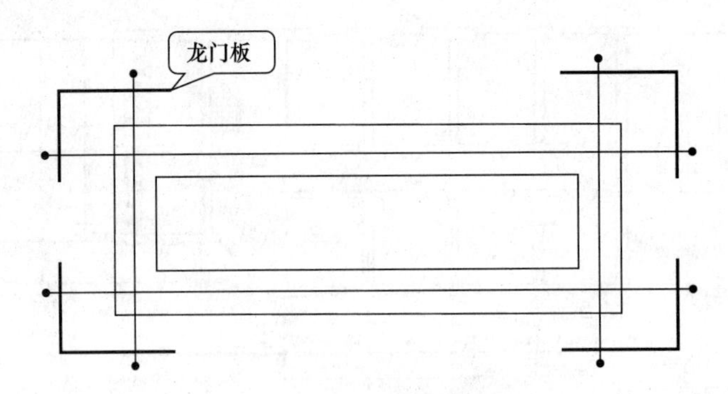

图 1-42　龙门板的测设

3）建筑物的放线

建筑物的外轴线交点测设完后，就可以利用外轴线交点桩放样内部轴线。方法是用经纬仪和钢尺，经纬仪用于定直线，钢尺量距，也可以拉细线定直线方向。

（3）±0.000 标高的测设

±0.000 标高是底层设计的室内地面标高。建筑物放线完后，需要将±0.000 标高测设于龙门板或附近的建筑物墙壁上，作为基础及主体工程高程放样的依据。±0.000 标高的测设方法见图 1.43±0.000 标高的测设。见图 1-43。

（4）基础工程施工放样

1）开挖边线放样。

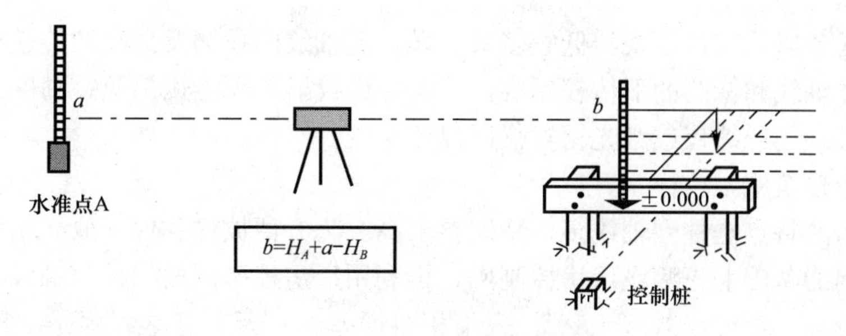

图 1-43　±0.000 标高的测设

2）基槽（坑）标高控制桩（水平桩）放样。

3）轴线下投方法是用吊锤或经纬仪。

（5）墙体工程施工放样

墙体工程施工放样任务包括底层轴线恢复、各层轴线的投测、细部放样和高程放样。放样方法是利用轴线控制桩或龙门板的轴线钉恢复主体墙的轴线。各层轴线投测方法是运用经纬仪、全站仪、激光铅直仪投测或吊坠。吊坠只用于低层。见图 1-44。

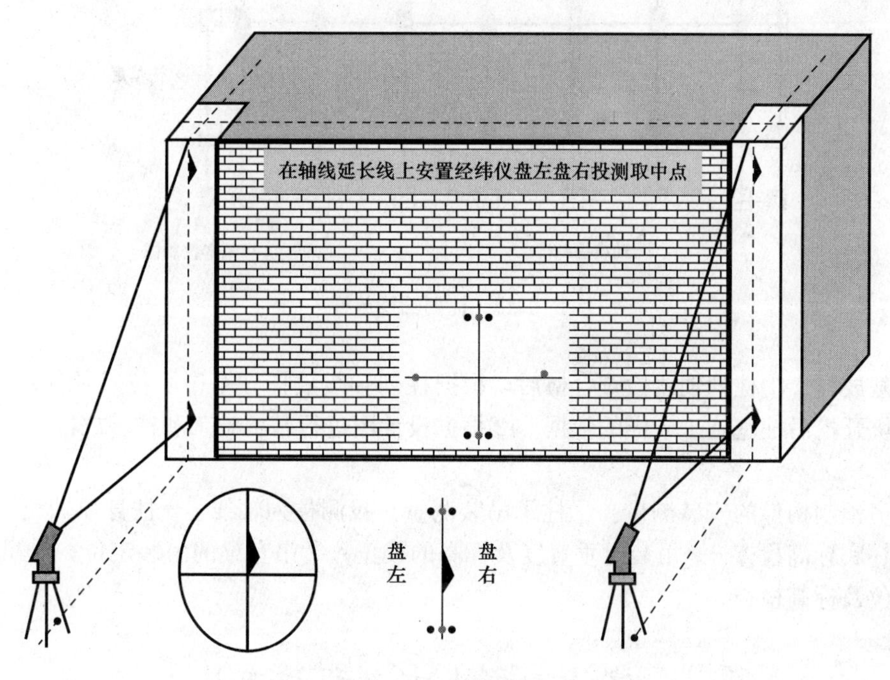

图 1-44　轴线投测

外部轴线投测完后进行细部放样（方法同底层）。高程放样程序是首先将±0.000 标高标定到主体墙体上，然后用钢尺或水准仪加钢尺进行各层标高的传递，最后，当高程传递到工作面后即可用水准仪放样细部高程。

（6）高层建筑施工放样

高层建筑的特点是层数多，高度大，通常有地下室；施工方法多采用滑模施工或装配式施工，对建筑物轴线及各部的水平度、垂直度、标高等精度要求十分严格；

其放样任务以及定位放线与低、多层一样，但轴线的投测及标高的传递有所不同：深基础施工放样轴线和标高的下传较困难，一定要用仪器，不能用吊坠；高度大，往上引测轴线困难，必须用经纬仪或激光铅直仪以保证精度。

（7）工业建筑施工放样

工业厂房的特点是柱列轴线多，精度要求高。为方便放样和保证放样精度，应在建筑基线或方格网的基础上先测设厂房控制网，再利用厂房控制网放样柱列轴线。厂房控制网的精度要求较高：角度误差≤±10″，边长相对误差≤1/万。基本程序是①厂房矩形控制网测设；②柱列轴线的测设；③柱基放样；④厂房构件安装测量。

厂房控制网的测设采用柱列轴线放样方法，见图 1-45。利用厂房控制网，用经纬仪定直线方向，钢尺测设距离，并测设轴线控制桩。

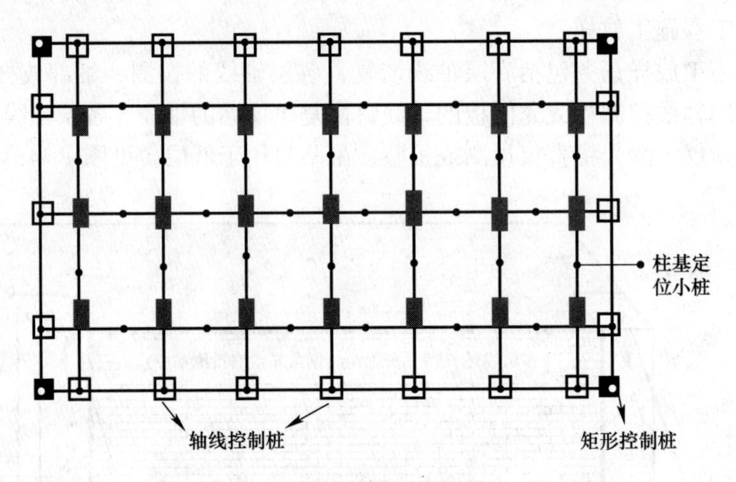

图 1-45　柱列轴线放样

柱基放样。①柱列轴线检查合格后，根据柱列轴线放样柱基中心位置及柱基定位桩，作为基坑开挖后柱基施工放样的依据。②根据设计图进行基坑施工和柱基放样（轴线、标高放样）。

厂房预制构件的安装测量。①柱子吊装测量：投测柱列轴线⟶柱身弹轴线⟶柱身长度及杯底标高检查⟶吊装时垂直度及标高的校正；②吊车梁的吊装定位；③吊车轨的安装定位及标高检查。

1.4　建筑工程土方工程施工技术

1.4.1　岩土的分类和工程性质

岩土的工程分类及工程性质是岩土工程施工的基础，是岩土工程勘察工作和勘察报告的重要内容，在施工前应详细了解，避免发生事故。

（1）岩土的工程分类

根据土方开挖的难易程度不同，将岩土分为八类，以便选择施工方法和确定劳动量，为计算劳动力、机具及工程费用提供依据。见表 1-2。

岩土的工程分类 **表 1-2**

土的分类	土的名称	坚实系数 f	密度（t/m^3）	开挖方法及工具	可松性系数	
					最初可松性系数 K_p	最终可松性系数 K'_p
一类土（松软土）	黏土、粉土、冲积砂土层、疏松的种植土、淤泥（泥炭）	0.5～0.6	0.6～1.5	用锹、锄头挖掘、少许用脚蹬	1.08～1.17	1.01～1.03
二类土（普通土）	粉质黏土、潮湿的黄土、夹有碎石卵石的砂、粉土混卵（碎）石、种植土、填土	0.6～0.8	1.1～1.6	用锹、锄头挖掘、少许用镐翻松	1.20～1.30	1.03～1.04
三类土（坚土）	软及中等密实黏土、重粉质黏土、砾石土、干黄土、含有碎石、卵石的黄土、粉质黏土、压实的填土	0.8～1.0	1.75～1.9	主要用镐、少许用锹、锄头挖掘，部分用撬棍	1.14～1.28	1.02～1.05
四类土（砂砾坚土）	坚硬密实的黏性土或黄土、含碎石卵石的中等密实的黏性土或黄土、粗卵石、天然级配砂石、软泥灰岩	1.0～1.5	1.9	整个先用镐、撬棍，后用锹挖掘，部分用楔子及大锤	1.24～1.30	1.04～1.07
五类土（软石）	硬质黏土、中密的页岩、泥灰岩、白垩土、胶结不紧的砾岩、软石灰及贝壳石灰石	1.5～4.0	1.1～2.7	用镐或撬棍、大锤挖掘，部分使用爆破方法	1.26～1.32	1.06～1.09
六类土（次坚石）	泥岩、砂岩、砾岩、坚实的页岩、泥灰岩、密实的石灰岩、风化花岗岩、片麻岩及正长石	4.0～10.0	2.2～2.9	用爆破方法开挖，部分用风镐	1.33～1.37	1.11～1.15
七类土（坚石）	大理石、辉绿岩、玢岩、粗中粒花岗岩、坚实的白云岩、砂岩、砾岩、片麻岩、石灰岩、微风化安山岩、玄武岩	10.0～18.0	2.5～3.1	用爆破方法开挖	1.30～1.45	1.10～1.20
八类土（特坚石）	安山岩、玄武岩、花岗片麻岩、坚实的细粒花岗岩、闪长岩、石英岩、辉长岩、辉绿岩、玢岩、角闪岩	18.0～25.0以上	2.7～3.3	用爆破方法开挖	1.45～1.50	1.20～1.30

（2）岩土的工程性质

岩土的工程性质主要是强度、弹性模量、变形模量、压缩模量、黏聚力、内摩擦角等物理力学性质，各种性质应按各自标准试验方法经过试验确定。

1）内摩擦角：土体颗粒间相互移动和校核作用形成的摩擦特性。其数值为强度包线与水平线的夹角。内摩擦角是土的抗剪强度指标，反映了土的摩擦特性。内摩擦角在力学上可以理解为块体在斜面上的临界自稳角，在这个角度内，块体是稳定的；大于这个角度，块体就会产生滑动。利用这个原理，可以分析边坡的稳定性。

2）土的抗剪强度：是指土体抵抗剪切破坏的极限强度，包括内摩擦力和内聚力。当土中某点由外力所产生的剪应力达到土的抗剪强度、发生了土体的一部分相对于另一部分的移动时，便认为该点发生了剪切破坏。剪切破坏是强度破坏的重要特点。

3）黏聚力：是在同种物质内部相邻各部分之间的相互吸引力，这种相互吸引力是同种物质分子之间存在分子力的表现。

4）土的含水量：土中所含水的质量与土的固体颗粒质量之比的百分率，对挖土的难易、土方边坡的稳定、填土的压实等均有影响。

5）土的天然密度：土在天然状态下单位体积的质量，随着土的颗粒组成、孔隙的多少和水分含量而变化，不同的土密度不同。

6）土的干密度：单位体积内土的固体颗粒质量与总体积的比值，称为土的干密度。干密度越大，说明土越坚实。在土方填筑时，常以土的干密度控制土的夯实标准。

7）土的密实度：是指土被固体颗粒所充实的程度，反映了土的紧密程度。

8）土的可松性：天然土经开挖后，其体积因松散而增加，虽经振动夯实，仍不能完全恢复到原来的体积的性质。它是挖填土方时，计算土方机械生产率、回填土方量、运输机具数量、进行场地平整规划竖向设计、土方平衡调配的重要参数。

1.4.2 土方开挖

（1）开挖原则

基坑一般采用“开槽支撑、先撑后挖、分层开挖、严禁超挖”的开挖原则。

（2）浅基坑开挖

基坑开挖程序一般是：测量放线→分层开挖→排降水→修坡→整平→留足预留土层等。

1）开挖前，应根据工程结构形式、基坑深度、地质条件、周围环境、施工方法、施工工期和地面荷载等资料，确定基坑开挖方案和地下水控制施工方案。

2）基坑边缘堆置土方和建筑材料，或沿挖方向边缘移动运输工具和机械，一般应距基坑上部边缘不少于2m，堆置高度不应超过1.5m。在垂直的坑壁边，此安全距离还应适当加大。软土地区不宜在基坑边堆置弃土。

3）基坑周围地面应进行防水、排水处理，严防雨水等地面水浸入基坑周边土体。

4）基坑开挖完成后，应及时清底、验槽，减少暴露时间，防止暴晒和雨水浸刷破坏地基土的原状结构。

（3）深基坑开挖

1）土方开挖顺序，必须与支护结构的设计工况严格一致。

2）深基坑工程的挖土方案，主要有放坡挖土、中心岛式（也称墩式）挖土、盆式挖土和逆作法挖土。前者无支护结构，后三种皆有支护结构。

3）放坡开挖是最经济的挖土方案。当基坑开挖深度不大、周围环境允许，经验算能确保土坡的稳定性时，可采用放坡开挖。

4）中心岛（墩）式挖土，宜用于大型基坑，支护结构的支撑形式为角撑、环梁式或边桁（框）架式，中间具有较大空间情况下。此时可利用中间的土墩作为支点搭设栈桥。挖土机可利用栈桥下到基坑挖土，运土的汽车亦可利用栈桥进入基坑运土。优点：可以加快挖土和运土的速度。缺点：由于首先挖去基坑四周的土，支护结构受荷时间长，在软黏土中时间效应显著，有可能增大支护结构的变形量，对于支护结构受力不利。

5）盆式挖土是先开挖基坑中间部分的土，周围四边留土坡，土坡最后挖除。优点：周边的土坡对围护墙有支撑作用，有利于减少围护墙的变形。缺点：大量的土方不能直接外运，需集中提升后装车外运。

6）当基坑较深，地下水位较高，开挖土体大多位于地下水位以下时，应采取合理的人工降水措施，降水时应经常注意观察附近已有建筑物或构筑物、道路、管线，有无下沉和变形。

7）开挖时应对平面控制桩、水准点、基坑平面位置、水平标高、边坡坡度等经常进行检查。

1.4.3 土方回填

（1）土料要求与含水量控制

填方土料应符合设计要求，保证填方的强度和稳定性。一般不能选用淤泥、淤泥质土、膨胀土、有机质大于8%的土、含水溶性硫酸盐大于5%的土、含水量不符合压实要求的黏性土。填方土应尽量采用同类土。土料含水量一般以手握成团、落地开花为适宜。在气候干燥时，须采取加速挖土、运土、平土和碾压过程，以减少土的水分散失。当填料为碎石类土（充填物为砂土）时，碾压前应充分洒水湿透，以提高压实效果。

（2）基底处理

1）清除基底上的垃圾、草皮、树根、杂物、排除坑穴中积水、淤泥和种植土，将基底充分夯实和碾压密实。

2）应采取措施防止地表滞水流入填方区，浸泡地基，造成基土下陷。

3）当填土场地地面陡于1/5时，应先将斜坡挖成阶梯形，阶高0.2～0.3m，阶宽大于1m，然后分层填土，以利结合和防止滑动。

（3）土方填筑与压实

1）填方的边坡坡度应根据填方高度、土的种类和其重要性确定，对使用时间较长的临时性填方边坡坡度，当填方高度小于10m时，可采用1∶1.5；超过10m，可作成折线形，上部采用1∶1.5，下部采用1∶1.75。

2）填土应从场地最低处开始，由下而上整个宽度分层铺填。每层虚铺厚度应根据夯实机械确定，一般情况下每层虚铺厚度见表1-3。

每层虚铺厚度（cm） **表1-3**

铺填方法	人工回填	推土机填土	铲运机填土	汽车填土
虚铺厚度	20～25	不宜大于30	30～50	30～50

3）填方应在相对两侧或周围同时进行回填和夯实。

4）填土应尽量采用同类土填筑，填方的密实度要求和质量指标通常以压实系数λ_c表示。压实系数为土的控制（实际）干土密度ρ_d与最大干密度$\rho_{d\max}$的比值。最大干土密度$\rho_{d\max}$是当最优含水量时，通过标准的击实方法确定的。填土应控制土的压实系数λ_c满足设计要求。

1.4.4 基坑验槽

验槽时必须具备的资料包括详勘阶段的岩土工程勘察报告、附有基础平面的结构总说明的施工图阶段的结构图、其他必须提供的文件或记录。

验槽程序是：首先施工单位确认自检合格后提出验收申请；然后由总监理工程师或建设单位项目负责人组织建设、监理、勘察、设计及施工单位的项目负责人、技术质量负责人，共同按设计要求和有关规定进行。

不同建筑物对地基的要求不同，基础形式不同，验槽的内容也不同，验槽主要有以下几点：①根据设计图纸检查基槽的开挖平面位置、尺寸、槽底深度，检查是否与设计图纸相符，开挖深度是否符合设计要求。②仔细观察槽壁、槽底土质类型、均匀程度和有关异常土质是否存在，核对基坑土质及地下水情况是否与勘察报告相符。③检查基槽之中是否有旧建筑物基础、古井、古墓、洞穴、地下掩埋物及地下人防工程等。④检查基槽边坡外缘与附近建筑物的距离，基坑开挖对建筑物稳定是否有影响。⑤天然地基验槽应检查核实分析钎探资料，对存在的异常点位进行复合检查。桩基应检测桩的质量合格。

地基验槽通常采用观察法，对于基底以下的土层不可见部位，一般采用钎探法，有时采用轻型动力触探。

(1) 观察法。观察槽壁、槽底的土质情况，验证基槽开挖深度，初步验证基槽底部土质是否与勘察报告相符，观察槽底土质结构是否被人为破坏；验槽时应重点观察柱基、墙角、承重墙下或其他受力较大部位；基槽边坡是否稳定。

(2) 钎探法。钎探是用锤将钢钎打入坑底以下的土层内一定深度，根据锤击次数和入土难易程度来判断土的软硬情况及有无古井、古墓、洞穴、地下掩埋物等。

(3) 轻型动力触探。当遇到下列情况之一时，应在基底进行轻型动力触探。①持力层明显不均匀；②浅部有软弱下卧层；③有浅埋的坑穴、古墓、古井等，直接观察难以发现时；④勘察报告或设计文件规定应进行轻型动力触探时。

通过验槽及分析钎探资料，发现槽底局部异常后，应根据地基土的土质情况、工程性质和施工条件分包对待，但均宜符合使建筑物的各个部位沉降量趋于一致，以减少地基不均匀沉降为原则，对发现的地基问题应进行处理，例如松软土坑、古墓、坑穴的处理；可将松散土层挖除，使坑底及四壁均见天然土为止，然后采用与周边土压缩性相近的材料，如3：7灰土进行回填并分层夯实。

1.4.5 土方机械化施工

土方机械化开挖应根据基础形式、工程规模、开挖深度、地质、地下水情况、土方量、运距、现场和机具设备条件、工期要求以及土方机械的特点等合理选择挖土机械，以充分发挥机械效率，节省机械费用，加快工程进度。

土方机械化施工常用机械有：推土机、铲运机、挖掘机（包括正铲、反铲、拉铲、抓铲等）、装载机等。见表1-4。

常见土方机械的适用范围及作业方法 **表1-4**

机械名称	适用范围	作业方法
推土机	适于开挖不大于1.5m的基坑（槽），短距离移挖填筑，回填基坑（槽）、管沟并压实；配合挖土机从事平整、集中土方、清理场地、修路开道；拖羊足碾、松土机，配合铲运机助铲以及清理障碍物等	推土机开挖的基本作业是铲土、运土和卸土三个工作行程和空载回驶行程。铲土时应根据土质情况，尽量采用最大切土深度在最短距离（6～10m）内完成，以便缩短低速运行时间，然后直接推运到预定地点。回填土和填沟渠时，铲刀不得超出土坡边沿。上下坡坡度不得超过35°，横坡不得超过10°。几台推土机同时作业，前后距离应大于8m
铲运机	适于大面积场地平整、压实；运距800m内的挖运土方；开挖大型基坑（槽）、管沟、填筑路基等。但不适于砾石层、冻土地带及沼泽地区适用	铲运机的基本作业是铲土、运土、卸土三个工作行程和一个空载回驶行程。开行路线有如下几种：(1) 椭圆形开行路线；(2)“8”字形开行路线；(3) 大环形开行路线；(4) 连续式开行路线；(5) 锯齿形开行路线；(6) 螺旋形开行路线

续表

机械名称		适用范围	作业方法
挖掘机	正铲挖掘机	适用于开挖含水量小于27%的土和经爆破后的岩石和冻土碎块；大型场地整平土方；工作面狭小且较深的大型管沟和基槽路堑；独立基坑及边坡开挖等	正铲挖掘机的挖土特点是："前进向上，强制切土"。根据开挖路线与运输汽车相对位置的不同，一般有以下两种： (1) 正向开挖，侧向装土法：正铲向前进方向挖土，汽车位于正铲的侧向装车。本法装车方便，循环时间短，生产效率高。用于开挖工作面较大，深度不大的边坡、基坑（槽）、沟渠和路堑等，为最常用的开挖方法。 (2) 正向开挖，后方装土法：正铲向前进方向挖土，汽车停在正铲的后面。本法开挖工作面较大，生产效率降低。用于开挖工作面较小且较深的基坑（槽）、管沟和路堑等
挖掘机	反铲挖掘机	适用于开挖含水量的砂土或黏土；主要用于停机面以下深度不大的基坑（槽）或管沟，独立基坑及边坡的开挖	反铲挖掘机的挖土特点是："后退乡下，强制切土"。根据挖掘机的开挖路线与运输汽车的相对位置不同，一般有以下几种：(1) 沟端开挖法；(2) 沟侧开挖法；(3) 沟角开挖法；(4) 多层接力开挖法
挖掘机	抓铲挖掘机	适用于开挖土质比较松软、施工面狭窄的深基坑、基槽，清理河床及水中挖取土，桥基、桩孔挖土，最适宜于水下挖土，或用于装卸碎石、矿渣等松散材料	抓铲挖掘机的挖土特点是："直上直下，自重切土"。抓铲能在回转半径范围内开挖基坑上任何位置的土方，并可在任何高度上卸土（装车或弃土）。 对小型基坑，抓铲立于一侧抓土；对较宽的基坑，则在两侧或四侧抓土。抓铲应离基坑边一定距离，土方可直接装自卸汽车运走，或堆弃在基坑旁或用推土机推到远处堆放。挖淤泥时，抓斗易被淤泥吸住，应避免用力过猛，以防翻车。抓铲施工，一般均需加配重
装载机		适用于装卸土方和散料，也可用于较弱土体的表层剥离、地面平整、场地清理和土方运送等工作	与推土机基本类似。在土方工程中，也有铲装、转运、卸料、返回四个过程

1.5 地基与基础工程施工技术及实例

1.5.1 地基基础类型

(1) 砖、石基础

主要是指由烧结普通砖和毛石砌筑而成的基础，均属于刚性基础范畴。这种基础的特点是抗压性能好，整体性、抗拉、抗弯、抗剪性能较差，材料易得，施工操作简便，造价较低。适用于地基坚实、均匀，上部荷载较小，7层和7层以下的一般民用建筑和墙承重的轻型厂房基础工程。

(2) 混凝土基础

混凝土基础的主要形式有条形基础、单独基础、高层建筑筏形基础和箱形基础等。混凝土基础工程中，分项工程主要有钢筋、模板、混凝土、后浇带混凝土和混凝土结构缝处理。

(3) 地基处理

当地基无法满足上部结构荷载的要求时，可以通过对地基进行必要的加固或改良，提高地基土的承载力，保证地基稳定，减少房屋的沉降或不均匀沉降，消除湿陷性黄土的湿陷性及提高抗液化能力等。常见的地基处理有换填地基、夯实地基、挤密桩地基、深层密实地基、高压喷射注浆地基、预压地基、土工合成材料地基等方法。

（4）桩基础

一般工程的桩基础主要包括钢筋混凝土预制桩基础和钢筋混凝土灌注桩基础。根据打（沉）桩方法的不同，钢筋混凝土预制桩基础施工由锤击沉桩法、静力压桩法及振动法等，以锤击沉桩法和静力压桩法应用最为普遍。钢筋混凝土灌注桩是一种直接在现场桩位上就地成孔，然后在孔内浇筑混凝土或安放钢筋笼再浇筑混凝土而成的桩。按其成孔方法不同，可分为钻孔灌注桩、沉管灌注桩、人工挖孔和挖孔扩底灌注桩等。

1.5.2 地基与基础工程处理实例

（1）实例1

某工程南侧紧靠原有办公楼，新建地下室基础外墙与原有办公楼基础外墙距离100mm，原有办公楼基地标高－5.6m；其西侧距离原有小楼基础约3.9m，该小楼基础为条形基础，基础埋深1.7m；其东侧为现场主要交通道路，场地狭窄。该工程地下两层，地下一层为车库，地下二层为指挥室及相关办公室。地下二层南侧靠近原有办公楼位置为消防水池，基地标高－5.7m；其余周边处基地标高为－7.4m，中间指挥室部分基底标高为－8.6m。

从上可以看出，该工程土方开挖时对相邻建筑物的影响极大，现场场地狭窄，边坡支护尤为重要，加上基底标高复杂，因此土方开挖时要做好标高控制，严禁超挖。

实际施工时，根据地质条件及基坑几何尺寸，参照以往工程实例，采用工程类比法进行设计，并经边坡稳定验算，确定该工程边坡支护参数，同时对于工程边开挖，边支护的实际情况确定了锚杆支护的施工工艺流程。开挖前采用深井降水，场内共设11口井，井深10m，滤管内径400mm。根据降水观测情况，满足开挖条件后，开始按由东向西的行走方向开挖，分四步开挖，每步开挖完毕随后进行钢筋混凝土锚喷支护。通过严密的施工方案及施工时积极的监测反馈，顺利完成了该项工程。

（2）实例2

温州某电厂煤场地基处理工程位于发电厂3号煤场东侧，场地总面积为17490m^2。地基处理采用先填500mm厚砂及100mm厚碎石，并采用间距1.10m、长20.5m梅花形布置的塑料排水板进行加固，总数量为14456根，型号为6m×100mm，后采用混合渣三级堆载预压，第一级堆载2.4m，第二级堆载3.0m，第三级堆载2.0m，原温州发电厂二期3号煤场的尾部小室暂不作处理，其周围采用长13ϕ500水泥搅拌桩支护，桩顶标高为3.00m，总桩数为1624根。

本工程的主要内容为搅拌桩、塑料排水板、铺砂垫层、高强度土工布、碎石垫层及塘渣回填。施工顺序：先场地整平后铺设砂垫层、搅拌桩施工和塑料排水板插打，最后施工土工布、碎石垫层的铺设、混合石渣的回填，通过上述各分部合理分段交叉施工，顺利完成该项工程。

（3）实例3

上海某大厦桩基础采用钻孔灌注桩，桩径为ϕ600mm，桩长为30m，桩数360根，理论钻孔灌注桩工作量为3079.08m^3，钢筋总用量约430t，灌注桩含钢量约136kg/m^3，混凝土强度等级水下为C25。

根据设计要求及地层特点，在钻孔灌注桩施工中采用正循环回转钻进成孔，自然土的泥浆护壁，大泵量二次清孔，导管法下混凝土灌注成桩的施工工艺。为确保施工质量，工程桩在施工前必须先做两个试成孔来检查成孔质量，完成后孔内采用碎石回填。

（4）实例4

某教学楼为框架结构，首层层高4.2m，二～六层层高均为3.6m；部分为二层，首层为阶梯教室，二层为图书馆，层高均为6m。地基大部分为浅埋的硬塑黏土，地基承载力200kPa；教室部分约有1/3的地基为淤质黏土，地基承载力仅80kPa；黏土层下为微风化灰岩，埋深约6～8m。

基础选型：根据岩土勘察资料，硬塑黏土为良好的持力层，而淤泥质黏土承载力低下，不经处理无法作为持力层，而灰岩承载力高，可作为良好的桩端持力层。由于六层教室荷载较大，又无法以淤泥质黏土为持力层，故初步选择以灰岩为桩端持力层，采用人工挖孔灌注桩，以充分利用灰岩的承载力。而阶梯教室、图书馆仅两层，竖向荷载较小，由于是大跨结构，柱脚弯矩较大，故选择以硬塑黏土为持力层，采用柱下独立基础，利用独立基础进行抗弯设计。两者层数不同，荷载不同，持力层不同，基础型式也不同，在两者之间设置了沉降缝，将两者完全分开。施工现场处理：在施工桩基时，由于灰岩坚硬，且部分灰岩存在溶洞，采取炸药爆破作为施工手段。

在爆破施工时，附近的两层砖砌旧民居出现振动、墙体开裂的现象，遭到居民的投诉，不得不暂停施工。根据施工现场的实际情况，对地基进行局部开挖，探明淤泥质黏土是由于硬塑黏土低洼部分遭到水沟漏水长期浸泡而成，如果进行地基处理，还是可以作为持力层的。深层搅拌桩是通过专用的深层搅拌机械钻入软弱地基深部，喷射特定的固化剂同时将软弱土层和固化剂搅拌均匀，使软弱土层硬结而提高地基土的强度的地基处理工法，工艺成熟，施工简便，是一种经济可行的软弱地基处理技术。但根据以往经验，地基处理后建筑的沉降相对较大，为了避免出现不均匀沉降，在硬塑黏土和淤泥质黏土分界线上设置了沉降缝，基础型式转而改用柱下十字条形基础，以增大基础的整体性，减小不均匀沉降。地基处理：经过计算，对淤质黏土采用深层搅拌桩进行地基处理。深层搅拌桩桩径d=500mm，桩长6000mm，间距750mm，按梅花状布置，面积置换率m=0.35，固化剂采用32.5级水泥，掺入量为土重的12%，设计地基承载力=180kPa。施工严格按《建筑地基处理技术规范》进行施工及验收。深层搅拌桩施工完成90天后由地质勘察部门进行了现场载荷试验，试验结果表明地基承载力和沉降都满足设计指标。

本工程于2004年竣工并投入使用，在工程回访时未发现墙体开裂、建筑倾斜等不良现象，沉降缝两边无明显沉降差，没有出现不均匀沉降，能够满足教学楼的正常使用，说明地基处理是成功的。

1.5.3 地基与基础工程事故

（1）【案例1】加拿大特斯康谷仓事故（Transcona Grain Elevator Accident）

1）概况

提到事故，就不得不提到举世闻名的加拿大特斯康谷仓事故（Transcona Grain Elevator Accident），加拿大特朗斯康谷仓平面呈矩形，长59.44m，宽23.47m，高31.0m，容积36368m^3。谷仓为圆筒仓，每排13个圆筒仓，共5排65个圆筒仓组成。谷仓的基础为钢筋混凝土筏基，厚61cm，基础埋深3.66m。谷仓于1911年开始施工，1913年秋完工。谷仓自重20000t，相当于装满谷物后满载总重量的425%。1913年9月起往谷仓装谷物，仔细地装载，使谷物均匀分布、10月当谷仓装了31822m^{3}谷物时，发现1小时内垂直沉降达30.5cm。结构物向西倾斜，并在24小时间谷仓倾倒，倾斜度离垂线达26°53′。谷仓西端下沉7.32m，东端上抬1.52m。1913年10月18日谷仓倾倒后，上部钢筋混凝土筒仓坚如磐石，仅有极少的表面裂缝。见图1-46。

图1-46　加拿大特斯康谷仓的地基事故

2）事故原因

1913年春事故发生的预兆：当冬季大雪融化，附近由石碴组成高为914m的铁路路堤面的黏土下沉1m左右迫使路堤两边的地面成波浪形。处理这事故，通过打几百根长为18.3m的木桩，穿过石碴，形成一个台面，用以铺设铁轨。谷仓的地基土事先未进行调查研究。根据邻近结构物基槽开挖试验结果，计算承载力为352kPa，应用到这个仓库。谷仓的场地位于冰川湖的盆地中，地基中存在冰河沉积的黏土层，厚12.2m。黏土层上面是更近代沉积层，厚3.0m。黏土层下面为固结良好的冰川下冰碛层，厚3.0m。这层土支承了这地区很多更重的结构物。

1952年从不扰动的黏土试样测得：黏土层的平均含水量随深度而增加从40%到约60%；无侧限抗压强度q_u从118.4kPa减少至70.0kPa，平均为100.0kPa；平均液限w_l=105%，塑限w_p=35%，塑性指数I_p=70。试验表明这层黏土是高胶体高塑性的。

按大沙基公式计算承载力，如采用黏土层无侧限抗压强度试验平均值100kPa，则为276.6kPa，已小于破坏发生时的压力值329.4kPa。如用q_{umin}=70kPa计算，则为193.8kPa，远小于谷仓地基破坏时的实际压力。

地基上加荷的速率对发生事故起一定作用，因为当荷载突然施加的地基承载力要比加荷固结逐渐进行的地基承载力为小。这个因素对黏性土尤为重要，因为黏性土需要很年时间才能完全固结。根据资料计算，抗剪强度发展所需时间约为1年，而谷物荷载施加仅45天，几乎相当于突然加荷。

综上所述，加拿大特朗斯康谷仓发生地基滑动强度破坏的主要原因包括：①对谷仓地基土层事先未作勘察、试验与研究，根据邻近结构物基槽开挖试验结果进行设计施工。②采用的设计荷载超过地基土的抗剪强度。③加载速度过快，实际抗剪强度为不排水不固结强度。

3）处理方法

为修复筒仓，在基础下设置了70多个支承于深16m基岩上的混凝土墩，使用了388只的千斤顶，逐渐将倾斜的筒仓纠正。补救工作是在倾斜谷仓底部水平巷道中进行，新的基础在地表下深10.36m。经过纠倾处理后，谷仓于1916年起恢复使用。修复后位置比原来降低了4m。

(2)【案例2】上海莲花河畔景苑楼房整体倾倒事故

1）概况

2009年6月27日5时30分，上海闵行区莲花南路罗阳路在建的“莲花河畔景苑”工程发生一幢13层楼房向南整体倾倒事故。未有自然灾害，桩基础钢筋混凝土楼却整体倒塌，这在建筑史难寻一例，已经成为中国建筑的耻辱记录。楼房采用PHC管桩——十字条形基础，十字条形基础埋深1.9m，管桩入土深度33m，桩尖持力层7_{1-2}层。事故发生时，开挖的土方紧贴楼房北侧，推土在6天内堆高10m。而地下2～11.2m为上海典型的软土，具有一定的流动性。大楼所用PHC管桩经检测质量符合规范要求。其他在建楼均未发生倾斜、偏移、沉降的现象。

2）事故原因

事故直接原因目前还没有明确的说法。有专家认为，大楼北侧推土超过10m，大楼南侧地下车库基坑开挖超过4.6m，两侧的压力差使土体产生水平位移，过大的水平力超过了桩基的抗侧能力，导致房屋倾倒；也有专家认为，大楼北侧堆载过高，超过土承载能力的两倍多，使第3层土和第4层土处于塑性流动状态，使土体失稳破坏，造成土体沿滑动面局部滑动，滑动面上的滑动力使桩基整体倾斜，使上部结构加速倾斜，最终整体倒塌。但是不管哪种解释，施工单位违规施工，短期内堆土过高诱发事故已经成为共识，而建设单位、监理单位、监测单位的允许和不作为也是导致事故的间接原因。见图1-47。

图1-47 上海莲花河畔景苑事故

(3)【案例3】

1）概况

某内燃机实验室，建筑面积1140m²。建筑物长53m，宽16m，局部高达8.9m。低层为中间走道，两边为实验室；第2层为北面单边走道，南边为办公室；建筑物的西边为大功率测试单层排架结构。本工程结构复杂，底层部分房间在顶棚上有技术层。实验室内部要求保温隔声。大功率间排架部分与砖混部分间设沉降缝一道。除大功率间为预制钢筋混凝土桩基础外，其余部分均为带形基础。自开工至土建主体基本完成，施工过程中就出现了不均匀沉降，造成了墙体裂缝。

通过现场观察知道，排架部分基本没有问题。而砖混部分纵横墙上都有裂缝出现，其中纵墙上裂缝较为发达，且裂缝呈一定的规律性，越靠近大功率间其裂缝急宽且长，并向东渐弱，逐渐变化为从西端的左底右高的裂缝走向，并且，都从窗角开始向两侧延伸。最长的裂缝有 1.5m 以上，缝宽达 17mm。另外，还出现 2m 左右的水平裂缝。同时发现，靠西端部分下沉极小，但是从中间部分向东下沉则基本一致，沉降量 190mm 左右；而从西端到中间部分，下沉量基本上是逐渐加大的。在外墙的裂缝口上，上口凸出下口墙面 6～8mm，有部分裂缝错位较大，都出现在纵墙上。

2）事故分析

由现有资料，及地层岩性和物理力学测量报告可知，该建筑物所在地基地层较为复杂，局部场地为泥炭和淤泥粉质亚黏土层，层厚较大，土质较弱，均属高压缩性土层。土质结构松散，含有氧化铁、腐植物、有机物，更增加了土层的压缩性。由于软土层较浅，施工时还可能使软土表面受到搅动。后经静力触探，结果使基础下 20cm 即为淤泥层，探至 11m 尚未穿透，西端软土层厚 13m，东端软土层厚 20 余米，地耐力仅有 20～60kN/m。由此可见，第一次的勘探报告不准，造成承载力估计偏高。

该工程西端大功率间为桩基础，采用 300mm×300mm 截面，长 13m 的预制桩，其余部分为转混结构，采用 1～1.25m 宽的带基础，基础上设地圈梁一道。桩基础与带基础之间的连接部分没有截然断开，沉降缝两侧的墙直接砌在桩基础承台上，并且带基也与承台连在一起。以上分析可知，由于地基为岩性较差的多层次软基，产生了建筑物的严重下沉，而桩基础部分处理得当，下沉较小。下沉严重的带基部分靠桩基一端由于带基与桩基连接在一起，桩基又阻碍带基的下沉，造成建筑物带基部分西端下沉小，东端下沉大的不均匀沉降，致使墙体开裂变形。

处理措施：采用静力向基础内压入预制短桩的方法，对带基础进行了加固处理。共布置桩孔 200 个，总桩长 296.3m，加固深度为 10～17m。

1.6 主体结构工程施工技术及案例

1.6.1 建筑工程主体结构概述

建筑工程主体结构是建筑物工程的重要组成部分，是基于地基基础工程之上、起着承受和传递房屋上部荷载的作用，维持上部结构整体性、稳定性和安全性的有机联系的系统体系。房屋建筑主体结构必须具备足够的强度、刚度、稳定性，以确保房屋安全使用。

根据《建筑工程施工质量验收统一标准》GB 50300，主体结构是建筑工程的分部工程，主要包括混凝土结构、砌体结构、钢结构、劲钢（管）混凝土结构、木结构、网架和索膜结构子分部工程。对于常见的小型建筑工程，一般包括混凝土结构、砌体结构、钢结构工程，其相应的分项工程见表 1-5。

目前，建筑工程主体结构工程施工主要按照《混凝土结构工程施工质量验收规范》GB 50204、《砌体结构工程施工质量验收规范》GB 50203、《钢结构工程施工质量验收规范》GB 50205 执行。

建筑工程主体结构划分 **表 1-5**

序　号	子分部工程	分项工程
1	混凝土结构	模板、钢筋、混凝土、预应力、现浇结构、装配式结构
2	砌体结构	砖砌体、混凝土小型空心砌块砌体、石砌体、填充墙砌体、配筋砖砌体
3	钢结构	钢结构焊接、紧固件连接、钢零部件竣工、单层钢结构安装、多层及高层钢结构安装、钢结构涂装、钢构件组装、钢构件预拼装、钢网架结构安装、压型金属板

1.6.2 主体结构工程施工技术基本要求

（1）混凝土结构工程施工技术基本要求

混凝土结构工程施工技术主要包括模板制作、钢筋加工连接与安装（部分工程含有预应力筋）、混凝土搅拌、混凝土浇筑、混凝土养护、拆模等。

在模板制作过程中，模板及其支架要求具有足够的承载力、刚度和稳定性，能可靠地承受浇筑混凝土的重量、侧压力以及施工荷载。为了确保混凝土构件达到“外光内实”，要求模板接缝不应漏浆，可在浇筑混凝土前，将模板浇水润湿，并清除模板内积水。在浇筑混凝土前，需将模板内的杂物及与混凝土的接触面清理干净，并不影响结构性能或不妨碍装饰工程的隔离剂。此外，为了确保梁、板等水平构件的平直，需考虑将其模板应按设计要求起拱，当设计无具体要求时，起拱高度应为跨度的 1/1000～3/1000。

在钢筋加工连接与安装过程中，应事先对钢筋外观质量进行检查，注意钢筋表面不应有影响钢筋强度和锚固性能的锈蚀或污染，并且弯折过的钢筋不得敲直后作为受力钢筋使用。当钢筋需要代换时，应事先征得设计单位的同意。在钢筋安装中，需注意受力钢筋的上下位置和间距，按力的传递方向依次放置，并考虑混凝土能够进入构件的必要空间。

在混凝土搅拌、浇筑中，应注意混凝土运输、浇筑及间歇时间不应超过混凝土的初凝时间。在隐蔽验收和模板、支撑检查后，方可浇筑混凝土。对于混凝土的强度和坍落度需在浇筑地点抽取，确保混凝土构件质量。在混凝土浇筑时，还应观察模板、支架、钢筋、预埋件和预留孔洞的情况。当发现有变形、移位时，应及时采取措施进行处理。此外，应在浇筑完毕 12 小时以内对混凝土加以覆盖并保湿养护，养护方法和时间符合规范规定。

在确定模板及其支架拆除的顺序时，应注意安全。拆除顺序一般是后支先拆，先支后拆。先拆除非承重部分，后拆除承重部分，顺序进行。后浇带的模板及支架拆除应遵从设计。

如工程采用预应力施工，则应由具有相应资质等级的预应力专业施工单位承担。应重视预应力张拉机具设备及仪表的维护、校验。在建筑混凝土前，应对预应力隐蔽工程进行验收，其内容包括：预应力筋、预应力筋锚具和连接器、预留孔道及灌浆孔、锚固区局部加强构造等。

（2）砌体结构施工技术基本要求

砌体结构工程施工技术主要包括砂浆制作和砌筑。其中，砌筑砂浆的流动性（稠度）、保水性、强度和粘结力应满足设计要求，以确保砌体工程质量。砌筑材料则要求严禁使用国家明令淘汰的砌筑材料。在砌筑过程中，应注意砌筑顺序，并严格按照规范要求在相应位置设置变形缝、构造柱、圈梁等抗震构造，以满足砌体抗震要求。

（3）现场钢结构施工技术基本要求

现场钢结构施工技术主要包括焊接、紧固件连接、钢结构安装等。

对于钢结构焊接施工技术，首先焊接人员（焊工）必须持证上岗，并必须在其考试合格项目及其认可范围内施焊。其次，对于设计要求全焊透的一、二级焊缝应采用探伤进行内部缺陷的检验。第三，焊缝表面不得有规范不允许的缺陷。

在钢结构紧固件连接工程中，应事先分别进行高强度螺栓连接摩擦面的抗滑移系数试验和复验，现场处理的构件摩擦面应单独进行摩擦面抗滑移系数试验，其结果应符合设计要求。对于高强度大六角头螺栓连接，应在其终拧完成1h后、48h内应进行终拧扭矩检查；对于扭剪型高强度螺栓，应在其终拧后检查梅花头被拧掉的螺栓数量，对未拧掉的扭剪型高强度螺栓连接副采用扭矩法或转角法进行终拧并作标记，并按规范进行终拧扭矩检查。

在钢结构安装前，对建筑物的定位轴线、基础轴线和标高、地脚螺栓的规格及其紧固件进行检查。安装时，应注意设计要求顶紧的节点及钢结构的变形，及时纠正。安装后，钢结构主体结构的整体垂直度和整体平面弯曲的允许偏差必须符合规范要求。

1.6.3 主体结构工程施工技术案例

(1)【案例1】某办公楼钢筋工程施工

1）工程概况

某办公楼工程为五层框架结构，建筑面积约为3000m^2，位于抗震7度设防区。在施工至一层结构时，经检查发现钢筋工程施工存在几个问题：①梁柱节点区柱箍筋ϕ6@100漏放；②柱内箍筋弯钩是90°直钩，不符合抗震要求，同时箍筋间距错位；③部分柱主筋错位和局部弯折；④主梁、次梁和楼板的负筋位置混乱；⑤雨篷主筋位置严重错位，其主筋接近板地面。

由于存在诸多问题，该工程的钢筋工程未一次性通过验收。后经施工整改合格后，才被允许进行下一道工序施工。

2）分析

钢筋的作用。钢筋在混凝土构件中的作用分为两类：一类是受力钢筋（即主筋），包括受拉钢筋、受压钢筋和受剪钢筋；另一类是构造钢筋，包括分布钢筋、架立钢筋、腰筋、吊筋及锚固钢筋等。钢筋工程属于隐蔽工程，其原材料、加工、焊接、安装等质量直接影响混凝土结构的强度、刚度和抗震等技术性能。因此，过境工程质量必须符合规范和设计要求，方可进行混凝土浇筑。

问题及原因分析。本案例反映了钢筋工程的安装存在的一些问题，主要是钢筋的位置及抗震结构钢筋构造问题，其原因具体见表1-6。其中：钢筋位置的错乱会导致改变构件的受力状态，导致构件承载力下降，形成结构质量和安全隐患；抗震结构钢筋构造未按要求施工，则使混凝土构件达不到“强柱弱梁、强剪弱弯、强节点弱构件”抗震设计要求，在地震波的作用下，节点先丧失承载作用而导致整体倒塌。

存在的施工技术问题　　表1-6

序　号	存在的施工技术问题	主要原因分析
1	钢筋位置问题	
1.1	部分柱主筋错位和局部弯折	(1) 上柱截面收小，下柱伸出柱顶钢筋未弯曲到位，上柱钢筋无法连接； (2) 柱身内受力钢筋弯曲、歪斜
1.2	主梁、次梁和楼板的负筋位置混乱	(1) 主梁、次梁和楼板钢筋穿插，设计图纸不清； (2) 现场施工人员缺乏专业知识和经验

续表

序 号	存在的施工技术问题	主要原因分析
1.3	雨篷主筋位置严重错位	(1) 支撑主筋措施未到位，造成主筋下移； (2) 钢筋安装时，人员踩踏后脱落未修复
2	抗震结构钢筋构造问题	
2.1	梁柱节点区柱箍筋 $\phi6@100$ 漏放	(1) 未按设计、规范要求放置箍筋； (2) 施梁柱节点钢筋安装难度大
2.2	柱内箍筋弯钩是 90°直钩	(1) 按一般节点处理； (2) 施工人员不熟悉抗震规范，未按设计图纸施工

3）防治方法：

部分柱主筋错位和局部弯折的防治：①上柱截面收小时，下柱钢筋应预先弯好，弯曲角度正确，弯折度不超过 1/6；②可事先设置插筋或将上柱钢筋锚固在下柱内，其伸出钢筋和插筋的连接方法同上，当上柱钢筋插入下柱时，应确保其锚固长度，并保证上柱钢筋顺直；③浇筑混凝土时，不得拆除柱顶的固定支架和箍筋，不得强行弯折伸出钢筋，并注意伸出钢筋的正确位置。

主梁、次梁和楼板的负筋位置混乱防治：①注意板、次梁与主梁交叉处的负筋位置：板的钢筋在上，次梁的钢筋在中层，主梁的钢筋在下，当有圈梁或垫梁时，主梁钢筋在上；②在钢筋工程施工前，应加强现场施工人员技术交底工作，并由现场技术人员负责指导；③梁板受力钢筋间距应均匀，并绑扎固定住。

雨篷主筋位置严重错位防治：①采取可靠的钢筋固定措施，如采用撑筋，或利用支架将上、下钢筋网片绑在一起，形成整体骨架，并必须扎牢负弯矩钢筋；②板内预埋管应在负弯矩钢筋之下、弯矩钢筋之上，避免将负弯矩钢筋压弯下移；③浇筑混凝土时，需注意保护钢筋，避免钢筋以为、变形，并不得随意移动钢筋。

梁柱节点区柱箍筋问题防治：①梁端第一个箍筋应设置在距离柱节点边缘 50mm 处。梁端与柱交接处箍筋应加密，其间距与加密区长度均要符合设计要求；②柱基、柱顶、梁柱交接处箍筋间距按抗震设计要求加密，加密区内箍筋间距一般按柱子的上下梁端 1/6 净高或 50cm 处箍筋加密。

柱内箍筋弯钩问题防治：①有抗震要求的地区，柱箍筋端头应弯成 135°，平直部分长度不小于 $10d$（d 为箍筋直径），如箍筋采用 90°搭接，搭接处应焊接，焊接长度单面焊缝不小于 $10d$；②绑扎钢筋时，箍筋间距应作标记，分隔均匀，绑扣位置需准确，箍筋数量也应准确。

(2)【案例 2】某住宅砌体工程施工

1）工程概况

某住宅工程为 6 层混凝土框架结构，地下 1 层，其填充墙为蒸压加气混凝土砌块。当工程接近竣工时，墙体普遍出现裂缝，部分为贯通裂缝。现场施工人员去除粉刷层后，发现为砌体结构裂缝。后经几次修补，才彻底解决工程裂缝问题。

2）问题及原因分析

蒸压加气混凝土砌块以其保温隔热性能好等诸多优势，已成为实现建筑节能目标的理想墙体材料，在我国不同气候地区可实现墙体“单一材料”的自保温系统，是框架结构填充墙和住宅类多层建筑承重墙的首选墙体材料。但由于此种材料自身的物理性能及施工因素的影响，墙体在施工后的一定时间内常出现一些裂缝，其主要出现在框架梁与填充墙之间的水平裂缝、柱边的垂直裂缝、沿砌体灰缝变化的阶梯状裂缝以及窗台角的斜裂缝等。其裂缝产生的原因主要有温度变形、干缩变形、施工工艺错误产生裂缝。见表 1-7。

存在的施工技术问题 **表 1-7**

序　号	裂　缝	主要原因分析
1	温度裂缝	(1) 砌块与钢筋混凝土的温度变形有显著差异，在温度变化时两者产生的变形不一致，直接导致墙体与框架结构间由于温度变形不一致而产生的裂缝，裂缝通常发生在墙体与结构的交界面。 (2) 由于日照及昼夜温差、室内外温差、季节性温差所产生的温度变化，而引起材料的热胀、冷缩。当约束条件下温度变形引起的温度应力足够大时，墙体就会产生温度裂缝，此时裂缝通常发生在墙体的中部的水平或垂直方向以及门窗洞边角处的斜裂缝等
2	干缩裂缝	砌块含水率降低的收缩变形，当变形量过大时，墙体自身就会被拉裂。这类裂缝通常表现为墙体的垂直裂缝、阶梯形裂缝、窗台边斜裂缝、框架梁柱与填充墙之间的裂缝
3	施工工艺错误裂缝	(1) 墙体过长、过高时，未采取加强构造措施； (2) 门窗洞及预留洞的四角处，未采取合理的构造措施； (3) 墙面开槽、开洞安装管线、线盒及插座等，细部没有采取加强措施； (4) 使用龄期不足的砌块； (5) 砌块上墙时含水量过大或雨期施工淋湿砌块，施工后墙体会因干燥收缩引起开裂； (6) 未采用配套的专用砂浆； (7) 砌块排列不合理，未按规定接槎砌筑或通缝水平、竖缝厚薄不均且砂浆不饱满；砂浆的和易性、保水性能差；日砌筑高度过大等也容易引起墙体收缩开裂； (8) 砌体与混凝土结构之间未按规范要求加设拉结钢筋或拉结钢筋布置不规范、不牢固；在施工至离梁底 300mm 高时，砌筑间隔时间不够或顶砌不密实而产生的裂缝

3）防治方法

把好材料关，对进场蒸压加气砌块按批量对各项性能指标、外观质量、块型尺寸进行检测，不合格的不能使用。在现场堆放时，应防止砌块雨淋，并且砌体的龄期应超过 28d 才能上墙砌筑。

控制好砌块上墙的含水率，砌块的含水率应在 10%时施工为佳。对采用普通砂浆砌筑时，在控制含水率的同时，砌块应在砌筑前 1～2d 浇水湿润。在高温季节砌筑时，宜向砌筑面适量浇水。

严格控制现场施工工艺，加强现场施工管理，制定针对性的措施，加强技术交底，严格按规范操作。具体如下：①蒸压加气混凝土砌块砌体的灰缝宜采用薄灰缝（灰缝厚度不大于 5mm）。砌筑的水平、垂直砂浆饱满度均应≥80%。②承重蒸压加气混凝土砌块砌体应采用专用砌筑砂浆，以提高砌体结构的抗剪强度。专用砌筑砂浆的强度等级不应低于砌块强度等级。③填充墙砌至接近梁底时，应留出 300～500mm 的空隙，并应至少间隔 7d 后，采用斜砖竖砌挤紧，斜砖的倾斜度宜为 60°左右，砌筑砂浆应饱满。④填充墙与框架柱之间的缝隙应用砂浆嵌填密实，上下层砌块的搭接要求搭接长度不小于块体长度的 1/3，并且不小于 150mm。当某些部位搭接无法满足要求时，可在水平灰缝中铺设 2 根 $\phi6$ 的钢筋或 $\phi4$ 的钢筋网片加强，长度不小于 500mm。⑤当门窗洞过大时，宜在门窗侧设置防裂构造柱。当砌筑墙体长度大于 5m 时应在墙体中部加构造柱及拉结筋。当墙体高度大于 4m 时应在墙体中部加设水平圈梁。⑥电线管敷设时应使用专用剔槽工具，剔槽宽度要与线管吻合，深度要以埋下线管，线管低于砌块表面 2cm 为宜。敷管后在管槽两侧钉钉子并用铁丝扎牢，再在管上用钢丝网片加固。

1.7 防水工程施工技术及案例

1.7.1 防水工程概述

防水工程按设防部位一般可分为屋面防水、地下防水、外墙防水、卫生间和地面防水等。建筑防水的目的，就是使建筑物在设计耐用年限内，防止雨水及生产、生活雨水以及地下水的渗漏，确保建筑结构、室内空间和产品不受侵蚀和污染，以确保正常的生活和生产。

目前，防水工程施工主要按照《屋面工程质量验收规范》GB 50207、《地下防水工程质量验收规范》GB 50208、《建筑地面工程施工质量验收规范》GB 50209 执行。

防水工程主要作为地基与基础分部工程中的地下防水子分部工程、建筑装饰装修分部工程中的地面子分部工程及建筑屋面分部工程中的卷材防水屋面、涂膜防水屋面和刚性防水屋面子分部工程。

1.7.2 防水工程施工技术要求

1. 地下防水工程施工技术要求

由于地下工程长期受到地下水有害作用（毛细作用、渗透作用和侵蚀作用），因此，与屋面防水工程技术相比，地下防水工程要求更严格。地下防水工程施工技术主要有两类：防水混凝土技术、防水层技术。在地下工程施工中，一般应采用“防排结合、刚柔并用、多道设防、综合治理”的原则，并根据建筑功能及使用要求，结合工程所处的自然条件、工程结构形式、施工工艺等因素合理采取防水技术措施。

对于防水混凝土，在浇筑前必须做好抗渗试验，选用合适的材料和配合比，不仅满足抗渗要求，而且提高防水混凝土的抗裂性。在浇筑中，应控制好施工温度。混凝土浇筑后，确保在潮湿环境下养护，至少养护 14d，防止裂缝的产生。

地下工程防水层技术主要包括卷材防水和涂料防水。卷材层应铺设在混凝土结构主体的迎水面上，铺设前应将地下水位降低到防水层底部标高以下至少 30cm，铺设时则严格按照规范、标准要求，铺设后及时做好保护。涂料防水施工时，必须加强对基层的处理，使基层达到坚固、平整、粗糙，并表面干净；涂料应采用多层作法，至少要二层；对于细部薄弱部位（施工缝、后浇带、接缝与收头、穿墙螺杆、穿墙管迎水面等）应先处理。

2. 屋面防水工程施工技术要求

屋面渗漏将直接影响房屋的使用，影响使用者的生产或生活，并关系到建筑物的使用寿命，因此屋面防水工程十分重要。屋面防水工程施工技术主要有三大类：屋面卷材防水、屋面涂膜防水和刚性防水屋面技术。屋面防水工程应根据屋面不同的防水等级（建筑屋面防水等级分为Ⅰ、Ⅱ、Ⅲ、Ⅳ级）选用防水层的材料及防水技术。

对于卷材防水屋面施工，首先，应处理好屋面基层（找平层），要求基层（找平层）排水坡度符合设计要求；基层（找平层）与突出屋面结构（女儿墙、山墙、天窗壁、变形缝、烟囱等）的交接处和基层（找平层）的转角处等应做成圆弧形；找平层宜设分格缝，并嵌填密封材料。其次，卷材施工与铺贴应在适宜的天气环境下施工；在卷材施工前，应涂刷与卷材配套的基层处理剂；在卷材施工中，应按照现场情况及规范要求，采取正确的卷材铺贴方向、顺序，搭接方法和搭接宽度均需符合规范要求，并重视细部（泛水、檐口等）收口措施。再次，卷材铺贴后，卷材铺贴完成之后，必须做好保护，以免影响防水效果。

涂膜防水屋面施工时的找平层处理与卷材防水屋面施工相同。防水涂料应分层分遍涂布，待先涂的涂层干燥成膜后，方可涂后一遍涂料，且前后两遍涂料的涂布方向应相互垂直。天沟、檐沟、檐口、泛水及立面涂膜防水层的收头，应用防水涂料多遍涂刷或用密封材料封严。涂膜防水完成后，应设置保护层。

刚性防水屋面是依靠混凝土自身密实或增加添加剂来加大密实性，并采取一定的构造措施，如配置钢筋、设置隔离层等达到防水目的。刚性防水屋面一般为平屋顶，屋面坡度为 2%～3%，其结构层宜为整体现浇混凝土。刚性防水层与山墙、女儿墙及凸出屋面结构的交接处，均应作柔性密封处理。在刚性防水层与基层之间应设置隔离层。

3. 室内防水工程施工技术要求

室内防水工程主要指建筑室内厕浴间、水池、游泳池等防水工程。由于这些建筑室内空间面积小、管道多，通常采用涂膜防水、新型材料防水为主，而一般不采用卷材。对于厕浴间、厨房和浴室，主要以排水为主（地面坡度需符合要求），以防为辅，防水层必须做在楼地面面层以下，其地面高程应低于门口地面高程，并高于地漏高程。对于洁具、器具等设备和门框预埋件及沿墙周边交界处，均应采用高性能的防水密封材料密封。另外，墙面防水与地面防水交接处必须处理好。

1.7.3 防水工程施工技术要案例

1. 【案例 1】某医院项目屋面防水施工

(1) 工程概况

某医院项目，屋面防水等级为Ⅱ级，属倒置式屋面。设计为 APP 高聚物改性沥青卷材防水，防水层次构成如下：6cm 厚的细石混凝土保护层（配筋：单层网片 $\phi6@150\times150$），4cm 厚挤塑聚苯保温板，6mm 厚 APP 卷材防水层，基层处理剂底油为 $0.3L/m^2$，钢筋混凝土找坡屋面。项目屋面防水工程施工严格按照相关技术要求实施，取得较好的防水效果。

(2) 具体施工技术简述

基层清理：①除去混凝土压光面的砂浆和杂物，保证屋面细部结构的干净；②将落水头等重要部位内的杂物清理干净，并注意施工过程中的保护及产品保护；③割除屋面裸露钢筋头、铁丝等，用砂浆修补完好。

找平层：①为保证施工质量，本项目采用结构混凝土原浆压光，不另外施工找平层，确保防水层和结构层的可靠粘结。采用 1∶3 水泥砂浆将局部缺陷修补完好；②采用 1∶3 水泥砂浆施工泛水圆角（R=5cm）和管道支架底部的“八字脚”，注意圆角半径均匀，与基层连接光滑平顺；“八字脚”应大小一致，坡度平顺；③涂刷底油（结合层）前，应清扫屋面。涂刷需均匀，不得漏刷。

防水层（APP 高聚物改性沥青卷材）：①卷材与基层粘贴采用满粘法；②铺设方向。本项目坡度为 1%，卷材平行于屋脊铺贴；先做好节点、附加层和排水集中部位（水落口、排水沟、转角、泛水）的处理，然后由屋面最低标高处向上施工；排水沟铺贴从沟底开始，顺排水沟从落水口向分水岭方向铺贴。烘烤时应注意均匀，边铺边从沟底中心向两侧按压，赶出气泡，粘贴密实；③搭接方法及宽度要求。铺贴卷材采用搭接法；相邻两幅卷材的搭接缝应错开，平行于屋脊的搭接接缝应顺流水方向搭接；在排水沟与屋面的连接处的接缝留在屋面；搭接宽度为100mm；④卷材铺贴完毕，并检查合格，现行规范要求进行闭水试验48h。

保温层：①铺设保温层前，先清理杂物和垃圾；②保温板按照顺序铺（纵向或横向），接缝错开。

保护层：①保护层施工时，注意钢筋网片的底部保护层厚度，并注意保温板分隔条的固定和保护；②保护层混凝土浇筑后，应及时养护，养护时间不得少于7d。③设置分仓缝，做好分隔条嵌缝施工，嵌填的油膏不得高出保护层完成面，凹度应一致。

2. 某商场项目室内卫生间防水施工

（1）工程概况

某商场装修项目，将原部分商铺空间改为卫生间，采用聚氨酯作为防水材料。由于下层为食品专柜，不同意排水横管直接从下层吊顶内安装，加上工期紧张等原因。在卫生间施工时，出现多处违反操作行为，而原混凝土楼面浇筑质量也比较差。因此，当竣工使用后，一旦卫生间积水或用水时，都会发生卫生间地面渗水，直接影响下层房间使用。

（2）问题及原因分析

本项目的卫生间地面渗水问题由多种原因造成（表1-8），这些问题都是施工工艺和技术实施不当而形成的质量隐患引起的。

存在的施工技术问题　　表1-8

序　号	存在的施工技术问题	主要原因分析
1	穿楼板立管周边封堵不严	（1）由于穿楼板管道的周边混凝土为后补（二次浇筑），留有施工缝，且管道套管低于20mm； （2）穿管周边，涂刷防水层时，灰浆未清除干净
2	楼板混凝土浇筑不密实	主体结构时，由于突击赶工，造成局部混凝土出现微小裂缝，自防水能力削弱
3	排水管在防水层下方	（1）由于下层用户反对，排水管横管都从楼板上安装，并用浇筑300mm细石混凝土填补并找平，再施工防水层，一旦管道渗水，防水层毫无作用； （2）在细石混凝土浇筑时，由于施工不当，导致管道裂缝； （3）细石混凝土配比不合理，未振捣，密实性极差
4	墙根部出现渗水	由于管道在找平层下方，积水在细石混凝土中，吸水饱和后部分沿墙根部渗出

（3）防治措施

穿楼板立管周边防治措施：①穿楼板立管定位后，楼板四周缝隙应采用1∶3水泥砂浆堵严，缝大于20mm时宜用C20细石混凝土堵严；②立管根部四周宜形成凹槽，其尺寸为15mm×15mm，将管根周围及凹槽内清理干净，干燥后天密封材料；③管道外壁200mm高的范围内，清除灰浆和油垢杂质，涂刷基层处理剂，并按设计涂刷防水涂料。

楼板面及墙根渗水防治方法：①采用两道防水层，即先在原有楼板面上做一道防水层，待排管填筑细石混凝土后，再做一道防水层；②原有楼板面防水层做完后，就应及时进行蓄水试验，蓄水试验应超过24h；③浇筑细石混凝土时，应注意横管保护，宜采用套管，并且细石混凝土应密实；④墙根部增设防水层，并高出细石混凝土层150mm以上。

2 建筑工程相关法律法规

2.1 建筑工程安全生产的相关法规及案例

2.1.1 《生产安全事故报告和调查处理条例》和《关于进一步规范房屋建筑和市政工程生产安全事故报告和调查处理工作的若干意见》

2.1.1.1 事故分类

根据生产安全事故（以下简称事故）造成的人员伤亡或者直接经济损失，事故一般分为以下等级：①特别重大事故，是指造成30人以上死亡，或者100人以上重伤（包括急性工业中毒，下同），或者1亿元以上直接经济损失的事故；②重大事故，是指造成10人以上30人以下死亡，或者50人以上100人以下重伤，或者5000万元以上1亿元以下直接经济损失的事故；③较大事故，是指造成3人以上10人以下死亡，或者10人以上50人以下重伤，或者1000万元以上5000万元以下直接经济损失的事故；④一般事故，是指造成3人以下死亡，或者10人以下重伤，或者1000万元以下直接经济损失的事故。

国务院安全生产监督管理部门可以会同国务院有关部门，制定事故等级划分的补充性规定。本条第一款所称的“以上”包括本数，所称的“以下”不包括本数。

2.1.1.2 事故报告

事故发生后，事故现场有关人员应当立即向本单位负责人报告；单位负责人接到报告后，应当于1小时内向事故发生地县级以上人民政府安全生产监督管理部门和负有安全生产监督管理职责的有关部门报告。

情况紧急时，事故现场有关人员可以直接向事故发生地县级以上人民政府安全生产监督管理部门和负有安全生产监督管理职责的有关部门报告。

安全生产监督管理部门和负有安全生产监督管理职责的有关部门接到事故报告后，应当依照下列规定上报事故情况，并通知公安机关、劳动保障行政部门、工会和人民检察院：

（1）特别重大事故、重大事故逐级上报至国务院安全生产监督管理部门和负有安全生产监督管理职责的有关部门；

（2）较大事故逐级上报至省、自治区、直辖市人民政府安全生产监督管理部门和负有安全生产监督管理职责的有关部门；

（3）一般事故上报至设区的市级人民政府安全生产监督管理部门和负有安全生产监督管理职责的有关部门。

安全生产监督管理部门和负有安全生产监督管理职责的有关部门逐级上报事故情况，

每级上报的时间不得超过 2 小时。

事故报告内容：①事故发生的时间、地点和工程项目、有关单位名称；②事故的简要经过；③事故已经造成或者可能造成的伤亡人数（包括下落不明的人数）和初步估计的直接经济损失；④事故的初步原因；⑤事故发生后采取的措施及事故控制情况；⑥事故报告单位或报告人员；⑦其他应当报告的情况。

事故报告后出现新情况，以及事故发生之日起 30 日内伤亡人数发生变化的，应当及时补报。

2.1.1.3 事故调查

特别重大事故由国务院或者国务院授权有关部门组织事故调查组进行调查。

重大事故、较大事故、一般事故分别由事故发生地省级人民政府、设区的市级人民政府、县级人民政府负责调查。省级人民政府、设区的市级人民政府、县级人民政府可以直接组织事故调查组进行调查，也可以授权或者委托有关部门组织事故调查组进行调查。未造成人员伤亡的一般事故，县级人民政府也可以委托事故发生单位组织事故调查组进行调查。

上级人民政府认为必要时，可以调查由下级人民政府负责调查的事故。自事故发生之日起 30 日内（道路交通事故、火灾事故自发生之日起 7 日内），因事故伤亡人数变化导致事故等级发生变化，依照本条例规定应当由上级人民政府负责调查的，上级人民政府可以另行组织事故调查组进行调查。

特别重大事故以下等级事故，事故发生地与事故发生单位不在同一个县级以上行政区域的，由事故发生地人民政府负责调查，事故发生单位所在地人民政府应当派人参加。

建设主管部门应当按照有关人民政府的授权或委托组织事故调查组对事故进行调查，并履行下列职责：

（1）核实事故项目基本情况，包括项目履行法定建设程序情况、参与项目建设活动各方主体履行职责的情况；

（2）查明事故发生的经过、原因、人员伤亡及直接经济损失，并依据国家有关法律法规和技术标准分析事故的直接原因和间接原因；

（3）认定事故的性质，明确事故责任单位和责任人员在事故中的责任；

（4）依照国家有关法律法规对事故的责任单位和责任人员提出处理建议；

（5）总结事故教训，提出防范和整改措施；

（6）提交事故调查报告。

事故调查报告应当包括下列内容：①事故发生单位概况；②事故发生经过和事故救援情况；③事故造成的人员伤亡和直接经济损失；④事故发生的原因和事故性质；⑤事故责任的认定和对事故责任者的处理建议；⑥事故防范和整改措施。

事故调查报告应当附具有关证据材料，事故调查组成员应当在事故调查报告上签名。

2.1.1.4 事故处理

重大事故、较大事故、一般事故，负责事故调查的人民政府应当自收到事故调查报告之日起 15 日内做出批复；特别重大事故，30 日内做出批复，特殊情况下，批复时间可以适当延长，但延长的时间最长不超过 30 日。

有关机关应当按照人民政府的批复，依照法律、行政法规规定的权限和程序，对事故发生单位和有关人员进行行政处罚，对负有事故责任的国家工作人员进行处分。事故发生单位应当按照负责事故调查的人民政府的批复，对本单位负有事故责任的人员进行处理。负有事故责任的人员涉嫌犯罪的，依法追究刑事责任。

2.1.1.5 案例分析

(1)【案例 1】天水市“12.24”塔吊倒塌事故

1) 事故概况

天水市的东关东升花园项目由天水市第一建筑工程公司承建。在 2001 年 12 月 24 日下午 14 时 25 分许，项目发生了较大事故，建筑工地塔吊司机启动吊车，第一次装运土后回臂过程中，吊塔突然整体向北倒塌，塔体砸在相距约 10m 处的秦城区建设路第三小学南教学楼上，塔吊的配重将三层教学楼从顶层至底层贯顶穿透，吊臂砸在该校校园，致使 3 名学生当场死亡。其余受伤人员被送往医院后，一名学生和塔吊司机于事发当晚因抢救无效先后死亡。

2) 事故调查

事故发生后，事故现场人员层层上报至甘肃省安全生产监督局、省建设厅、公安厅等七部门。省级部门接到事故报告后，组织相关成员和有关方面的专家陆续赶到天水，与天水市有关部门组成省市联合事故调查组，对天水“12.24”事故展开了全面调查。

在经过事故调查之后，应编制事故调查报告，主要包括以下内容：

① 事故发生单位：天水市第一建筑工程公司，东关东升花园项目。

② 事故发生经过和事故救援情况：建筑工地塔吊司机启动吊车，第一次装运土后回臂过程中，吊塔突然整体向北倒塌，塔体砸在相距约 10m 处的秦城区建设路第三小学南教学楼上，塔吊的配重将三层教学楼从顶层至底层贯顶穿透，吊臂砸在该校校园，致使 3 名学生当场死亡。其余受伤人员被送往医院后，一名学生和塔吊司机于事发当晚因抢救无效先后死亡。

③ 事故造成的人员伤亡和直接经济损失：5 人死亡，91 人受伤。受伤人员中 72 人伤势较轻，19 名学生伤势较重，一名学生截去双腿，另一名学生从三楼摔倒二楼、被矛刺穿胸腔，其余受伤学生均病情稳定。

④ 事故发生的原因和事故性质：事故发生的原因主要包括直接和间接两方面。

直接原因，该项目经理杨某违反技术规程，擅自设计草图，将安装塔机的任务交给不具备资质的王某等人，王某未对塔机基座检验确认就盲目对接该机，给塔机安全运行埋下隐患。并且违规起吊埋在地下的井筒，致使塔机承受极大的破坏力，基座收到损伤。使用期间还多次违规超荷载起吊物体，致使塔吊基础破坏断裂，塔吊倒塌。

QTZ-40C 塔式起重机基础节，是一次性使用的标准组合件。而该建筑公司从前一个工地将该塔机拆装到大厦施工工地，已是第三次安装使用，一直没有置备符合安装标准的基础节，只是把前一次浇入混凝土的基础节上半部分约 200mm 切割下来，残余部分与现场制作的部分焊在一起使用。现场制作未按标准要求加工，擅自将原基础节每根弦杆角钢∟125×∟125×12 和直径 30mm 圆钢各一根的设计，私自改为角钢∟95×∟95×10 两根，且将原基础节四根斜腹杆支撑取消。从现场勘察，基础节上部南面的两个弦杆被拉断，其中西南面弦杆在拉断截面上有陈旧性裂缝的痕迹和锈斑。东北面的弦杆是在倒塌时被斯断的。显然，当基础节不能承受载荷时，导致了塔机整体倒塌。

间接原因，该工程未取得建设项目选址意见书、建设工程规划许可证、建设工程用地规划许可证以及施工许可证，也未进行招标投标、未委托监理及工程质量监督。天水建委多次到该工地检查，下达书面通知单责令停工，并且进行强制拆除，但施工单位擅自重新安装，并对整改措施置之不理。同时该公司的安全员，没有检测到塔吊出现裂纹，未按规范进行检验。

同时进行判定，该事故为较大事故。

⑤ 事故责任的认定和对事故责任者的处理建议：事故责任认定天水市第一建筑工程公司承担事故责任。

⑥ 事故防范和整改措施：调查小组提出如下的事故预防措施：

提高认识，切实抓好安全生产工作。各级建设行政主管部门和建筑业企业要继续认真学习、贯彻江泽民总书记等中央领导同志关于搞好安全生产工作的一系列重要指示和《国务院关于特大安全事故行政责任追究的规定》（以下简称《规定》），进一步提高认识，建立健全安全生产监督机构，切实把安全生产工作的重点放到预防为主上来，认真解决安全生产工作中存在的问题和隐患，坚决遏制重大、特大事故的发生。凡发生特大事故的，要坚决依照《规定》，追究直接责任人和有关领导干部的责任；构成犯罪的，要依法追究刑事责任。

迅速展开对塔吊的安全检查，做好塔吊周围的安全防范工作。各级建设行政主管部门和企业在接到本通知后，应立即依据《规定》、《通知》以及《关于印发〈施工现场安全防护用具及机械设备使用监督管理规定〉的通知》（建［1998］164号）和《建筑机械使用安全技术规程》JGJ 33对塔吊进行一次全面安全检查。检查的主要内容是企业对于塔吊的采购、维修、保养、年检、设备重新组装后的试运行检测、报废等各项制度的建设情况和贯彻落实情况；施工现场塔吊的拆装安全技术方案和安全技术交底情况；从事塔吊的拆装人员、操作人员和信号指挥人员教育培训和持证上岗工作；塔吊周围的安全防护情况。这次检查要层层落实，不留死角。对于明令禁止使用的塔吊坚决淘汰，决不迁就；对于有安全隐患的要立即维修，彻底消除事故隐患后方可使用。

3）事故处理

在事故调查完成后，天水市秦城区人民法院依照有关法律作出了如下的事故处理：杨某、王某作为建筑企业的职工，违反规章制度，因而发生重大伤亡事故，造成严重后果，其行为均构成重大责任事故罪。判处杨某有期徒刑3年，缓刑4年；王某有期徒刑1年，缓刑2年。

4）经验总结

在这个案例中，安全事故发生后，处理得当，有以下几点经验。

事故发生后，依据事故的等级，上报至相应的管理部门。在这个案例中，事故属于较大事故，事故报告至甘肃省安全生产监督局、省建设厅、公安厅等七部门。符合《生产安全事故报告和调查处理条例》中的相关规定。在事故上报过程中，各个部门能及时对此事故作出反应并采取措施，使得事故能够尽快收到重视，并尽早解决，降低事故的不良影响。

事故调查过程，省级单位及时组织项目人员与专家对事故进行调查，使得事故原因很快被调查清楚，同时提出了相关的处理意见以及预防措施。措施详细而具有针对性。能够有效地避免同类事故的发生。在这个案例中不得不提的是，天水市的市长也及时参与到事故的调查中，发挥了巨大的作用。事故调查报告，详细而完整。其中值得一提的是，具体而细致的提出了事故发生的原因。为下一步的事故处理工作打下基础。

事故的处理过程除了规定中的对相关负责人员进行惩罚之外，并且对受害人进行了安抚，极大的安定了民心，使得事故不良影响大大降低。同时社会各界的人士也献出自己的力量，甘肃驻军部队的官兵到医院看望了受伤师生，并当场送来慰问金一万元人民币。正在天水市投资办实业的深圳江夏黄氏实业有限公司董事长黄盾斌，向事故受难者及家属捐献了二万元慰问金，以此表达该公司全体员工的爱心。中国人寿保险公司天水分公司经现场勘查后，为“一二・二四”事故中受伤的天水市建设路第三小学预付医疗保险金十万元，以保障事故受伤者的医疗救治。

在事故处理这一环节上，本案例中的管理措施很好的体现了事故处理很重要的一点，即对于受害者要及时进行安抚，以避免事故不良影响的扩散。除了要还受害者事情的真相外，还需要进行一些物质上的补偿。

(2)【案例 2】南京“10.25”重大事故

1）事故概况

2000 年 10 月 25 日上午 10 时 10 分，某有限公司承建的某电视台演播中心裙楼工地发生一起重大职工因工伤亡事故。大演播厅舞台在浇筑顶部混凝土施工中因模板支撑系统失稳舞台屋盖坍塌，造成正在现场施工的民工和电视台工作人员 6 人死亡，35 人受伤(其中重伤 11 人）的事故，直接经济损失 70 多万元，已属较重大事故。

2）事故经过

某电视台演播中心工程地下 2 层、地面 18 层，建筑面积 34000m^2，采用现浇框架剪力墙结构体系。工程开工日期为 2000 年 4 月 1 日，计划竣工日期为 2001 年 7 月 31 日。演播中心工程大演播厅总高 38m（其中地下 8.7m，地上 29.3m)，面积为 624m^2。7 月份开始搭设模板支撑系统支架，支架钢管、扣件等总吨位约 290t，钢管和扣件分别由甲方、市建工局材料供应处、某物资公司提供或租用。原计划 9 月底前完成屋面混凝土浇筑，预计 9 月 25 日下午 4 时完成混凝土浇筑。

在演播大厅舞台支撑系统支架搭设前，项目部按搭设顶部模板支撑系统的施工方法完成了三个演播厅、门厅和观众厅的施工，但都没有施工方案。

2000 年 1 月，编制了“上部结构施工组织设计”，并与 1 月 30 日经项目副经理成某、分公司副主任工程师批准实施。

7 月 22 日开始搭设大演播厅舞台顶部模板支撑系统，由于工程需要和材料供应等方面的问题，支架搭设施工时断时续。搭设时没有施工方案，没有图纸，没有进行技术交底。搭设开始约 15 天后，分公司副总将“模板工程施工方案”交给施工队负责人。施工队拿到方案后，成某做了汇报，成某答复还按以前的规格搭架子，到最后再加固。

模板支撑系统支架由某公司组织进场的朱某工程队进行搭设，事故发生时朱某工程队共 17 名民工，其中 5 人无特种作业人员操作证，地上 25～29m 最上边一段由木工工长孙某负责指挥木工搭设。10 月 15 日完成搭设，支架总面积约 624m^2，高 38m。搭设支架的全过程中，没有办理自检、互检、交接检、专职检的手续，搭设完毕后未按规定进行整体验收。

10月17日开始进行支撑系统模板安装，10月24日完成。23日木工工长孙某向项目部副经理成某反映水平杆加固没有到位，成某即安排架子工加固支架，25日浇筑混凝土时仍有6名架子工在加固支架。

10月25日6时55分开始浇筑混凝土，项目部资料质量员姜某8时多才填补混凝土浇捣令并送监理公司总监韩某签字，韩某将日期签为24日。浇筑现场由项目部混凝土工长刑某负责指挥。南京某分公司负责为本工程供应混凝土，为B区屋面浇筑C40混凝土，坍落度16～18cm，用两台混凝土泵同时向上输送（输送高度约40m，泵管长度约60m×2m）。浇筑时现场有混凝土工工长1人，木工8人，架子工8人，钢筋工2人，混凝土工20人。自10月25日6时55分开始至10时10分，输送机械设备一直运行正常。到事故发生时止，输送至屋面混凝土约139m^3，重约342t，占原计划输送屋面混凝土总量的51%。

10时10分，当浇筑混凝土由北向南推进，浇至主次梁交叉点区域时，该区域的1m^{2}理论钢管支撑杆数为6根，由于缺少水平连系杆，实际为3根立杆受力，又由于梁底模板下木枋呈纵向支部在支架水平钢管上，使梁下中间立杆的受荷过大，个别立杆受荷最大达4吨多，综合立杆底部无扫地杆，立杆存在初弯曲等因素，以及输送混凝土管有冲击和振动等影响，使节点区域的中间单位立杆首先失稳并随之带动相邻立杆失稳，出现大厅内模板支架系统整体倒塌的事故。屋顶模板上正在浇筑混凝土的工人纷纷随塌落的支架和模板坠落，部分工人被塌落的支架、楼板和混凝土浆掩埋。

3）事故原因

直接原因：①支架搭设不合理，特别是水平连系杆严重不够，三位尺寸过大以及底部未设扫地杆，从而主次梁交叉区域单杆受荷过大，引起立杆局部失稳；②梁底模的木杆放置方向不妥，导致大梁的主要荷载传至梁底中央排立杆，且该排立杆的水平连系杆不够，承载力不足，因而加剧了局部失稳；③屋盖下模板支架与周围结构固定与连系不足，加大了顶部晃动。

间接原因：①施工组织管理混乱，安全管理失去有效控制，模板支架搭设无图纸、无专项施工技术交底，施工中无自检、互检等手续，搭设完成后没有组织验收。搭设开始时无施工方案，有施工方案后未按要求进行搭设，支架搭设严重脱离原设计方案要求致使支架承载力和稳定性不足，空间强度和刚度不足等是造成这起事故的主要原因。②施工现场技术管理混乱，对大型或复杂重要的混凝土结构工程的模板施工未按程序进行，支架搭设开始后送交工地的施工方案中有关模板支架设计的方案过于简单，缺乏必要的细部构造大样图和相关详细说明且无计算书。支架施工方案传递无记录，导致现场支架搭设时无规范可循，是造成这起事故的技术上的重要原因。③某监理公司驻工地总监理工程师无监理资质，工程监理组没有对支架搭设过程严格把关，在没有对模板支撑系统的施工方案审查认可的情况下即同意施工，没有监督对模板支撑系统的验收就签发了浇捣令，工作严重失职，导致工人在存在重要事故隐患的模板支撑系统上进行混凝土浇筑施工，也是造成这起事故的重要原因。④在上部浇筑屋盖混凝土情况下，民工在模板支撑下部进行支架加固是造成事故伤亡人员扩大的原因之一。⑤南京某公司及上海分公司领导安全生产意识淡薄，个别领导不深入基层，对各项规章制度执行情况监督管理不力，对重点部位的施工技术管理不严，有法有规不依。施工现场用工管理混乱，部分特种作业人员无证上岗作业，对民工未认真进行三级安全教育。⑥施工现场支架钢管和扣件在采购、租赁过程中质量管理把关不严，部分钢管和扣件不符合质量标准。⑦建筑管理部门对该建筑工程执法监督和检查指导不力，建设管理部门对监理公司的监督管理不到位。

4）处理结果

南京某公司项目部副经理成某具体负责大演播厅舞台工程，在未见到施工方案的情况下，决定按常规搭设顶部模板支架，在指导支架三位尺寸与施工方案不符时，不与工程技术人员商量，擅自决定继续按原尺寸施工，盲目自信，对事故的发生应负主要责任，建议司法机关追究其刑事责任。

该工程监理公司驻工地总监韩某，违反“南京市项目监理实施程序”第三条第二款中的规定，没有对施工方案进行审查认可，没有监督对模板支撑系统的验收，对施工方的违规行为没有下达停工令，无监理工程师资格证书上岗，对事故的发生应负主要责任，建议司法机关追究其刑事责任。

南京某公司电视台项目部项目施工员丁某，在未见到施工方案的情况下，违章指挥民工搭设支架，对事故的发生应负重要责任，建议司法机关追究其刑事责任。

朱某违反国家关于特种作业人员必须持证上岗的规定，私招乱雇部分无上岗证的民工搭设支架，对事故的发生应负直接责任，建议司法机关追究其刑事责任。

南京某公司项目部经理史某负责上海分公司和电视台演播中心工程的全面工作，对分公司和该工程项目的安全生产负总责，对工程的模板支撑系统重视不够，未组织有关工程技术人员对施工方案进行认真的审查，对施工现场用工混乱等管理不力，对这起事故的发生应负直接领导责任，建议给予史某行政撤职处分。

其他相关人员均根据其所负直接或间接责任，给予其相应处罚。

2.1.2 危险性较大的分部分项工程安全管理办法

2.1.2.1 安全管理办法实施要点

本办法适用于房屋建筑和市政基础设施工程（以下简称“建筑工程”）的新建、改建、扩建、装修和拆除等建筑安全生产活动及安全管理。

建设单位在申请领取施工许可证或办理安全监督手续时，应当提供危险性较大的分部分项工程清单和安全管理措施。施工单位、监理单位应当建立危险性较大的分部分项工程安全管理制度。施工单位应当在危险性较大的分部分项工程施工前编制专项方案；对于超过一定规模的危险性较大的分部分项工程，施工单位应当组织专家对专项方案进行论证。

建筑工程实行施工总承包的，专项方案应当由施工总承包单位组织编制。其中，起重机械安装拆卸工程、深基坑工程、附着式升降脚手架等专业工程实行分包的，其专项方案可由专业承包单位组织编制。

2.1.2.2 专项方案内容

专项方案的内容包括：①工程概况：危险性较大的分部分项工程概况、施工平面布置、施工要求和技术保证条件。②编制依据：相关法律、法规、规范性文件、标准、规范及图纸（国标图集）、施工组织设计等。③施工计划：包括施工进度计划、材料与设备计划。④施工工艺技术：技术参数、工艺流程、施工方法、检查验收等。⑤施工安全保证措施：组织保障、技术措施、应急预案、监测监控等。⑥劳动力计划：专职安全生产管理人员、特种作业人员等。⑦计算书及相关图纸。

专项方案应当由施工单位技术部门组织本单位施工技术、安全、质量等部门的专业技术人员进行审核。经审核合格的，由施工单位技术负责人签字。实行施工总承包的，专项方案应当由总承包单位技术负责人及相关专业承包单位技术负责人签字。

不需专家论证的专项方案，经施工单位审核合格后报监理单位，由项目总监理工程师审核签字。

超过一定规模的危险性较大的分部分项工程专项方案应当由施工单位组织召开专家论证会。实行施工总承包的，由施工总承包单位组织召开专家论证会。

2.1.2.3 专项方案评审

专项方案评审时专家论证的主要内容有：①专项方案内容是否完整、可行；②专项方案计算书和验算依据是否符合有关标准规范；③安全施工的基本条件是否满足现场实际情况。

专项方案经论证后，专家组应当提交论证报告，对论证的内容提出明确的意见，并在论证报告上签字。该报告作为专项方案修改完善的指导意见。

施工单位应当根据论证报告修改完善专项方案，并经施工单位技术负责人、项目总监理工程师、建设单位项目负责人签字后，方可组织实施。

实行施工总承包的，应当由施工总承包单位、相关专业承包单位技术负责人签字。

专项方案经论证后需做重大修改的，施工单位应当按照论证报告修改，并重新组织专家进行论证。

2.1.2.4 专项方案的实施与验收

专项方案实施前，编制人员或项目技术负责人应当向现场管理人员和作业人员进行安全技术交底。

对于按规定需要验收的危险性较大的分部分项工程，施工单位、监理单位应当组织有关人员进行验收。验收合格的，经施工单位项目技术负责人及项目总监理工程师签字后，方可进入下一道工序。

监理单位应当将危险性较大的分部分项工程列入监理规划和监理实施细则，应当针对工程特点、周边环境和施工工艺等，制定安全监理工作流程、方法和措施。

2.1.2.5 案例分析

(1)【案例1】某项目深基坑支护工程专项方案编制与实施

1) 工程概况

某项目基坑开挖深度12.62m，地下2层，基坑平面尺寸为34m×64m，一类基坑；地下水位处于地表下14.50m处。该工程西临城市主干道，东侧9m为6层住宅，南侧10m为6层住宅；基坑及支护范围内地下无管线、通讯、输电等设施。

由于本工程场地狭小，周边环境复杂，中标承诺工期短（共计12个月），低于常规施工工期，开工日期为2007年12月18日，基坑土方开挖计划2个月完成。若采取常规的放坡开挖，由于基坑深，场地小，基坑的稳定安全性将受到影响，且放坡开挖后将超过施工红线，因此该方案被排除；若采用护坡桩施工，则基坑开挖时间将推后，进度总体控制计划将受到影响，且按此方案存在土方回填和费用较高的特点。经过各种方案的认真讨论，结合工程的地质资料及周边建筑物等实际情况，本工程基坑支护采用钢筋混凝土灌注桩加锚杆支护体系。

根据住房和城乡建设部建质［2009］87 号文关于印发《危险性较大的分部分项工程安全管理办法》的通知，开挖深度超过 5m（含 5m）的基坑的支护工程，需编制安全专项施工方案，并组织专家论证。

2）专项方案内容

由于本项目专项方案内容比较多，下文截取深基坑支付工程土方开挖部分以供参考。

① 工程概况（略）

② 编制依据

(a)《建设工程安全生产管理条例》（国务院第 393 号令）；

(b)《建筑基坑支护技术规程》JGJ 120；

(c)《建筑基坑工程监测技术规范》GB 50497；

(d)《基坑土钉支护技术规程》CECS 96：97；

(e)《建筑基坑工程技术规范》YB 9258；

(f)《建筑施工安全检查标准》JGJ 59；

(g) 建（构）筑物设计文件、地质报告；

(h) 地下、管线，周边建筑物等情况调查报告；

(i) 工程施工组织总设计及相关文件。

③ 施工计划

(a) 施工进度计划

某项目深基坑开挖工程施工总工期为 62 个工日，其中施工准备、围护结构施工需 17 工日，开挖基坑第一层土方需 15 工日，第二层基坑土方开挖需要 15 工日，第三层基坑土方开挖需要 15 工日。

(b) 材料与设备计划

某项目深基坑工程土方开挖所需配备的主要机械如表 2-1 所示。

某项目深基坑工程土方开挖主要机械配备表 **表 2-1**

序号	名称	型号	数量
1	挖掘机	ZX200	2 台
2	自卸车	10t	4 台
3	吊车	QY25t	1 台
4	电焊机	BX-315	2 台

④ 施工工艺技术（略）

(a) 施工技术参数。

(b) 施工工艺流程。

(c) 施工方法。

(d) 检查验收。

⑤ 施工安全保证措施（截取）

(a) 组织保证

严格按照设计图纸及施工技术方案进行基坑开挖及主体结构的施工。

配备专职安全员对现场安全进行监控，并对围岩的情况进行观察，发现异常情况及时上报并有权决定停止施工。

在施工现场备足应急物资，如编织袋、水泥、小导管、混凝土喷射料以及方木等。

加强超前支护注浆，确保注浆效果。

加强监控量测，以信息化指导施工。

(b) 技术措施

土方开挖的顺序、方法必须与设计工况相一致，并遵循“开槽支撑、先撑后挖、分层开挖、严禁超挖”的原则。

除设计允许外，挖土机械和车辆不得直接在支撑上行走操作。

采用机械挖土方式时，严禁挖土机械碰撞支撑、立柱、井点管、围护墙和工程桩。

应尽量缩短基坑无支撑暴露时间。对一、二级基坑，每一工况下挖至设计标高后，钢支撑的安装周期不宜超过一昼夜。

(c) 应用预案

工地有安全事故发生时，应立即大声呼救，并及时报警。现场应急响应小组应有组织的开展自救工作。在组织自救的同时，还应保护好现场，为事故调查提供真实依据。

(d) 监测监控

为保证量测数据的真实可靠及连续性，特制定以下各项措施：

监测组与业主密切配合工作，及时向业主报告情况和问题，并提供有关切实可靠的数据记录；监测实施方案和相应的测点埋设保护措施要切实可行；为保证数据资料的连续性，量测人员要相对固定；量测仪器的管理采用专人使用、专人保养、专人检校的原则；各监测项目在监测过程中必须严格遵守相应的实施细则；量测数据均要经现场检查，室内复核两级后方可上报；各量测项目从设备的管理、使用及资料的整理均设专人负责。

⑥ 劳动力计划

本深基坑开挖工程劳动力计划见表 2-2 所示。

深基坑开挖主要人员配备 **表 2-2**

序　号	名　称	数　量
1	技术员	2 人
2	安全员	2 人
3	防护员	2 人
4	电焊工	2 人
5	杂工	5 人
合　计		13 人

⑦ 计算书及相关图纸（略）

3）专项方案编制和评审流程

专项方案由深基坑支护工程分包单位组织编制。深基坑支护工程专项方案编制流程如图 2-1 所示。深基坑支护结构专项方案编制完成后，经施工总包单位技术部门组织本单位施工技术、安全、质量等部门的专业技术人员进行审核后通过后组织召开专家论证会，深基坑支护工程专项方案审查流程如图 2-2 所示。

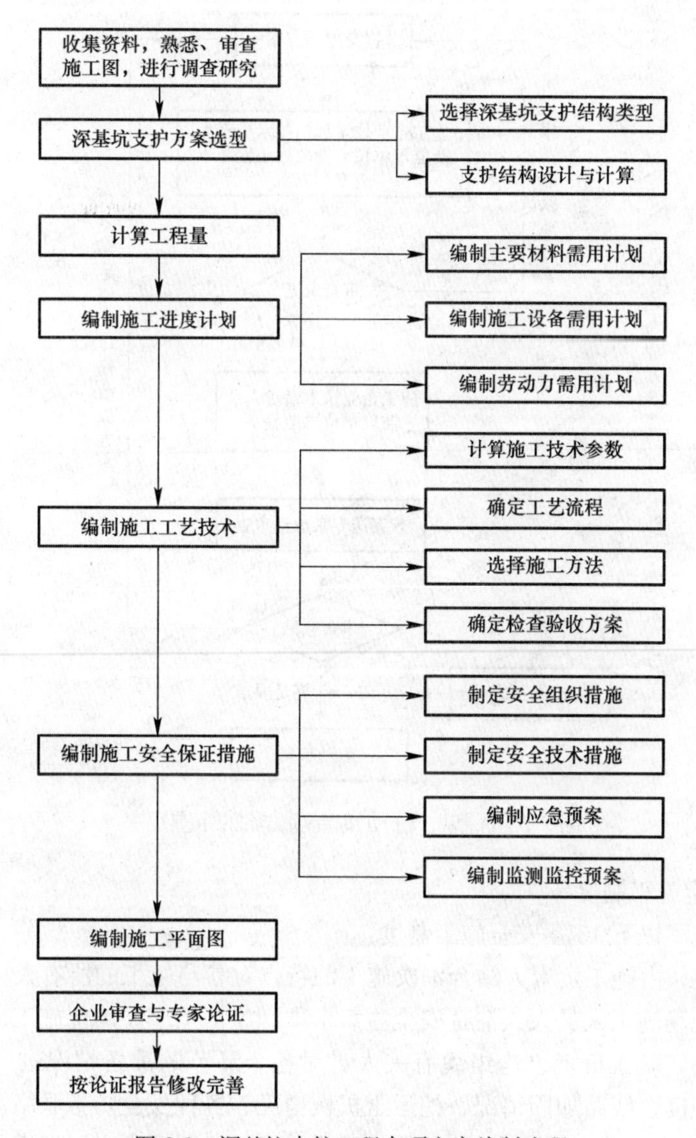

图 2-1　深基坑支护工程专项方案编制流程

4）方案的实施与验收

① 建立安全防护实施小组

公司、项目部都建立以主要负责人为总指挥的救援组织，负责指挥抢险工作，设立以下小组，其职责：

(a) 救援组：主要负责人员和物质的抢救，疏散，排除险情及排除救援障碍。

(b) 事故处理组：负责伤亡人员家属的接待和安抚工作，以及善后处理工作。

(c) 保卫组：主要负责安全警戒任务，维护现场秩序，劝退或撤离现场围观人员，禁止无关人员进入现场保护区。

(d) 联络组：负责事故报警和上报，以及现场救援联络、后勤供应，接应外部专业救援单位施救，指挥、清点、联络各类人员。

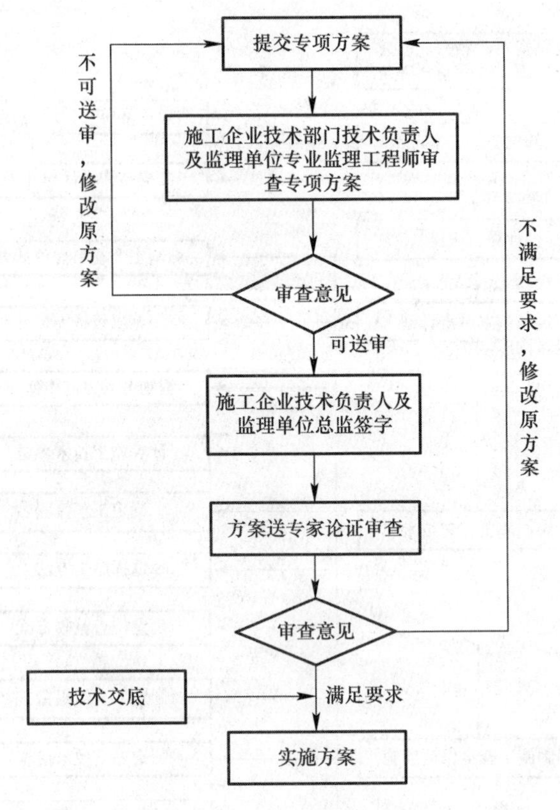

图 2-2　深基坑支护工程专项方案的审查程序

② 制定安全施工制度

本项目制定了以下 13 条安全施工制度：

(a) 施工前，由施工负责人结合本次施工的特点对参与施工的所有人员进行一次安全常识教育，使现场施工人员人人清楚安全注意事项和施工工序，确保施工期间的安全。

(b) 施工前，施工负责人应组织有关人员对各个环节的准备情况进行检查，主要包括涵管主体的强度、线路加固情况、挖运土机械情况、各种安全防护联络设备情况、顶镐油泵系统的状况、顶进顶铁横梁的数量等。经检查确认达到要求方可组织人员开始顶进。

(c) 施工前，会同有关单位探明施工范围内的所有隐蔽物，如电缆、光缆、各种线管等，并与相关单位签订好安全配合协议，做好防护。配合单位人员未到现场，防护员未到位严禁开始施工，慢行牌、慢行地点标均采用反光标志。

(d) 各防护员、安全员必须经培训考试合格并取得合格证，持证上岗。施工期间各防护员之间每隔 3～5min 联系一次，及时向现场报告列车运行情况，联系中断时，立即通知现场停止施工。

(e) 基坑内作业，按照规定戴好安全帽，吊装作业时相互关照，做好自我防护，加强自保意识。

(f) 现场施工人员必须做到：接班前充分休息，不简化作业程序；上下班严禁赤脚、穿拖鞋；上下班必须执行同去同归制度；按规定戴好安全帽、安全带等。

(g) 使用各种机械必须有防护措施，且必须由专业人员操作，作业时集中精力，不得擅自离开岗位，严禁机械带病作业；发电机、配电箱配备漏电保护器，以防人员触电伤亡。

(h) 做好施工道路的防护工作，设置防护网，施工场地周围应设警示牌（夜间以灯光显示），防止行人发生意外。

(i) 运输用的汽车应安装倒车警报器，倒车时确认车后道路、人员情况，禁止坡道停车，必须停车时采取止轮措施，防止溜滑。

(j) 施工中做好防盗、防火、防触电工作。

(k) 施工期间如遇下雨，用排水泵及时排出积水，防止雨水浸泡使基础变形。

③ 验收实施效果

该工程基坑开挖至基坑回填暴露时长为11个月，期间经观测围护结构墙顶最大位移值25mm，平均值18mm，小于监控值30mm的规定；围护结构墙体最大位移值10mm，平均值6mm，小于监控值50mm的规定；地面最大沉降8mm，平均值5mm，小于监控值30mm的规定。

该基坑工程暴露期间经历了一个冬雨季，未发生任何不良事故，周边建筑沉降观测成果最大值2mm，平均值1.5mm，小于监控值要求。

(2)【案例2】沈阳某公司办公楼工程中厅井式屋盖模板坍塌事故

1) 事故简介

2001年11月1日，沈阳市东陵区某公司办公楼在施工过程中发生一起坍塌事故，造成5人死亡，1人重伤。

2) 事故发生经过

某公司办公楼工程为三层（局部四层）框架结构，建筑面积12000m²，由沈阳某建筑公司承接后，转包给私人包工头（挂靠该建筑公司，使用该公司资质）自行组织施工。

该工程中厅屋盖为钢筋混凝土结构，长36m，宽20m，高15m，模板支架采用木杆，木杆直径为30～60mm，立杆间距为0.7～0.8m，步距为1.7～1.9m。于2001年10月31日下午开始浇筑混凝土，由于模板支架木杆直径过细，且水平撑和剪刀撑缺少，造成承载力不够。当连续作业到11月1日凌晨时，突然发生屋顶梁板整体坍塌，造成5人死亡、1人重伤的重大事故。

3) 事故原因分析

为了保证《中华人民共和国安全生产法》、《中华人民共和国建筑法》及有关建设工程质量、安全技术标准、规范的切实落实，加强建筑工程项目的质量安全生产监督管理，保障人民群众生命财产的安全，根据《建设工程安全生产管理条例》和《危险性较大工程安全专项施工方案编制及专家论证审查办法》（建质［2004］231号）的规定，对于危险性较大工程，需要编制一份合理完善的专项施工方案。危险性较大工程是指依据《建设工程安全生产管理条例》第二十六条所指的七项分部分项工程，分别为：基坑支护与降水工程；土方开挖工程；模板工程；起重吊装工程；脚手架工程；拆除、爆破工程；其他危险性较大的工程。

在本案例中，根据住房和城乡建设部有关模板工程及支撑体系中混凝土模板支撑工程的标准，该工程属于超过一定规模危险性较大工程，应编制专项施工方案，并组织专家论证。然而在实际操作中，该工程无模板支撑体系专项方案，且未组织专家论证。

具体事故原因分析如下：

① 技术方面

没有制定专项施工组织设计。该工程中厅屋盖为钢筋混凝土梁板结构，建筑面积 700 多平方米，高 15m，如此高大模板支架未经设计计算，施工前未编制方案，致使施工中模板支架随意搭设。

立杆直径过细。模板支撑高度为 15m，而木杆直径仅为 30～60mm，承载力明显不足。

步距过大。作为立杆支撑高度达 15m，且杆直径又细，理应缩小步距以减小立杆的计算长度，施工队相反采用了 1.7～1.9m 的较大步距，使立杆承载力明显降低。

剪刀撑缺少。剪刀撑是限制支架支撑不发生水平位移变形的重要措施。如此高度的支架，按要求不仅应连续设置竖向剪刀撑，而且还应设置水平剪刀撑，以保证模板支架的整体稳定性。由于无施工方案进行指导，现场施工没有标准要求，搭设成为随意性。

支撑体系不合要求。按照工程要求，该工程模板支撑体系立杆垫板应有足够强度和支承面积，且支撑体系必须设置双向扫地杆。该工程模板支撑体系立杆垫板下铺宽度 300 毫米左右的竹胶板，没有设置扫地杆，不满足规范中的构造要求。

扣件的紧固程度。扣件是连接钢管的结点，是传递荷载的关键，从脚手架的荷载试验中看，当扣件紧固力矩为 30N·m 时，将比 40～50N·m 力矩的脚手架承载能力下降 20%，当紧固力矩再降低时，脚手架将失去起码的承载能力。而此模板支架所用扣件，不仅材质不合格（直角扣件经抗滑试验抽测，均达不到规定标准），且无扣件紧固程度的检验资料，因此，支架的整体稳定性无从保障。

同时，该工程存在梁底增加的承重立杆为假支撑，没有伸至地面；梁底承重扣件有部分为单扣件，不满足扣件抗滑移承载力要求；模板支撑体系架管壁厚不足 3mm 等系列不符合规范要求的操作行为。

② 管理方面

施工队伍素质低，无相应资质。工程施工队负责人原为沈阳市某建筑公司下岗工人，私人组织承包队又不具备施工资质，利用关系取得沈阳某建筑公司（二级资质）资质文件，以该公司名义参加招标。违反了建筑法的有关规定，《建筑法》规定“禁止施工企业以任何形式允许其他单位或个人使用本企业的资质证书、营业执照，以本企业的名义承揽工程。”私人包工队施工期间，该公司也未派人参与施工管理，包工队既无施工组织设计也无技术交底，利用施工一般建筑的简单经验和雇用无证民工进行作业，施工现场管理混乱，施工隐患到处可见，发生事故是必然结果。

行业管理部门执法不严。该工程在建设过程中，区建工局曾下达停工指令并给予罚款，沈阳市行业管理部门也曾要求采取措施改进管理，但由于执法不严，没有使该工程负责人引起足够的重视，最终导致发生如此重大事故。

4）事故结论与教训

① 事故主要原因

本次事故的直接原因是模板工程施工前没有编制专项施工组织设计，导致施工中无所遵循，以至模板支架材质不合要求。杆件间距过大，且缺少剪刀撑，不能承载施工荷载及材料自重，失稳坍塌。间接原因是，监理单位未要求施工单位编制专项施工方案，未阻止施工单位的违规行为；该项目安全生产管理混乱，承包单位违法转包，私人承包后既无资质，且用未经培训的农民工进行操作，责任制落实不到位等。

② 事故性质

本次事故属责任事故。产生以上问题的原因是由于承包队伍不具备相应的资质，不懂管理，不会计算，作业人员也未经培训，从而导致蛮干。

③ 主要责任

事故的直接责任应由私人包工头负责。该人违法承揽工程，不编制施工方案，不按建设工程有关规范要求组织施工，既没有技术交底，也不进行安全交底，违章指挥造成事故。

沈阳某建筑公司主要负责人对该公司的安全生产负有全面责任，该公司违反《建筑法》有关规定，允许其他单位或个人使用本企业的资质证书、营业执照，以本企业的名义承揽工程。并且放弃对该工程进行施工管理，导致事故发生应负主要责任。

④ 事故的预防对策

a. 施工企业必须强化执行法规的严肃性

提高对《建筑法》、《建设工程安全生产管理条例》及强制性标准等法律文件执行的严肃性，监督部门应提高执法力度。如果该工程强调必须编制模板工程的施工专项方案，并有审批程序，本次事故就有可能提前发现隐患而避免。建筑施工由于其特殊性，不可能完全杜绝一切大小事故，但像本次事故中的明显隐患是应该能够提前发现，本次事故也是可以避免发生的。一次大的事故发生是由多处安全隐患导致，如果切实遵守规定编制方案、按照规定进行检查，诸如立杆过细、步距过大、剪刀撑缺少等问题就会提早发现并采取措施避免事故发生。

b. 该进一步加强施工队伍的资质管理

一些企业为了精简人员、节省成本、增加利润，在承包和管理工程项目上也采取了不正当的手段，如将中标的工程转包给其他施工队伍，从中收取管理费用，而对转包队伍资质不认真审查，也不派人进行管理（或只派 1～2 人在形式上管理，不起实质作用），由此带来了施工混乱。各地行业管理部门应加大管理力度，不能采取放任态度。

由于中央、国务院加强对安全生产的立法和严肃管理，使企业各级领导对安全工作的认识有了极大提高，加强管理、健全制度，促使安全管理有了明显改进。但从已经发生的伤亡事故看，不能忽视目前仍有部分企业领导仍然存有重经济轻安全、重工期轻管理等问题，应该引起各地行政主管部门的注意。

另外，应加强对各地安全监督、监理部门的管理，立法与执法中，严格执法是最难的，如果在执法过程中不严肃认真，最终还是无法达到国家立法的目的。应该注意的是，严格执法的第一步是熟悉规范，熟悉法规，否则执法就无从谈起。

2.1.3 民用建筑外保温系统及外墙装饰防火暂行规定

随着我国经济技术的不断发展，人民生活水平大幅度提高，对工作和居住环境的要求也随之提高，对建筑防火也越来越重视。同时，我国建筑业发展突飞猛进，高层超高层建筑数量越来越多，外墙外保温和外墙装饰材料大量应用，与此相关的建筑防火形势越来越严峻。为了确保人民群众的生命财产不因火灾的发生受到损失，特别是央视新址“2·9”火灾之后，公安部消防局会同国家住房和城乡建设部标准定额司开展的有关建筑外保温系统的消防安全问题的调查研究发现，虽然近年来国家大力推行建筑节能，但保温技术标准体系尚不健全、相关的产品标准和设计规范明显滞后，相应的施工管理措施没有同步跟进、可燃易燃保温材料大量使用，造成建筑外保温系统火灾事故频发。针对当时的消防安全形势，公安部和住建部于 2009 年 9 月 25 日联合发布关于外墙外保温及外墙装饰防火专项规定——《民用建筑外保温系统及外墙装饰防火暂行规定》（公通字［2009］46 号）。

根据同期的有关规范和标准，公通字［2009］46 号防火暂行规定就外墙外保温与外墙装饰材料的燃烧性能、幕墙与非幕墙墙体的燃烧性能及防火隔离措施、屋顶保温材料的燃烧性能与防火构造措施、用于临时居住建筑的金属夹芯复合板材的防火性能、外墙外保温系统的施工及使用的防火规定等方面作出了一系列规定。防火暂行规定是在同期国家技术经济发展状况下的产物。随着我们国家经济的发展和技术的进步，人民生活水平的进一步提高，暂行规定会逐步得到补充，不断完善，并最终升级为国家标准级法律性文件。

防火暂行规定（公通字［2009］46 号）有以下重点条文需要在执行的过程中重点关注。在贯彻实施的过程中，还要同时满足有关部门的最新标准和要求。

2.1.3.1 掌握民用建筑外保温材料与外装饰材料的燃烧性能标准

根据 GB 8624—1997《建筑材料燃烧性能分级方法》，建筑材料的燃烧性能分为 A 级（均质材料）、A 级（复合夹芯材料）、B1、B2 和 B3 五个级别。其中的 B2 级标准是强制性标准，该强制性标准的制定是根据防火暂行规定（公通字［2009］46 号）制定时的建筑材料经济技术水平和相关规范标准的有关防火要求。民用建筑外保温材料的燃烧性能宜为 A 级，且不应低于 B2 级。

随着技术的发展和建筑业面临的实际情况，新的 GB 8624—2006《建筑材料及制品燃烧性能分级》标准代替 GB 8624—1997《建筑材料燃烧性能分级方法》。同时，建筑材料的燃烧性能级别较老标准更加细化，由原来的五个级别改变为七个级别。建筑材料及制品的燃烧性能级别的划分新标准改变为 A1、A2、B、C、D、E、F（铺地材料除外）或 $A1_{fl}$、$A2_{fl}$、B_{fl}、C_{fl}、D_{fl}、E_{fl}、F_{fl}（铺地材料）或 $A1_{L}$、$A2_{L}$、B_{L}、C_{L}、D_{L}、E_{L}、F_{L}（管状隔热材料），较老标准增补了对管状隔热材料燃烧性能标准，更加有利于明确设计对使用于不同部位的建筑材料的防火要求。新的 GB 8624—2012 已完成修订，即将实施。

近年来，随着国家建筑节能标准的大量推广，大量的建筑使用了防火性能不高的外墙保温材料，同时也发生了较多的触目惊心的火灾事故，如北京央视新址附属文化中心、上海胶州教师公寓、南京中环国际广场、济南奥体中心、哈尔滨经纬 360 度双子星大厦、沈阳皇朝万鑫大厦等相继发生建筑外墙外保温材料火灾，造成严重人员伤亡和财产损失。使用易燃可燃的建筑外墙外保温材料已成为建筑物的一类新的火灾隐患，并且由此引发的火灾已呈多发势头。为深刻吸取火灾事故教训，认真贯彻落实中央领导同志重要批示精神，公安部、住房和城乡建设部正在修订有关标准、规定。在新标准、规定发布前，为遏制当前建筑易燃可燃外保温材料火灾频发、火灾危害越来越严重的势头，把好火灾防控源头关，经公安部领导批准，公安部消防局于 2011 年 3 月 14 日发布《关于进一步明确民用建筑外保温材料消防监督管理有关要求的通知》（公消［2011］65 号），将民用建筑外保温材料纳入建设工程消防设计审核、消防验收和备案抽查范围。同时明确规定："从严执行《民用建筑外保温系统及外墙装饰防火暂行规定》（公通字［2009］46 号）第二条规定，民用建筑外保温材料采用燃烧性能为 A 级的材料"。将防火暂行规定（公通字［2009］46

号）第二条规定的“民用建筑外保温材料的燃烧性能宜为A级，且不应低于B2级”直接提高为“民用建筑外保温材料采用燃烧性能为A级的材料”。

2.1.3.2 掌握民用建筑外保温系统及外墙装饰防火施工及使用标准

建筑外保温系统的施工应符合下列规定：

（1）保温材料进场后，应远离火源。露天存放时，应采用不燃材料完全覆盖。

（2）需要采取防火构造措施的外保温材料，其防火隔离带的施工应与保温材料的施工同步进行。

（3）可燃、难燃保温材料的施工应分区段进行，各区段应保持足够的防火间距，并宜做到边固定保温材料边涂抹防护层。未涂抹防护层的外保温材料高度不应超过3层。

（4）幕墙的支撑构件和空调机等设施的支撑构件，其电焊等工序应在保温材料铺设前进行。确需在保温材料铺设后进行的，应在电焊部位的周围及底部铺设防火毯等防火保护措施。

（5）不得直接在可燃保温材料上进行防水材料的热熔、热粘结法施工。

（6）施工用照明等高温设备靠近可燃保温材料时，应采取可靠的防火保护措施。

（7）聚氨酯等保温材料进行现场发泡作业时，应避开高温环境。施工工艺、工具及服装等应采取防静电措施。

（8）施工现场应设置室内外临时消火栓系统，并满足施工现场火灾扑救的消防供水要求。

（9）外保温工程施工作业工位应配备足够的消防灭火器材。

由于建筑物的多次严重火灾事故的发生基本上都是在施工的过程中，而且发生时都是由于在施工时未按照相关的消防安全操作规程进行。所以，防火暂行规定（公通字［2009］46号）第十二条主要是对施工现场在进行建筑外保温系统的具体施工中作出的防火规定。

由于新的代替防火暂行规定（公通字［2009］46号）的标准正在制定过程中，对于《建设工程消防监督管理规定》（公安部令第106号）第十三条、第十四条规定范围以外设有外保温材料的民用建筑还将继续执行防火暂行规定（公通字［2009］46号）。而且《建设工程消防监督管理规定》（公安部令第106号）第十三条、第十四条规定范围以外建筑工程项目基本上都是属于小型工程项目，因此，在这类工程项目的外保温系统的施工中，特别是对可燃性保温材料施工中的具体规定必须严格遵守。

建筑外保温系统的日常使用应符合下列规定：

（1）与外墙和屋顶相贴邻的竖井、凹槽、平台等，不应堆放可燃物。

（2）火源、热源等火灾危险源与外墙、屋顶应保持一定的安全距离，并应加强对火源、热源的管理。

（3）不宜在采用外保温材料的墙面和屋顶上进行焊接、钻孔等施工作业。确需施工作业的，应采取可靠的防火保护措施，并应在施工完成后，及时将裸露的外保温材料进行防护处理。

（4）电气线路不应穿过可燃外保温材料。确需穿过时，应采取穿管等防火保护措施。

任何火灾事故的发生都有它的必然因素。对于《建设工程消防监督管理规定》（公安部令第106号）第十三条、第十四条规定范围以外设有外保温材料的民用建筑基本上属于小型工程。这类建筑在新标准实施之前还将在执行防火暂行规定（公通字［2009］46号）。为了保证这类工程在使用的工程中避免发生火灾事故，防火暂行规定（公通字［2009］46号）明确了这类建筑的外保温系统在日常使用中必须注意的事项。

这类建筑在使用的过程中，施工方可能已经离开该建筑。但是，作为一个负责任的承包商，应该在工程移交时，按照防火暂行规定（公通字［2009］46号）的关于建筑外保温系统的日常使用的具体防火要求在“建筑物使用说明书”或类似的移交文件中予以详细说明，同时在工程移交过程中对接受工程的物业管理人员进行培训时，进行这方面的专门培训。

2.1.3.3　熟悉民用建筑外保温系统及外墙装饰防火设计、施工及使用的国家现行标准规范的有关规定

民用建筑外保温系统及外墙装饰防火设计、施工及使用，除执行本暂行规定外，还应符合国家现行标准规范的有关规定。

其他有关的国家现行标准规范主要有：

《村镇建筑设计防火规范》；

《高层民用建筑设计防火规范》；

《建筑设计防火规范》；

《人民防空工程设计防火规范》；

《汽车库、修车库、停车库设计防火规范》；

《石油天然气工程设计防火规范》；

《建筑防火封堵应用技术规程》；

《建设工程消防监督管理规定》；

作为小型工程的负责人，应该对以上主要现行的防火规范标准有一定的熟悉，对于其中的强制性条文进行掌握并能加以运用。鉴于以上标准规定较多，在此不一一详述。

2.1.3.4　理解民用建筑防火暂行规定（公通字［2009］46号）**关于墙体、屋顶、用于临时性居住建筑的金属夹芯复合板材的防火规定**

由于《建设工程消防监督管理规定》（公安部令第106号）第十三条、第十四条规定范围以外设有外保温材料的民用建筑还将在新的替代标准实施之前的一定时期继续执行防火暂行规定（公通字［2009］46号），因此，对于小型工程项目，一般为高度在60m以下，防火暂行规定（公通字［2009］46号）的关于墙体的规定，重点应该对以下条文进行理解和掌握：

非幕墙式建筑应符合下列规定：

（1）住宅建筑应符合下列规定：

1）高度大于等于24m且小于60m的建筑，其保温材料的燃烧性能不应低于B2级。当采用B2级保温材料时，每两层应设置水平防火隔离带。

2）高度小于24m的建筑，其保温材料的燃烧性能不应低于B2级。其中，当采用B2级保温材料时，每三层应设置水平防火隔离带。

（2）其他民用建筑应符合下列规定：

1）高度大于等于24m小于50m的建筑，其保温材料的燃烧性能应为A级或B1级。其中，当采用B1级保温材料时，每两层应设置水平防火隔离带。

2）高度小于 24m 的建筑，其保温材料的燃烧性能不应低于 B2 级。其中，当采用 B2 级保温材料时，每层应设置水平防火隔离带。

（3）外保温系统应采用不燃或难燃材料作防护层。防护层应将保温材料完全覆盖。首层的防护层厚度不应小于 6mm，其他层不应小于 3mm。

（4）采用外墙外保温系统的建筑，其基层墙体耐火极限应符合现行防火规范的有关规定。

幕墙式建筑应符合下列规定：

（1）建筑高度大于等于 24m 时，保温材料的燃烧性能应为 A 级。

（2）建筑高度小于 24m 时，保温材料的燃烧性能应为 A 级或 B1 级。其中，当采用 B1 级保温材料时，每层应设置水平防火隔离带。

（3）保温材料应采用不燃材料作防护层。防护层应将保温材料完全覆盖。防护层厚度不应小于 3mm。

（4）采用金属、石材等非透明幕墙结构的建筑，应设置基层墙体，其耐火极限应符合现行防火规范关于外墙耐火极限的有关规定；玻璃幕墙的窗间墙、窗槛墙、裙墙的耐火极限和防火构造应符合现行防火规范关于建筑幕墙的有关规定。

（5）基层墙体内部空腔及建筑幕墙与基层墙体、窗间墙、窗槛墙及裙墙之间的空间，应在每层楼板处采用防火封堵材料封堵。

按《民用建筑防火暂行规定》需要设置防火隔离带时，应沿楼板位置设置宽度不小于 300mm 的 A 级保温材料。防火隔离带与墙面应进行全面积粘贴。

建筑外墙的装饰层，除采用涂料外，应采用不燃材料。当建筑外墙采用可燃保温材料时，不宜采用着火后易脱落的瓷砖等材料。

对于屋顶基层采用耐火极限不小于 1.00h 的不燃烧体的建筑，其屋顶的保温材料不应低于 B2 级；其他情况，保温材料的燃烧性能不应低于 B1 级。

屋顶与外墙交界处、屋顶开口部位四周的保温层，应采用宽度不小于 500mm 的 A 级保温材料设置水平防火隔离带。

屋顶防水层或可燃保温层应采用不燃材料进行覆盖。

用于临时性居住建筑的金属夹芯复合板材，其芯材应采用不燃或难燃保温材料。

防火暂行规定（公通字［2009］46 号）第四条至第十一条中的除了关于 60m 以上建筑的内容外，对小型工程的外保温系统和外墙装饰的防火规定基本涵盖了建筑物涉及的方面。但是，任何标准和规定在它制定和执行的初期均有其局限性，防火暂行规定（公通字［2009］46 号）没有对管状隔热材料作出具体规定，在小型工程的建设实施中有可能会遇到使用管状隔热材料。为了确保在工程的施工和使用中的防火安全，我们有必要在工程项目的具体实施过程中，对管状隔热材料的防火燃烧性能标准参考项目的一般外保温系统和外墙装饰使用的材料的防火燃烧性能标准。这样，在工程项目的实施和使用过程中才能保证建筑的防火安全。

《民用建筑外保温系统及外墙装饰防火暂行规定》（公通字［2009］46 号）是集技术要求与管理要求于一体的规范性文件，不仅对外保温材料的燃烧性能及外保温系统的防火构造等技术措施提出了明确要求；同时，对建筑外保温系统的施工及使用过程的管理措施也作出了明确规定。《民用建筑外保温系统及外墙装饰防火暂行规定》（公通字［2009］46

号）遵循建筑节能与建筑防火统筹兼顾的原则，对不同火灾危险性的建筑采取不同的保温材料和不同的火灾防范措施。《民用建筑外保温系统及外墙装饰防火暂行规定》（公通字[2009] 46号）的实施，将为新建、在建和投入使用建筑外保温系统的设计、施工和管理提供指导意见。特别是对《建设工程消防监督管理规定》（公安部令第106号）第十三条、第十四条规定范围以外设有外保温材料和外装饰的民用建筑的防火设计、施工及使用具有指导作用。对于提高建筑消防安全水平，有效遏制建筑外保温系统和外装饰火灾事故具有重要意义。

2.2 施工现场管理的相关法规

2.2.1 建筑施工现场环境与卫生标准

该标准是我国第一部专门针对于加强建筑工地环境与卫生管理改善农民工居住及饮食环境的行业标准。它的制定和实施，对规范建筑施工现场环境保护与卫生管理，改善农民工的工作环境与生活条件，保障农民工的生存条件和基本权利，预防各类传染性疾病的发生将起到积极的推动作用。

2.2.1.1 一般规定

施工现场必须采用封闭围挡，高度不得小于1.8m。

施工现场的施工区域应与办公、生活区划分清晰，并应采取相应的隔离措施。

施工现场出入口应标有企业名称或企业标识。主要出入口明显处应设置工程概况牌，大门内应有施工现场总平面图和安全生产、消防保卫、环境保护、文明施工等制度牌。施工现场临时用房应选址合理，并应符合安全、消防要求和国家有关规定。

施工企业应采取有效的职业病防护措施并制定施工现场的公共卫生突发事件应急预案，做好作业人员的饮食卫生和防暑降温、防寒保暖、防煤气中毒、防疫等工作，建立环境保护、环境卫生管理和检查制度，并应做好检查记录。对施工现场作业人员的教育培训、考核应包括环境保护、环境卫生等有关法律、法规的内容。

2.2.1.2 环境保护

（1）防治大气污染

施工现场的主要道路必须进行硬化处理，土方应集中堆放。裸露的场地和集中堆放的土方应采取覆盖、固化或绿化等措施。

拆除建筑物、构筑物时，应采用隔离、洒水等措施，施工现场应设置密封式垃圾站，施工垃圾、生活垃圾应分类存放，并应及时清运出场，在清运垃圾时必须采用相应容器或管道运输，严禁凌空抛掷，施工现场严禁焚烧各类废弃物。

施工现场各项作业应采取防止扬尘措施，各类机械设备、车辆的尾气排放应符合国家环保排放标准的要求。

城区、旅游景点、疗养区、重点文物保护地及人口密集区的施工现场应使用清洁能源。

（2）防治水土污染

施工现场应设置水沟及沉淀池，施工污水经沉淀后方可排放市政污水管网或河流。

施工现场存放的油料和化学溶剂等物品应设有专门的库房，地面应做防渗漏处理。废弃的油料和化学溶剂应集中处理，不得随意倾倒。

食堂应设置隔油池，并应及时清理。

厕所的化粪池应做抗渗处理。

食堂、盥洗室、淋浴间的下水管线应设置过滤网，并应与市政府污水管线连接，保证排水通畅。

（3）防治施工噪声污染

施工现场应按照现行国家标准《建筑施工场界环境噪声排放标准》GB 12523 制定降噪措施，并可由施工企业自行对施工现场的噪声值进行监测和记录。

施工现场的强噪声设备宜设置在远离居民区的一侧，并应采取降低噪声措施。

对因生产工艺要求或其他特殊需要，确需在夜间进行超过噪声标准施工的，施工前建设单位应向有关部门提出申请，经批准后方可进行夜间施工。

运输材料的车辆进入施工现场，严禁鸣笛，装卸材料应做到轻拿轻放。

2.2.1.3 环境卫生

（1）临时设施

施工现场应设置办公室、宿舍、食堂、厕所、淋浴间、开水房、文体活动室、密闭式垃圾站（或容器）及盥洗设施等临时设施。临时设施所用建筑材料应符合环保、消防要求。

办公区和生活区应设密封式垃圾容器。办公室内布局应合理，文件资料宜归类存放，并应保持室内清洁卫生。施工现场配备常用药及绷带、止血带、颈托、担架等急救器材。

施工现场宿舍必须设置可开启式窗户，宿舍内的床铺不得超过 2 层，严禁使用通铺。宿舍内应保证有必要的生活空间，室内净高不得小于 2.4m，通道宽度不得小于 0.9m，每间宿舍居住人员不得超过 16 人。宿舍内应设置生活用品专柜，

垃圾桶，宿舍外宜设置鞋柜或鞋架，生活区内应提供为作业人员晾晒衣物的场地。

食堂应设置在远离厕所、垃圾站、有毒有害场所等污染源的地方并设置独立的制作间、储藏间，门扇下方应设不低于 0.2m 的防鼠挡板。制作间灶台及其周边应贴瓷砖，所贴瓷砖高度不宜小于 1.5m，地面应做硬化和防滑处理。粮食存放台距墙和地面应大于 0.2m。食堂应配备必要的排风设施和冷藏设施。食堂的燃气罐应单独设置存放间，存放间应通风良好并严禁存放其他物品。食堂制作的炊具宜存在封闭的橱柜内，刀、盆、案板等炊具应生熟分开。食品应有遮盖。遮盖物品应有正反面标识。各种佐料和副食应存放在密闭器皿内，并应有标识。食堂外应设置密闭式泔水桶，并应及时清运。

施工现场应设置水冲式或移动式厕所，厕所地面应硬化，门窗应齐全。蹲位之间设置隔板，隔板高度不宜低于 0.9m。厕所大小应根据作业人员的数量设置。高层建筑施工超过 8 层以后，每隔四层宜设置临时厕所。厕所应设专人负责清扫、消毒，化粪池应及时清掏。

淋浴间内应设置满足需要的淋浴喷头，可设置储衣柜或挂衣架。盥洗设施应设置满足作业人员使用的盥洗池，并应使用节水龙头。生活区应设置开水炉、电热水器或饮用水保温桶；施工区应配备流动保温水桶。

文体活动应配备电视机、书报、杂志等文体活动设施、用品。

（2）卫生与防疫

施工现场应设专职或兼职保洁员，负责卫生清扫和保洁。办公区和生活区应采取灭

鼠、蚊、蝇、蟑螂等措施，并应定期投放和喷洒药物。

食堂必须有卫生许可证，炊事人员必须持身体健康证上岗。炊事人员上岗应穿戴洁净的工作服、工作帽和口罩，并应保持个人卫生。不得穿工作服出食堂，非炊事人员不得随意进入制作间。食堂的炊具、餐具和公用饮水器具必须清洗清毒。施工现场应加强食品、原料的进货管理，食堂严禁出售变质食品。

施工现场作业人员发生法定传染病、食物中毒或急性职业中毒时，必须在 2 小时内向施工现场所在建设行政主管部门和有关部门报告，并应积极配合调查处理。若查出患有法定传染病时，应及时进行隔离，并由卫生防疫部门进行处置。

2.2.2 建筑施工安全检查标准

本标准主要采用安全系统工程原理，结合建筑施工中伤亡事故规律，依据国家有关法律法规、标准和规程而编制，适用于建筑施工企业及其主管部门对建筑施工安全工作的检查和评价。

2.2.2.1 施工安全检查分类

对建筑施工中易发生伤亡事故的主要环节、部位和工艺等的完成情况做安全检查评价时，应采用检查评分表的形式，分为安全管理、文明工地、脚手架、基坑支护与模板工程、“三宝”、“四口”防护、施工用电、物料提升机与外用电梯、塔吊、起重吊装和施工机具共十项分项检查评分表和一张检查评分汇总表，其中“三宝”系指安全帽、安全带和安全网，“四口”系指通道口、预留洞口、楼梯口、电梯井口。

在安全管理、文明施工、脚手架、基坑支护与模板工程、施工用电、物料提升机与外用电梯、塔吊和起重吊装八项检查评分表中，设立了保证项目和一般项目，保证项目应是安全检查的重点和关键。

2.2.2.2 评分方法

各分项检查评分表中，满分为 100 分。表中各检查项目得分应为按规定检查内容所得分数之和。每张表总得分应为各自表内各检查项目实得分数之和。

在检查评分中，遇有多个脚手架、塔吊、龙门架与井字架等时，则该项得分应为各单项实得分数的算术平均值。

检查评分不得采用负值。各检查项目所扣分数总和不得超过该项应得分数。

在检查评分中，当保证项目中有一项不得分或保证项目小计得分不足 40 分时，此检查评分表不应得分。

汇总表满分为 100 分。各分项检查表在汇总表中所占的满分分值应分别为：安全管理 10 分、文明施工 20 分、脚手架 10 分、基坑支护与模板工程 10 分、“三宝”、“四口”防护 10 分、施工用电 10 分、物料提升机与外用电梯 10 分、塔吊 10 分、起重吊装 5 分和施工机具 5 分。多人对同一项目检查评分时，应按加权评分方法确定分值。权数的分配原则应为：专职安全人员的权数为 0.6，其他人员的权数为 0.4。

建筑施工安全检查评分，应以汇总表的总得分及保证项目达标与否，作为对一个施工现场安全生产情况的评价依据，分为优良、合格、不合格三个等级。

(1) 优良：保证项目分值每项均得分并保证项目小计得分高于 40 分，汇总表得分值应在 80 分及其以上；

(2) 合格：①保证项目分值每项均得分并保证项目小计得分高于 40 分，汇总表得分值应在 70 分及其以上；②有一分表未得分，但汇总表得分值必须在 75 分及其以上；③当起重吊装检查评分表或施工机具检查评分表未得分，但汇总表得分值在 80 分及其以上。

(3) 不合格：①汇总表得分值不足 70 分；②有一分表未得分，且汇总表得分在 75 分以下；③当起重吊装检查评分表或施工机具检查评分表未得分，且汇总表得分值在 80 分以下。

2.2.2.3 检查评分表

建筑施工安全检查评分汇总表主要内容应包括：

安全管理、文明施工、脚手架、基坑支护与模板工程、“三宝”及“四口”防护、施工用电、物料提升机与外用电梯、塔吊起重吊装和施工机具十项。该表所示得分作为对一个施工现场安全生产情况的评价依据。

安全管理检查评分表是对施工单位安全管理工作的评价。检查的项目应包括：安全生产责任制、目标管理、施工组织设计，分部（分项）工程安全技术交底、安全检查、安全教育、班前安全活动、特种作业持证上岗、工伤事故处理和安全标志十项内容。

文明施工检查评分表是对施工现场文明施工的评价。检查的项目应包括：现场围挡、封闭管理、施工场地、材料堆放、现场宿舍、现场防火、治安综合治理、施工现场标牌、生活设施、保健急救、社区服务十一项内容。

脚手架检查评分表分为落地式外脚手架检查评分表、悬挑式脚手架检查评分表、门型脚手架检查评分表、挂脚手架检查评分表、吊篮脚手架检查评分表、附着式升降脚手架安全检查评分表六种脚手架的安全检查评分表。

基坑支护安全检查评分表是对施工现场基坑支护工程的安全评价。检查的项目应包括：施工方案、临边防护、坑壁支护、排水措施、坑边荷载、上下通道、土方开挖、基坑支护变形监测和作业环境九项内容。

模板工程安全检查评分表是对施工过程中模板工作的安全评价。检查的项目应包括：施工方案、支撑系统。立柱稳定、施工荷载、模板存放、支拆模板、模板验收、混凝土强度、运输道路和作业环境十项内容。

“三宝”、“四口”防护检查评分表是对安全帽、安全网、安全带、楼梯口、电梯井口、预留洞口、坑井口、通道口及阳台、楼板、屋面等临边使用及防护情况的评价。

施工用电检查评分表是对施工现场临时用电情况的评价。检查的项目应包括：外电防护、接地与接零保护系统、配电箱、开关箱、现场照明、配电线路、电器装置、变配电装置和用电档案九项内容。

物料提升机（龙门架、井字架）检查评分表是对物料提升机的设计制作、搭设和使用情况的评价。检查的项目应包括：架体制作、限位保险装置、架体稳定、钢丝绳、楼层卸料平台防护、吊篮、安装验收、架体、传动系统、联络信号、卷扬机操作棚和避雷十二项内容。

外用电梯（人货两用电梯）检查评分表是对施工现场外用电梯的安全状况及使用管理的评价。检查的内容应包括：安全装置、安全防护、司机、荷载、安装与拆卸、安装验收、架体稳定、联络信号、电气安全和避雷十项内容。

塔吊检查评分表是塔式起重机使用情况的评价。检查的项目应包括：力矩限制器、限位器、保险装置、附墙装置与夹轨钳、安装与拆卸、塔吊指挥、路基与轨道、电气安全、多塔作业和安装验收十项内容。

起重吊装安全检查评分表是对施工现场起重吊装作业和起重吊装机械的安全评价。检查的项目应包括：施工方案、起重机械、钢丝绳与地锚、吊点、司机、指挥、地耐力、起重作业、高处作业、作业平台、构件堆放、警戒和操作工十二项内容。

施工机具检查评分表是对施工中使用的平刨、圆盘锯、手持电动工具、钢筋机械、电焊机、搅拌机、气瓶、翻斗车、潜水泵和打桩机械十种施工机具安全状况的评价。

2.2.3 施工现场临时用电安全技术规范

本规范适用于新建、改建和扩建的工业与民用建筑和市政基础设施施工现场临时用电工程中的电源中性点直接接地的220/380V三相四线制低压电力系统的设计、安装、使用、维修和拆除。

2.2.3.1 施工临时用电三项原则

建筑施工现场临时用电工程专用的电源中性点直接接地的220/380V三相四线制低压电力系统必须符合下列规定：

（1）采用三级配电系统；

（2）采用TN-S接零保护系统；

（3）采用二级漏电保护系统。

本条综合规定在本规范适用范围内的用电系统中所体现的三条基本原则，是建造施工现场用电工程的重要安全技术依据，也是保障用电安全、防止触电和电气火灾事故的主要技术措施。

2.2.3.2 临时用电管理

临时用电组织设计及变更时，必须履行“编制、审核、批准”程序，由电气工程技术人员组织编制，经相关部门审核及具有法人资格企业的技术负责人批准后实施。变更用电组织设计时应补充有关图纸资料。

临时用电工程必须经编制、审核、批准部门和使用单位共同验收，合格后方可投入使用。

临时用电工程定期检查应按分部、分项工程进行，对安全隐患必须及时处理，并应履行复查验收手续。

2.2.3.3 外电线及电气设备防护

在建工程不得在高、低压线路下方施工，高低压线路下方，不得搭设作业棚、建造生活设施，或堆放构件、架具、材料及其他杂物等。

在外电架空线路附近开挖沟槽时，必须会同有关部门采取加固措施，防止外电架空线路的电杆倾斜、悬倒。

电器设备现场周围不得存放易燃易爆物、污源和腐蚀介质，否则应予清楚或防护处置。其防护等级必须与环境条件相适应。

2.2.3.4 接地与防雷

在施工现场专用变压器的供电的TN-S接零保护系统中，电气设备的金属外壳必须与保护零线连接。保护零线应由工作接地线、配电室（总配电箱）电源侧零线或总漏电保护器侧零线处引出。

当施工现场与外电线路公用同一供电系统时，电气设备的接地、接零保护应与原系统保持一致。不得一部分设备总保护接零，另一部分设备作保护接地。采用TN系统作保护零线时，工作零线（N线）必须通过总漏电保护器，保护零线（PE线）必须由电源进线零线重复接地处或总漏电保护器电源侧零线处，引出形成局部TN-S接零保护系统。

PE线上严禁装设开关或熔断器，严禁通过工作电流，且严禁断线。

TN系统中的保护零线除必须在配电室或总配电箱处做重复接地外，还必须在配电系统的中间处和末端处做重复接地。在TN系统中，保护零线每一处重复接地装置的接地电阻值不应大于10Ω。在工作接地电阻值允许达到10Ω的电力系统中，所用重复接地的等效电阻值不应大于10Ω。

2.2.3.5　配电线路

电缆中必须包含全部工作芯线和用作保护零线或保护线的芯线。需要三相四线制配电的电缆线路必须采用五芯电缆。五芯电缆必须包含蓝、绿/黄二种颜色绝缘芯线。淡蓝色芯线必须用作N线；绿/黄双色芯线必须用作PE线，严禁混用。

电缆线路应采用埋地或架空敷设，严禁地面明设，并应避免机械损伤和介质腐蚀。埋地电缆路径应设方位标志。

2.2.3.6　配电箱及开关箱

每台用电设备必须有各自专用的开关箱，严禁用同一个开关箱直接控制2台及2台以上用电设备（含插座）。

配电箱的电气安装板上必须分设N线端子板和PE线端子板。N线端子板必须与金属电气安装绝缘；PE线端子板必须与金属电器安装板做电器连接。进出线中的N线必须通过N线端子板连接；PE线必须通过PE线端子板连接。

开关箱中漏电保护器的额定漏电动作电流不应大于30mA，额定漏电动作时间不应大于0.1s。

总配电箱中漏电保护器的额定漏电动作电流应大于30mA，额定漏电动作时间应大于0.1s，但其额定漏电动作电流与额定漏电动作时间的乘积不应大于30mA·s。

配电箱、开关箱的电源进线端严禁采用插头和插座作活动连接。

对配电箱、开关箱进行定期维修、检查时，必须将其前一级相应的电源隔离开关分闸断电，并悬挂“禁止合闸、有人工作”停电标志牌，严禁带电作业。

2.2.3.7　电动建筑机械和手持式电动工具

对混凝土搅拌机、钢筋加工机械、木工机械、盾构机械等设备进行清理、检查、维修时，必须首先将其开关箱分闸断电，呈现可见电源分断点，并关门上锁。

2.2.3.8　照明

下列特殊场所应使用安全特低电压照明：

（1）隧道、人防工程、高温、有导电灰尘、比较潮湿或灯具离地面高度低于2.5m等场所的照明，电源电压应不大于36V；

（2）潮湿和易触及带电场所的照明，电源电压不得大于24V；

（3）特别潮湿场所、导电良好的地面、锅炉或金属容器内的照明，电源电压不得大于12V。

照明变压器必须使用双绕组型安全隔离变压器，严禁使用自耦变压器。

对夜间影响飞机和车辆通行的在建工程及机械设备，必须设置醒目的红色信号灯，其电源应设在施工现场总电源开关的前侧，并应设置外电线路停止供电时的应急自备电源。

2.2.3.9 案例分析

【案例】山东滨州私人建筑工程高压触电事故

(1) 事故简介

2000年9月20日，山东省滨州地区私人建楼房时，钢架顶端碰触10kV高压线路，造成5人触电死亡。

(2) 事故发生经过

滨州地区阳信县某村支部书记私人建楼房，雇佣了私人建筑队施工。2000年9月20日，在用吊车拆卸一钢架时，钢架顶端碰触10kV高压线路，造成5人死亡。

(3) 事故原因分析

1) 技术方面

《施工现场临时用电安全技术规范》规定，吊车不允许在高压架空线路下方工作；当在一侧工作时，应使吊车任何部位（包括被吊物）的边缘，与架空线路不小于2m。这是考虑了吊车的晃动作业情况制定的。而该吊车作业前，未按吊车的位置、作业半径、臂杆高度以及被吊物情况进行全面考虑，又未采取停电措施，致使作业中发生碰触高压线而触电。

2) 管理方面

私人建房未办理任何手续，无施工图纸，施工队无资质，吊车无牌照，司机无驾驶证，从设计到施工全属违章。

(4) 事故责任

本次事故由于私人建房不懂管理，又未办理施工许可证，失去行政监管，雇佣了私人承包冒险蛮干，从而导致事故发生，主要责任应由建房人与施工者负责。

(5) 事故的预防措施

私人建房也属建筑工程活动，也应纳入《建筑法》管理，维护建筑市场秩序，保证工程的质量和安全。应有正式设计和施工图纸，应办理施工许可，应由相应资质企业按相关规范规定进行施工。

(6) 经验总结

本次高压触电事故也是盲目施工蛮干造成。

吊车在高压架空线路下方施工是《施工现场临时用电安全技术规范》所禁止的。该工程施工前未针对工程环境进行了解和制定作业方案。吊车施工前应针对吊物尺寸、重量及安装位置，并结合吊车臂杆长度、仰角及起重量详细测量避开架空线路，必要时搭设屏护或采取临时停电措施。而该施工现场完全违反规定随意施工，吊车司机又未经培训无证驾驶，现场管理混乱违章指挥导致了触电事故。

2.2.4 建筑施工高处作业安全技术规范

2.2.4.1 规范内容

(1) 根据国家标准《高处作业分级》GB 3608规定的“凡是坠落高处基准面2m以上(含2m)，有可能坠落的高处进行的作业称为高处作业”。

(2) 高处作业的安全技术措施及其所需料具，必须列入工程的施工组织设计。

(3) 单位工程施工负责人应对工程的高处作业，安全技术负责并建立相应的责任制。

施工前，应逐级进行安全技术交底及安全教育、落实所有的安全技术措施和人身防护用品、未经落实不得进行施工。

(4) 高处作业中的安全标志、工具仪表、电气设施和各种设备，必须在施工前加以检查、确认其完好，方可投入使用。

(5) 攀登和悬空高处作业人员及搭设高处作业安全设施的人员，必须经过专业技术培训和专业考试合格，持证上岗，并必须定期体格检查。

(6) 施工中对高处作业的安全技术设施，发现有缺陷和隐患时必须及时解决，危及人身安全时，必须停止作业进行维修。

(7) 施工作业场所所有可能坠落的物件，应一律先行拆除，或加以固定。高处作业所需的物料，均应堆放平稳，不妨碍通行和装卸，工具应随手放入工具袋，作业中的走道、通道板和登高用具，应及时清扫干净，拆卸下的物件和余料及废料均应及时清理运走，不得任意乱置和向下丢弃、传递物件，禁止抛掷。

(8) 雨天进行高处作业时，必须有可靠的防滑措施，凡有障碍物均应及时清除，遇有六级以上的大风、浓雾等恶劣气候，不得进行露天高处作业。台风、暴雨过后，应对高处作业安全设施逐一加以检查，发现有松动、变形、损坏或脱落等现象，应立即修理完善，高处作业中的高耸建筑物，应事先采取避雷措施。

(9) 因工作需要，临时拆除或变动安全设施时，必须经过施工负责人同意，并采取相应措施，作业后立即恢复，防护棚及脚手架在搭设及拆除时，应设警戒区，并派专人监护严禁上下同时拆除。

(10) 洞口与临边的防护措施：①楼梯口、楼段边必须设置牢固的防护栏杆。②预留洞口设置牢固的防护栏杆和18cm高的挡脚板、洞口下方须设安全网。③通道口必须设置牢固的防护棚，宽度大于道口、长度按建筑物的高度来设置、建筑物高度＞24m，应设双层，间距≥70cm。④阳台、楼板、屋面等也应设置牢固的防护栏杆或脚手架。⑤临近施工区域，对人和物构成威胁的地方，必须搭设防护棚和安全网，以确保人和物的安全。

(11) 攀登与悬空作业的防护。攀登用具的构造、结构必须牢固可靠，供人上下的踏板其使用荷载不应大于1100N，当重量超过荷载要求时，应按实际情况加以验算，悬空作业要有立足点，并视具体情况配备安全网、搭设脚手架，在无可靠的安全措施或进行窗口作业无外脚手架时，操作人员必须系好安全带，其保险钩应挂在操作人员上方的可靠物件上。

(12) 操作平台和交叉作业的安全防护。操作平台应有专业人员根据要求进行设计，面积不大于$10m^2$，高度＜5m，并进行稳定性验算，平台四周还必须设置防护栏及登高扶梯，当各工种进行上下交叉立体作业时，不得在同一垂直方向操作，下层作业必须处于上层高度确定的可能坠落范围半径之外，否则应设保护层。模板、脚手架拆除时，下方不得有其他操作人员，拆除后的材料离楼层边沿不应小于1m、堆放高度不得超过1m，楼层边口、通道口、架边、架上严禁堆放拆下的任何物件。结构施工自二层起，凡人员进出的通道口（包括井架、施工电用电梯的进出通道口），均应搭设安全防护棚，高度超过24m的层次上的交叉作业，应设双层防护。

(13) 高处作业的安全防护设施验收：建筑施工进行高处作业之前，应进行安全防护设施的逐项检查和验收、验收合格后，方可进行高处作业，验收可分层进行或阶段进行、安全防护设施，应由单位工程负责人验收，并组织有关人员参加（施工组织设计及有关验收数据，安全防护设施验收记录，安全防护设施变更记录及签证）。

2.2.4.2 案例分析

【案例】某化学工业公司化建公司高处坠落事故原因分析

（1）事故经过简况

2006年10月28日12点40分，分包队伍负责人聂某在新桥矿装车仓（装车仓距压滤车间施工点约200米左右）召开了班前会，对当班施工任务进行了安排，13时左右作业人员进入压滤车间各岗位，当时上班人员共有27人。韩某和陈某2名从业人员被安排在二层平台（接料平台10m^{2}左右，距一层地面垂直高度5.65m）聂金刚瓦工班组作接料工作。根据施工作业程序，采用QT20型塔吊上料（有专门的信号指挥者）。开始吊第一吊砂浆灰，接着吊红砖，韩某和陈某一块负责接料（红砖），当时砖笼距二层楼面约3米左右，韩某边看砖笼边往后退，在后退时被平台地面的一块砌块绊倒，从身后临边洞口坠落一层回填土地面，导致该坠落事故发生。

（2）事故原因

1）直接原因

① 接料员韩某接料过程中（砖笼距二层楼面3m左右），边接料边倒退，自主保安意识差，倒退时被砌块绊倒，从临边洞口坠落至一层地面是造成本次事故的直接原因之一。

② 临边洞口安全防护不到位，根据《建筑施工高处作业安全技术规范》JGJ 80第3.2.2条第四款规定“边长在150cm以上的洞口四周设防护栏杆，洞口下张设安全网。”第3.1.3条第一款规定：“防护栏杆由上向下两道横杆及栏杆柱组成，上杆离地高度为1.0～1.2m，下杆离地高度为0.5～0.6m。”而该设备预留洞南侧边长达2.5m，没有水平防护网；临边底部离地200mm设有一道防护水平杆，200mm以上没有防护水平杆，是导致本次事故发生的又一直接原因。

2）间接原因

①安全培训不到位，查韩某入厂三级安全培训教育只有“各类培训工作专项实施记录”未达到24小时的培训纪录。②安全管理不到位，一个项目部在永城矿区管理了四个施工点，项目部班子配备4个人，项目经理总负责，实际上是每个项目副经理负责一个点，存在着管理上的缺失和责任落实不到位的问题。③对分包队伍管理监督不到位。④现场安检员监管不到位，虽发现并提出临边洞口防护不到位，但要求是29日整改复查，并于2006年10月28日下发了“安全事故隐患整改通知单”，没有立即要求进行整改，为事故发生留下了隐患。

3）经验总结

①施工单位必须严格按照《建筑施工高处作业安全技术规范》JGJ 80和建设部《建筑工程预防高处作业坠落事故若干规定》的要求切实做好现场临边洞口的防护，并落实责任人。②对该项目部立即进行停产整顿，经工程处验收合格后方可复工。③将该事故立即通报全公司，要求各单位由处领导带队，分片驻各点对所有项目部开展隐患大排查，对不具备安全生产条件的，坚决停产整顿。④根据集团公司安全督导的要求，要深入开展“反三违”的专项治理活动，深入开展“反事故”活动，举一反三，深刻吸取事故教训。⑤加

强安全教育和培训，加强安全监督检查，加强安全防护上的隐患治理，认真做好“冬季三防”工作。⑥按“四不放过”的原则，严肃处理事故责任人。⑦监理公司必须履行监理单位的安全责任，加强对施工现场的安全监理。

2.2.5 建筑拆除工程安全技术规范

2.2.5.1 规范内容

（1）一般规定

项目经理必须对拆除工程的安全生产负全面领导责任。项目部应按有关规定设专职安全员，检查落实各项安全技术措施。

施工单位应全面了解拆除工程的图纸和资料，进行现场勘察，编制施工组织设计或安全专项施工方案。

拆除工程施工区域应设置硬质封闭围挡及醒目警示标志，围挡高度不应低于1.8m，非施工人员不得进入施工区。当临街的被拆除建筑与交通道路的安全距离不能满足要求时，必须采取相应的安全隔离措施。

拆除工程必须制定生产安全事故应急救援预案。

施工单位应为从事拆除作业的人员办理意外伤害保险。

拆除施工严禁立体交叉作业。

作业人员使用手持机具时，严禁超负荷或带故障运转。

楼层内的施工垃圾，应采用封闭的垃圾道或垃圾袋运下，不得向下抛掷。

根据拆除工程施工现场作业环境，应制定相应的消防安全措施，施工现场应设置消防车通道，保证充足的消防水源，配备足够的灭火器材。

（2）施工准备

拆除工程的建设单位与施工单位在签订施工合同时，应签订安全生产管理协议，明确双方的安全管理责任。建设单位、监理单位应对拆除工程施工安全负检查督促责任；施工单位应对拆除工程的安全技术管理负直接责任。

建设单位应将拆除工程发包给具有相应资质等级的施工单位。建设单位应在拆除工程开工前15日，将下列资料报送建设工程所在地的县级以上地方人民政府建设行政主管部门备案：

1）施工单位资质登记证明；

2）拟拆除建筑物构筑物及可能危及毗邻建筑的说明；

3）拆除施工组织方案或安全专项施工方案；

4）堆放清除废弃物的措施。

建设单位应向施工单位提供下列资料：

1）拆除工程的有关图纸和资料；

2）拆除工程涉及区域的地上地下建筑及设施分布情况资料。

建设单位应负责做好影响拆除工程安全施工的各种管线的切断、迁移工作。当建筑外侧有架空线路或电缆线路时，应与有关部门取得联系，采取防护措施，确认安全后方可施工。

当拆除工程对周围相邻建筑安全可能产生危险时，必须采取相应保护措施，对建筑内的人员进行撤离安置。

在拆除作业前，施工单位应检查建筑内各类管线情况，确认全部切断后方可施工。

在拆除工程作业中，发现不明物体，应停止施工，采取相应的应急措施，保护现场，及时向有关部门报告。

（3）安全施工管理

1）人工拆除

进行人工拆除作业时，楼板上严禁人员聚集或堆放材料，作业人员应站在稳定的结构或脚手架上操作，被拆除的构件应有安全的放置场所。

人工拆除施工应从上至下、逐层拆除分段进行，不得垂直交叉作业。作业面的孔洞应封闭。

人工拆除建筑墙体时，严禁采用掏掘或推倒的方法。

拆除管道及容器时，必须在查清残留物的性质，并采取相应措施确保安全后，方可进行拆除施工。

2）机械拆除

当采用机械拆除建筑时，应从上至下、逐层分段进行；应先拆除非承重结构，再拆除承重结构。拆除框架结构建筑，必须按楼板、次梁、主梁、柱子的顺序进行施工。对只进行部分拆除的建筑，必须先将保留部分加固，再进行分离拆除。

施工中必须由专人负责监测被拆除建筑的结构状态，做好记录。当发现有不稳定状态的趋势时，必须停止作业，采取有效措施，消除隐患。

拆除施工时，应按照施工组织设计选定的机械设备及吊装方案进行施工，严禁超载作业或任意扩大使用范围。供机械设备使用的场地必须保证足够的承载力，作业中机械不得同时回转、行走。

进行高处拆除作业时，对较大尺寸的构件或沉重的材料，必须采用起重机具及时吊下。拆卸下来的各种材料应及时清理，分类堆放在指定场所，严禁向下抛掷。

采用双机抬吊作业时，每台起重机载荷不得超过允许载荷的80%，且应对第一吊进行试吊作业，施工中必须保持两台起重机同步作业。

拆除吊装作业的起重机司机，必须严格执行操作规程。信号指挥人员必须按照现行国家标准《起重吊运指挥信号》GB 5085的规定作业。

拆除钢屋架时，必须采用绳索将其拴牢，待起重机吊稳后，方可进行气焊切割作业。

3）爆破拆除

爆破拆除工程应根据周围环境作业条件、拆除对象、建筑类别、爆破规模，按照现行国家标准《爆破安全规程》GB 6722将工程分为A、B、C三级，并采取相应的安全技术措施。爆破拆除工程应做出安全评估并经当地有关部门审核批准后方可实施。

从事爆破拆除工程的施工单位，必须持有工程所在地法定部门核发的《爆炸物品使用许可证》，承担相应等级的爆破拆除工程。爆破拆除设计人员应具有承担爆破拆除作业范围和相应级别的爆破工程技术人员作业证。从事爆破拆除施工的作业人员应持证上岗。

爆破器材必须向工程所在地法定部门申请《爆炸物品购买许可证》，到指定的供应点购买。爆破器材严禁赠送、转让、转卖、转借。

运输爆破器材时，必须向工程所在地法定部门申请领取《爆炸物品运输许可证》，派专职押运员押送，按照规定路线运输。

爆破器材临时保管地点，必须经当地法定部门批准，严禁同室保管与爆破器材无关的物品。

爆破拆除工程的实施应在工程所在地有关部门领导下成立爆破指挥部，应按照施工组织设计确定的安全距离设置警戒。

爆破拆除工程的实施除应符合本规范的要求外，必须按照现行国家标准《爆破安全规程》（GB 6722）的规定执行。

4）静力破碎

进行建筑基础或局部块体拆除时，宜采用静力破碎的方法。

采用具有腐蚀性的静力破碎剂作业时，灌浆人员必须戴防护手套和防护眼镜。孔内注入破碎剂后，作业人员应保持安全距离，严禁在注孔区域行走。

静力破碎剂严禁与其他材料混放。

在相邻的两孔之间，严禁钻孔与注入破碎剂同步进行施工。

静力破碎时，发生异常情况，必须停止作业。查清原因并采取相应措施确保安全后，方可继续施工。

5）安全防护措施

拆除施工采用的脚手架、安全网，必须由专业人员按设计方案搭设，由有关人员验收合格后方可使用，水平作业时，操作人员应保持安全距离。

安全防护设施验收时，应按类别逐项查验，并有验收记录。

作业人员必须配备相应的劳动保护用品，并正确使用。

施工单位必须依据拆除工程安全施工组织设计或安全专项施工方案，在拆除施工现场划定危险区域，并设置警戒线和相关的安全标志，应派专人监管。

施工单位必须落实防火安全责任制，建立义务消防组织，明确责任人，负责施工现场的日常防火安全管理工作。

（4）安全技术管理

拆除工程开工前，应根据工程特点、构造情况、工程量等编制施工组织设计或安全专项施工方案，应经技术负责人和总监理工程师签字批准后实施。施工过程中，如需变更，应经原审批人批准，方可实施。

在恶劣的气候条件下，严禁进行拆除作业。

当日拆除施工结束后，所有机械设备应远离被拆除建筑。施工期间的临时设施，应与被拆除建筑保持安全距离。

从业人员应办理相关手续，签订劳动合同，进行安全培训，考试合格后方可上岗作业。

拆除工程施工前，必须对施工作业人员进行书面安全技术交底。

拆除工程施工必须建立安全技术档案，并应包括下列内容：①拆除工程施工合同及安全管理协议书；②拆除工程安全施工组织设计或安全专项施工方案；③安全技术交底；④脚手架及安全防护设施检查验收记录；⑤劳务用工合同及安全管理协议书；⑥机械租赁合同及安全管理协议书。

施工现场临时用电必须按照国家现行标准《施工现场临时用电安全技术规范》JGJ 46的有关规定执行。

拆除工程施工过程中，当发生重大险情或生产安全事故时，应及时启动应急预案排除险情、组织抢救、保护事故现场，并向有关部门报告。

（5）文明施工管理

清运渣土的车辆应封闭或覆盖，出入现场时应有专人指挥。清运渣土的作业时间应遵守工程所在地的有关规定。

对地下的各类管线，施工单位应在地面上设置明显标识。对水、电、气的检查井、污水井应采取相应的保护措施。

拆除工程施工时，应有防止扬尘和降低噪声的措施。

拆除工程完工后，应及时将渣土清运出场。

施工现场应建立健全动火管理制度，施工作业动火时，必须履行动火审批手续，领取动火证后，方可在指定时间、地点作业。作业时应配备专人监护，作业后必须确认无火源危险后方可离开作业地点。

拆除建筑时，当遇有易燃、可燃物及保温材料时，严禁明火作业。

2.2.5.2　案例分析

【案例】湖南省郴州市某职工住宅楼拆除工程坍塌事故

（1）事故简介

2001 年 10 月 24 日，湖南省郴州市某职工住宅楼拆除工程施工中，由于破坏了楼体承重结构，导致坍塌，造成 4 人死亡，3 人受伤。

（2）事故发生经过

郴州市 107 国道改造工程施工时，因某职工住宅楼位置影响道路的拓宽，拟采用爆破法将此楼拆除，由负责 107 国道施工的郴州市某发展公司将此工程发包给某爆破队（有爆破资质）。

该住宅楼为四层砖混结构，建筑面积 $750m^2$。2001 年 10 月 24 日上午爆破队负责人在现场进行交底后离开现场，但现场负责人为减少爆破装药量，擅自修改施工方案，组织工人用大锤将楼房底部承重墙每隔 0.5～0.8m 凿开若干孔洞（洞 1.2m 长，0.5m 高），因而严重破坏了墙体承重结构，致使墙体承重力不足，整幢楼房坍塌，造成 7 人被埋，其中 4 人死亡，3 人受伤。

（3）事故原因分析

1）技术方面

现场负责人为了少用爆炸材料，采用了减弱承重墙的施工方法，但未经认真计算，盲目指挥将承重墙凿出若干大洞，忽视了建筑物自重的稳定性，由于承重墙面积减至原有面积的 1/4 左右，最终因承载力不足导致楼房坍塌，是本次事故的技术原因，也是此次事故的直接原因。

2）管理方面

爆破队长期以来忽视管理，人员素质低，施工负责人明知已有施工方案，而且已经过公安等有关部门批准，居然擅自变更方案，又没有经过严密计算取得可靠数据，违章指挥，盲目施工，足以说明在施工人员思想上并没能树立一种严肃认真的责任心，已经习惯于我行我素，再加上爆破队没有一套严格的管理制度对基层施工进行约束和监管，所以错误行为不能得到相关部门或有关上级领导的制止和指导，放任自流，最终导致发生事故。

(4) 事故结论与教训

1) 本次事故是一起典型的目无法纪和违章指挥的重大责任事故。

2) 事故直接责任人是该爆破队现场施工负责人，擅自改变施工方案，违章指挥作业人员盲目将承重墙凿洞，致使承重截面大大减弱，导致建筑物坍塌。

3) 爆破队疏于管理，缺少监督检查，导致严重违章的施工方法未能及时发现和制止，该单位领导应负主要管理责任。现场爆破指挥人员擅自变更施工方案，导致事故，负直接责任。

(5) 事故的预防对策

有关行政主管部门，应进一步加强对特种专业队伍的系统管理，着重加强法规学习和安全生产教育。

由于建筑施工的复杂性，将一些专业性强、危险性大的工程项目逐渐交由专业队伍施工，一是使这部分人能较熟练的掌握施工技术，以利于施工和加快工程建设速度；二是由于熟悉施工工艺和进一步掌握施工规律，可以更快、更安全的作业，避免发生事故。然而一些专业队伍自认为特殊性，已具备施工能力，不严格执行相关规定，不认真管理，逐渐不能满足建筑施工要求。因此，相关管理部门应定期组织学习相关规范和行政法规，加强管理，对专业队伍资质认真审定，使之不断提高业务能力和管理水平。

(6) 经验总结

拆除工程采用爆破法是拆除方法的一种，但爆破法具有危险性大、专业性强的特点，必须由专业施工队伍进行，并严格遵守爆破施工相关规定，制定方案并经有关部门批准。

该工程拟采用爆破法拆除，并发包给具有爆破资质的施工队，但由于该施工队没有严格的管理制度，现场指挥人员擅自修改已经上级批准的方案，并不经上级审核，擅自做主，违章指挥，冒险蛮干，最终造成建筑物坍塌和伤亡事故。

另外，对爆破作业等专业较强的施工队伍缺乏监督监理，也是使其作业无拘无束随意施工的原因之一。对专业性较强的施工单位，如果没有监理监督，完全靠这些单位自己管理，当遇到施工队伍管理薄弱、上级失控、基层随意违章情况，就会造成事故。

2.3 建筑工程施工技术规范

2.3.1 建筑工程地基基础工程的相关标准

1. 施工工序及内容

基础的施工一般工序为：放线→土方开挖→垫层施工→钢筋绑扎→模板安装→混凝土浇筑→养护→模板拆除→质量验收→土方回填。常见的混凝土基础的形式有条型基础、独立基础、筏型基础和箱型基础等。筏型基础和箱型基础长度超过40m，宜设贯通的后浇带，后浇带宽度大于800mm，后浇带处钢筋贯通且须增加配筋。

(1) 土方工程

土方开挖的挖土深度、施工部署以及场地条件，应在综合考虑工程周围环境特点及经济合理等因素的前提下，配备挖土机械，目前多采用反铲挖土机。机械挖土标高控制在基底200mm处，配合人工挖至标高，防止扰动地基，不同标高区域采取先深后浅的开挖方法，注意不得超挖。土方开挖至设计标高应及时完成混凝土垫层施工，避免土体扰动。

（2）钢筋工程

钢筋施工顺序：钢筋放样→钢筋制作→半成品运输→承台钢筋→地梁钢筋敷设→底板下皮钢筋绑扎→钢筋支架→底板上排钢筋绑扎→柱、墙插筋→检查→验收。

按垫层弹放的钢筋位置线布放钢筋，并绑扎钢筋。

由监理工程师组织施工单位专业质量及技术人员验收。

（3）模板工程

混凝土基础模板通常采用组合式钢模板、钢框木（竹）胶合板模板、胶合板模板等，箱形基础施工有时采用工具式大模板。

施工顺序：模板制作→定位放线→安装加固→验收→拆除→清理、保养。

在浇筑混凝土前，应对模板工程进行验收。模板安装和浇筑混凝土时，应对模板及支撑进行观察和维护。

模板及支撑的拆除应遵循后支先拆、先支后拆的顺序，并按照施工方案执行。

（4）基础混凝土浇捣

施工顺序：混凝土搅拌→混凝土运输→泵送与布料→混凝土浇捣→表面处理→混凝土养护。

混凝土搅拌应严格计量、控制配合比，检查坍落度，冬季拌制混凝土可优先采用加热水的方法。混凝土目前主要采用商品混凝土，使用搅拌车运输，并使用混凝土泵进行布料。

基础结构混凝土浇捣一般用汽车泵接悬臂管，覆盖整个基础。

（5）混凝土浇捣、标高控制。①用水平仪将标高引测至承台及底板，在每个承台柱钢筋上作标高控制点。②基础混凝土施工期间，配备振动机。每根泵管有 4 台振动机负责配合振捣，振动机移动间距为 400mm 左右，流淌部分应及时跟踪振捣，避免冷缝。③在基础混凝土浇捣施工时，一次浇到顶，让混凝土自然流淌，形成一定斜面，然后，从下端开始逐步向上振捣。④承台及底板混凝土表面收头时用刮尺刮平，稍待收水后再用木抹子分二次打磨平整，对阴角处散落混凝土及浆液及时清理干净。

（6）大体积混凝土工程

大体积混凝土浇筑为保证结构的整体性和施工的延续性，采用分层浇筑时，应保证在下层混凝土初凝前将上层混凝土浇筑完毕。一般根据工程本身的情况采用全面分层、分段分层和斜面分层三种方式。

大体积混凝土的养护分位保温法和保湿法两种。为确保混凝土有适宜的硬化条件，防止在早期由于干缩而产生裂缝，在混凝土浇筑完毕后，应在 12h 内加以覆盖和浇水。使用普通硅酸盐水泥拌制混凝土养护期不少于 14d，其他水泥拌制混凝土养护期不少于 21d。

大体积混凝土施工的关键是控制裂缝，一般采用以下措施：①优先选择低水化热的水泥拌制混凝土，并适当使用缓凝剂；②保证混凝土的强度的前提下，降低水灰比，减少水泥用量；③降低混凝土入模温度，控制混凝土内外温差。如降低拌合水温度；④及时覆盖保温并进行养护；⑤可预埋冷水管通水将混凝土内部热量带出，人工降温；⑥对平面尺寸过大，可由设计设置后浇带减少温度应力，也利于散热降温。

2. 地基处理

地基处理中最常见的方法为换填和桩基工程，其中换填因土方作业量大，深度过大时质量难以控制，在房屋建筑中仅零星工程中采用。桩基工程因取材方便，经济合理在房屋建筑中得到广泛运用。

桩基础是由若干个沉入土中的单桩其顶部用承台或梁联系起来的一种基础。桩的作用是将上部建筑物的荷载传递到最深处承载力较大的土层上，或将软弱土层挤密以提高地基土的承载能力及密实度。桩基础主要用于在软弱土层上建造建筑物。

桩按施工方法分为预制桩和灌注桩。预制桩按将桩沉入土中的方法不同，分为打入桩、静力压桩等；灌注桩是先在桩位处成孔，然后放入钢筋骨架，再浇筑混凝土而成的桩。灌注桩按其成孔方法不同，有泥浆护壁成孔，干作业成孔、套管成孔等几种灌注桩。

(1) 打入桩施工

施工顺序：确定桩位和沉桩顺序→桩机就位→吊桩喂桩→校正→锤击沉桩→接桩→再锤击沉桩→送桩→收锤

打桩顺序直接影响打桩工程质量和施工进度。确定打桩顺序时要综合考虑到桩的密集程度、基础的设计标高及桩的规格。

根据桩的密集程度（桩间距大小），打桩顺序一般分为：自中间向两个方向对称进行；自中间向四周进行；由一侧向单一方向进行。确定打桩顺序既要考虑打桩移动方便，又要考虑在打桩过程中地基土壤被积压的情况。

在打桩现场或附近设水准点（其位置应不受打桩影响），数量不少于两个，用以平整场地和检查桩的入土深度。

打桩开始时用短落距轻击锤观察桩身与桩架、桩锤等是否在同一垂直线上，然后再以全落距施打。打桩宜重锤低击，重锤低击时桩锤对桩头的冲击小，回弹也小，桩头不易破坏，大部分能量都用于客服桩身与土的摩阻力和桩尖阻力，桩能较快沉入土中。如在打桩过程中桩锤回弹较大，桩入土速度慢，说明选用的桩锤太轻，其冲击能不足以使桩下沉。

(2) 静力压桩

静力压桩是在软弱土层中，利用静压力（压桩机自重及配重）将预制桩逐节压入土中的一种沉桩法。

静力压桩的沉桩程序：测量定位→桩机就位→吊桩、插桩→校正→静压沉桩→接桩→再静压沉桩→送桩→检查验收→桩机移位

压桩时先将下节桩（桩的最下一段）压至压桩机操作平台，然后进行接桩，常用的接桩方法有焊接法、浆锚法等。

压同一根桩时应连续进行，当压力值达到预定值，便可停止压桩。

(3) 钢筋混凝土灌注桩施工

灌注桩是直接在桩位上就地成孔，然后浇筑混凝土而成。灌注桩按成孔的方法分为泥浆护壁成孔灌注桩、干作业成孔灌注桩、套管成孔灌注桩及爆扩成孔灌注桩（这里仅叙述泥浆护壁成孔灌注桩）。灌注桩与预制桩相比，具有节约钢材，节省劳动力，施工方便，成本低等优点。

① 泥浆护壁成孔灌注桩

泥浆护壁成孔灌注桩是先用钻孔机械进行钻孔，在钻孔的过程中为了防止孔壁坍塌，

在孔中注入泥浆（或注入清水造成泥浆）保护孔壁，钻孔达到要求深度后，进行清孔，然后安放钢筋骨架，进行水下灌注混凝土而成桩。泥浆护壁成孔灌注桩施工过程：

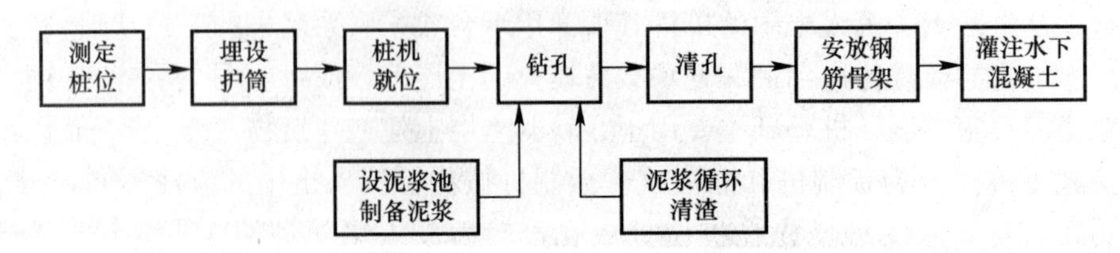

② 潜水钻机成孔方法

潜水钻机是一种将动力、变速机构与钻头连在一起加以密封，潜入水中工作的一种体积小而轻的钻机。这种钻机由桩架及钻杆定位，钻孔时钻杆不旋转。桩架轻便，移动灵活，钻进速度快，钻孔深度可达50m，钻孔时噪声较小，操作条件也有所改善。潜水钻机适用于在黏性土、淤泥、淤泥质土及砂土中钻孔，尤其适于在地下水位较高的土层中钻孔。

③ 灌注混凝土

桩孔清孔完毕后，吊放钢筋骨架。钢筋骨架可分段制作，分段吊放，接头处焊接连接。钢筋骨架制作偏差应在规范规定的允许偏差范围之内。

水下灌注混凝土通常采用导管法，先将灌注混凝土的导管吊入桩孔内，导管要求垂直平整，每3m长一段，各段间接口严密，不漏水漏浆。导管底部离桩孔底0.5m左右，顶部高出水面3～4m，上部连接漏斗。在导管下部设隔水栓，隔水栓可用混凝土预制块、橡胶球胆或木球，用铁丝悬吊在导管下部管口内。灌注时，先在漏斗及导管内灌满混凝土，混凝土量应保证下落后能将导管下端埋入混凝土0.5～0.6m。然后剪断铁丝，隔水栓下落，混凝土冲出导管下口，用球胆或木球做的隔水栓浮出水面回收重复使用。

减栓后混凝土应连续灌注，当导管埋入混凝土2～2.5m时，即可提升导管，提升速度不宜过快，应保持导管下端埋入混凝土内的深度不小于1m。

3. 施工要点

（1）地基基础工程施工前，必须具备完备的地质勘察资料及工程附近管线、建筑物、构筑物和其他公共设施的构造情况，必要时应作施工勘察和调查以确保工程质量及临近建筑的安全。

（2）施工单位必须具备相应专业资质，并应建立完善的质量管理体系和质量检验制度。

（3）从事地基基础工程检测及见证试验的单位，必须具备省级以上（含省、自治区、直辖市）建设行政主管部门颁发的资质证书和计量行政主管部门颁发的计量认证合格证书。

（4）地基基础工程是分部工程，如有必要，根据现行国家标准《建筑工程施工质量验收统一标准》GB 50300规定，可再划分若干个子分部工程。

（5）施工过程中出现异常情况时，应停止施工，由监理或建设单位组织勘察、设计、施工等有关单位共同分析情况，解决问题，消除质量隐患，并应形成文件资料。

规范规定对灰土地基、砂和砂石地基、土工合成材料地基、粉煤灰地基、强夯地基、注浆地基、预压地基，其竣工后的结果（地基强度或承载力）必须达到设计要求的标准。检验数量，每单位工程不应少于 3 点，1000m² 以上工程，每 100m² 应至少有 1 点，3000m² 以上工程，每 300m² 至少有 1 点。每一独立基础下至少应有 1 点，基槽每 20 延米应有 1 点。

对水泥土搅拌桩复合地基、高压喷射注浆桩复合地基、砂桩地基、振冲桩复合地基、土和灰土挤密桩复合地基、水泥粉煤灰碎石桩复合地基及夯实水泥土桩复合地基，其承载力检验，数量为总数的 0.5%～1%，但不应少于 3 处。有单桩强度检验要求时，数量为总数的 0.5%～1%，但不应少于 3 根。

（6）当桩顶设计标高与施工场地标高相同时，或桩基施工结束后，有可能对桩位进行检查时，桩基工程的验收应在施工结束后进行。

（7）当桩顶设计标高低于施工场地标高，送桩后无法对桩位进行检查时，对打入桩可在每根桩桩顶沉至场地标高时，进行中间验收，待全部桩施工结束，承台或底板开挖到设计标高后，再做最终验收。对灌注桩可对护筒位置做中间验收。

（8）钢筋进场时，应按现行国家标准《钢筋混凝土用热轧带肋钢筋》GB 1499 等的规定抽取试件作力学性能检验，其质量必须符合有关标准的规定。

（9）水泥进场时应对其品种、级别、包装或散装仓号、出厂日期等进行检查，并应对其强度、安定性及其他必要的性能指标进行复验，其质量必须符合现行国家标准《硅酸盐水泥、普通硅酸盐水泥》GB 175 等的规定。

（10）混凝土应按国家现行标准《普通混凝土配合比设计规程》JGJ 55 的有关规定，根据混凝土强度等级、耐久性和工作性等要求进行配合比设计。对有特殊要求的混凝土，其配合比设计尚应符合国家现行有关标准的专门规定。

4. 工程运用

土方工程施工要防止超挖和扰动地基，严禁挖土机械碰撞工程桩。

工程桩进行承载力检验，为便于试验，桩顶应留置在自然地面以上。检验桩数不应少于总数的 1%，且不应少于 2 根，当总桩数少于 50 根时，不应少于 2 根，对每种类型的桩应分别对待。

2.3.2 建筑工程主体结构工程的相关标准

2.3.2.1 混凝土结构

（1）混凝土结构的特点

混凝土结构强度较高，钢筋和混凝土两种材料的力学性能都能充分利用，可模性好，使用面广，相对其他结构耐久性和耐火性好，维护费用低，易于就地取材。现浇混凝土结构的整体性和延性好，适用于抗震抗爆结构。

混凝土结构的缺点是自重大，抗裂性差，施工复杂，工期较长。

混凝土结构工程主要包括：钢筋工程、模板工程和混凝土工程。

（2）钢筋和混凝土的材料性能

1）钢筋

普通混凝土中配置的钢筋主要是热轧钢筋，预应力钢筋常用热处理钢筋、高强钢丝和钢绞线。热轧钢筋又分为普通低碳钢（含碳量小于 0.25%）和普通低合金钢（合金元素小于 5%）。

根据钢筋的力学性能分为有明显流幅和无明显流幅。有明显流幅的钢筋含碳量少，塑性好，延伸率大，为塑性破坏。无明显流幅的钢筋含碳量高，塑性差，延伸率小，没有屈服台阶，为脆性破坏。

有明显流幅的钢筋，其四项基本指标为：屈服强度、延伸率、强屈比和冷弯性能，冷弯性能是反映钢筋性能的重要指标，也反映了可加工性。

2）混凝土

抗压强度：立方体强度 f_{cu}作为混凝土的强度等级，单位是 N/mm²，C20 表示抗压强度 20N/mm²。规范共分十四个等级，C15～C80，级差为 5N/mm²。

棱柱体抗压强度 f_c采用 150mm×150mm×300mm 作为标准试件试验所得。

抗拉强度 f_t，是计算抗裂的重要指标，混凝土的抗拉强度很低。

钢筋与混凝土的共同工作是依靠他们之间的相互作用的粘结强度，钢筋与混凝土接触面的剪应力称为粘结应力。

3）根据极限状态设计方法，计算受力，并按照适筋梁正截面受力阶段分析，承载力的计算依据破坏极限第Ⅲ阶段的截面受力状态建立。对梁的配筋在规范中明确规定，不允许设计成超筋梁和少筋梁，对最大最小配筋率均有限值，防止脆性破坏。

4）梁的斜截面承载力的保证措施：①限制梁的截面最小尺寸，包含混凝土强度等级因素；②适当配置箍筋，满足规范的构造要求；③当上述措施不能满足要求时，可配置弯起钢筋，并满足规范的构造要求。

（3）模板工程

1）模板及其支架必须有足够的强度、刚度和稳定性，其支架的支承部分必须有足够的支撑面积，模板工程直接影响混凝土成型质量，支撑系统的好坏，还将影响其施工安全。

模板通常采用组合式钢模板、钢框木（竹）胶合板模板、胶合板模板和工具式大模板。其他还有木模板、滑升模板、模壳模板、压型定型钢模等。

2）模板工程的主要要求。①实用性：模板要保证构件形状和位置的正确，构造简单，支拆方便，表面平整接缝严密不漏浆。②安全性：要具有足够的强度、刚度和稳定性，保证施工中不变形、不坍塌和在施工荷载作用下的结构安全。③经济性：在确保工程质量、安全和进度的前提下，尽量减少投入。④模板及支撑的施工必须严格按照施工技术方案进行，支撑的基础必须有足够的承载力。⑤木模板在混凝土浇筑前应浇水湿润，但模板内不得积水。⑥模板与混凝土的接触面应清理干净并涂刷隔离剂，隔离剂不得选用影响结构性能或妨碍装饰工程的产品。⑦浇筑混凝土前应将模板内的杂物清理干净。⑧对清水混凝土和装饰混凝土的模板应根据设计效果选择。⑨对跨度大于 4m 的现浇混凝土梁、板，应按设计要求起拱，当无设计要求时，根据规范规定起拱高度为跨度的 1/1000～3/1000。

3）模板拆除

现浇混凝土结构模板及支架拆除时的混凝土强度，应符合设计要求。当无设计要求时，底模及支架拆除时的混凝土强度应符合表 2-3 的规定。不承重的侧模板，包括梁、柱墙的侧模板，只要混凝土强度保证其表面、棱角不因拆模而受损坏，即可拆除。一般墙体大模板在常温条件下，混凝土强度达到 1N/mm²，即可拆除。

底模及支架拆除时的混凝土强度要求 **表 2-3**

构件类型	构件跨度（m）	达到设计的混凝土立方体抗压强度标准值的百分率（%）
板	⩾2	⩾50
	＞2，⩽8	⩾75
	＞8	⩾100
梁拱壳	⩽8	⩾75
	＞8	⩾100
悬，构件		⩾100

模板的拆除顺序：一般按后支先拆、先支后拆，先拆除非承重部分后拆除承重部分的拆模顺序进行。

（4）钢筋工程

1）钢筋配料

钢筋配料是根据构件配筋图，先绘出各种形状和规格的单根钢筋简图并加以编号，然后分别计算钢筋下料长度、根数及重量，填写钢筋配料单，作为申请、备料、加工的依据。为使钢筋满足设计要求的形状和尺寸，需要对钢筋进行弯折，而弯折后钢筋各段的长度总和并不等于其在直线状态下的长度，所以，要对钢筋剪切下料长度加以计算。各种钢筋下料长度计算如下：

直钢筋下料长度 = 构件长度 − 保护层厚度 ＋ 弯钩增加长度

弯起钢筋下料长度 = 直段长度 ＋ 斜段长度 − 弯曲调整值 ＋ 弯钩增加长度

箍筋下料长度 = 箍筋周长 ＋ 箍筋调整值

上述钢筋如需要搭接和锚固，还要增加钢筋搭接和锚固长度。

2）钢筋代换

代换原则：等强度代换或等面积代换。当构件配筋受强度控制时，按钢筋代换前后强度相等的原则进行代换；当构件按最小配筋率配筋时，或同钢号钢筋之间的代换，按钢筋代换前后面积相等的原则进行代换。当构件受裂缝宽度或挠度控制时，代换前后应进行裂缝宽度和挠度验算。

钢筋代换时，应征得设计单位的同意，相应费用按有关合同规定（一般应征得业主同意）并办理相应手续。代换后钢筋的间距、锚固长度、最小钢筋直径、数量等构造要求和受力、变形情况均应符合相应规范要求。

3）钢筋连接

钢筋的连接方法有：焊接、机械连接和绑扎连接三种。

钢筋的焊接：常用的焊接方法有闪光对焊、电弧焊（包括帮条焊、搭接焊、熔槽焊、剖口焊、预埋件角焊和塞孔焊等）、电渣压力焊、气压焊、埋弧压力焊和电阻点焊等。直接承受动力荷载的结构构件中，纵向钢筋不宜采用焊接接头。

钢筋机械连接：有钢筋套筒挤压连接、钢筋锥螺纹套筒连接和钢筋直螺纹套筒连接（包括钢筋镦粗直螺纹套筒连接、钢筋剥肋滚压直螺纹套筒连接）三种方法。钢筋机械连接通常适用的钢筋级别为 HRB335、HRB400、RRB400；钢筋最小直径宜为 16mm。

钢筋绑扎连接（或搭接）：钢筋搭接长度应符合规范要求。当受拉钢筋直径大于

28mm、受压钢筋直径大于32mm时，不宜采用绑扎搭接接头。轴心受拉及小偏心受拉杆件（如桁架和拱架的拉杆等）的纵向受力钢筋和直接承受动力荷载结构中的纵向受力钢筋均不得采用绑扎搭接接头。

钢筋接头位置宜设置在受力较小处。同一纵向受力钢筋不宜设置两个或两个以上接头。接头末端至钢筋弯起点的距离不应小于钢筋直径的10倍。构件同一截面内钢筋接头数应符合设计和规范要求，绑扎接头受拉区接头率小于25%，受压区小于50%。

在施工现场，应按国家现行标准抽取钢筋机械连接接头、焊接接头试件作力学性能检验，其质量应符合有关规程的规定。

4）钢筋加工

钢筋加工包括调直、除锈、下料切断、接长、弯曲成型等。

钢筋调直可采用机械调直和冷拉调直。当采用冷拉调直时，必须控制钢筋的伸长率。对HPB235级钢筋，冷拉伸长率不宜大于4%；对于HRB335级、HRB400级和RRB400级钢筋，冷拉伸长率不宜大于1%。

钢筋除锈：一是在钢筋冷拉或调直过程中除锈；二是可采用机械除锈机除锈、喷砂除锈、酸洗除锈和手工除锈等。

钢筋下料切断可采用钢筋切断机或手动液压切断器进行。钢筋的切断口不得有马蹄形或起弯等现象。

钢筋弯曲成型可采用钢筋弯曲机、四头弯筋机及手工弯曲工具等进行。

5）钢筋安装

准备工作包括：①现场弹线，并剔除、清理接头处表面混凝土浮浆、松动石子、混凝土块等，整理接头处插筋；②核对需绑钢筋的规格、直径、形状、尺寸和数量等是否与料单、料牌和图纸相符；③准备绑扎用的钢丝、工具和绑扎架等。

柱钢筋绑扎的注意事项包括：①柱钢筋的绑扎应在柱模板安装前进行；②框架梁、牛腿及柱帽等钢筋，应放在柱子纵向钢筋内侧；③柱中的竖向钢筋搭接时，角部钢筋的弯钩应与模板成45°（多边形柱为模板内角的平分角，圆形柱应与模板切线垂直），中间钢筋的弯钩应与模板成90°；④箍筋的接头（弯钩叠合处）应交错布置在四角纵向钢筋上；箍筋转角与纵向钢筋交叉点均应扎牢（箍筋平直部分与纵向钢筋交叉点可间隔扎牢），绑扎箍筋时绑扣相互间应成八字形。

墙钢筋绑扎应注意：①墙钢筋的绑扎，也应在模板安装前进行；②墙（包括水塔壁、烟囱筒身、池壁等）的垂直钢筋每段长度不宜超过4m（钢筋直径≤12mm）或6mm（直径>12mm）或层高加搭接长度，水平钢筋每段长度不宜超过8mm，以利绑扎。钢筋的弯钩应朝向混凝土内。③采用双层钢筋网时，在两层钢筋间应设置撑铁或绑扎架，以固定钢筋间距。

梁、板钢筋绑扎应注意：①当梁的高度较小时，梁的钢筋架空在梁模板顶上绑扎，然后再落位；当梁的高度较大（>1m）时，梁的钢筋宜在梁底模上绑扎，其两侧模板或一侧模板后装。板的钢筋在模板安装后绑扎。②梁纵向受力钢筋采用双层排列时，两排钢筋之间应垫以直径≥25mm的短钢筋，以保持其设计间距。箍筋的接头（弯钩叠合处）应交错布置在两根架立钢筋上，其余同柱。③板的钢筋网绑扎，四周两行钢筋交叉点应每点扎牢，中间部分交叉点可相隔交错扎牢，但必须保证受力钢筋不位移。双向主筋的钢筋网，则须将全部钢筋相交点扎牢。采用双层钢筋网时，在上层钢筋网下面应设置钢筋撑脚，以保证钢筋位置正确。绑扎时应注意相邻绑扎点的钢丝扣要成八字形，以免网片歪斜变形。④应注意板上部的受力钢筋的位置，要防止被踩下；特别是雨篷、挑檐、阳台等悬臂板，以免拆模后板断裂。⑤板、次梁与主梁交叉处，板的钢筋在上，次梁的钢筋居中，主梁的钢筋在下；当有圈梁或垫梁时，主梁的钢筋在上。⑥框架节点处钢筋穿插十分稠密时，应特别注意梁顶面主筋间的净距要有 30mm，以利浇筑混凝土。⑦梁板钢筋绑扎时，应防止水电管线影响钢筋位置。

6）混凝土工程

普通混凝土配合比应根据原材料性能及对混凝土的技术要求（强度等级、耐久性和工作性等），由具有资质的试验室进行计算，并经试配调整后确定，混凝土配合比应为重量比。

① 混凝土的搅拌和运输

混凝土搅拌一般宜由场外商品混凝土搅拌站或现场搅拌站搅拌，应严格掌握混凝土配合比，确保各种原材料合格，计量偏差符合标准规定要求，投料顺序、搅拌时间合理、准确，最终确保混凝土搅拌质量满足设计、施工要求。当掺有外加剂时，搅拌时间适当延长。

混凝土在运输中不应发生分层、离析现象，否则应在浇筑前二次搅拌。要尽量减少混凝土的运输时间和转运次数，确保混凝土在初凝前运至现场并浇筑完毕。

② 泵送混凝土

泵送混凝土是利用混凝土泵的压力将混凝土通过管道输送到浇筑地点，一次完成水平运输和垂直运输。进行泵送混凝土配合比设计。泵送混凝土的坍落度不低于 100mm，外加剂主要有泵送剂、减水剂和引气剂等。混凝土泵或泵车应尽可能靠近浇筑地点，浇筑时由远至近进行。混凝土供应要保证泵能连续工作。输送管线宜直，转弯宜缓，接头应严密，并要注意预防输送管线堵塞。

③ 混凝土浇筑

混凝土浇筑前应根据施工方案认真交底，并做好浇筑前的各项准备工作，尤其应对模板、支撑、钢筋、预埋件等认真细致检查，合格并做好相关隐蔽验收后，才可浇筑混凝土。

混凝土自高处倾落的自由高度，不宜超过 2m。

在浇筑竖向结构混凝土前，应先在底部填以 50～100mm 厚与混凝土内砂浆成分相同的水泥砂浆；浇筑中不得发生离析现象；当浇筑高度超过 3m 时，应采用串筒、溜槽、溜管或振动溜管，使混凝土下落。

浇筑混凝土应连续进行。当必须间歇时，其间歇时间宜尽量缩短，并应在前层混凝土初凝之前，将次层混凝土浇筑完毕；否则，应留置施工缝。

混凝土宜分层浇筑，分层振捣。当采用插入式振捣器振捣普通混凝土时，应快插慢拔，移动间距不宜大于振捣器作用半径的 1.5 倍，与模板的距离不应大于其作用半径的 0.5 倍，并应避免碰撞钢筋、模板、芯管、吊环、预埋件等，振捣器插入下层混凝土内的深度应不小于 50mm。当采用表面平板振动器时，其移动间距应保证捣动器的平板能覆盖已振实部分的边缘。

混凝土浇筑过程中，应经常观察模板、支架、钢筋、预埋件和预留孔洞的情况；当发现有变形、移位时，应及时采取措施进行处理。

在浇筑与柱和墙连成整体的梁和板时，应在柱和墙浇筑完毕后停歇 1～1.5h，再继续浇筑。

梁和板的混凝土同时浇筑，有主次梁的楼板宜顺着次梁方向浇筑，单向板宜沿着板的长边方向浇筑；拱和高度大于 1m 时的梁等结构，可单独浇筑混凝土。

④ 施工缝

施工缝的位置应在混凝土浇筑之前确定，并宜留置在结构受剪力较小且便于施工的部位。施工缝的留置位置应符合下列规定：

柱：宜留置在基础、楼板、梁的顶面，梁和吊车梁牛腿、无梁楼板柱帽的下面；与板连成整体的大截面梁（高超过 1m），留置在板底面以下 20～30mm 处。当板下有梁托时，留置在梁托下部；

单向板：留置在平行于板的短边的任何位置；有主次梁的楼板，施工缝应留置在次梁跨中 1/3 范围内；墙：留置在门洞口过梁跨中 1/3 范围内，也可留在纵横墙的交接处；

双向受力板、大体积混凝土结构、拱、穹拱、薄壳、蓄水池、斗仓、多层钢架及其他结构复杂的工程，施工缝的位置应按设计要求留置。

在施工缝处继续浇筑混凝土时，应符合下列规定：已浇筑的混凝土，其抗压强度不应小于 1.2N/mm^2；在已硬化的混凝土表面上，应清除水泥薄膜和松动石子以及软弱混凝土层，并加以充分湿润和冲洗干净，且不得积水；在浇筑混凝土前，宜先在施工缝处刷一层水泥浆（可掺适量界面剂）或铺一层与混凝土内成分相同的水泥砂浆；混凝土应细致捣实，使新旧混凝土紧密结合。

⑤ 后浇带的设置和处理

后浇带是为在现浇钢筋混凝土结构施工过程中，克服由于温度、收缩等而可能产生有害裂缝而设置的临时施工缝。后浇带通常根据设计要求留设，并保留一段时间若设计无要求，则至少保留 28d 后再浇筑，将结构连成整体。

填充后浇带，可采用微膨胀混凝土、强度等级比原结构强度提高一级，并保持至少 15d 的湿润养护。后浇带接缝处按施工缝的要求处理。

⑥ 混凝土的养护

混凝土的养护方法有自然养护和加热养护两大类。现场施工一般为自然养护。自然养护又可分覆盖浇水养护、薄膜布养护和养生液养护等。

对已浇筑完毕的混凝土，应在混凝土终凝前（通常为混凝土浇筑完毕后 8～12h 内），开始进行自然养护。

混凝土采用覆盖浇水养护的时间：对采用硅酸盐水泥、普通硅酸盐水泥或矿渣硅酸盐水泥拌制的混凝土，不得少于 7d，对火山灰质硅酸盐水泥、粉煤灰硅酸盐水泥拌制的混凝土，不得少于 14d 对掺用缓凝型外加剂、矿物掺合料或有抗渗性要求的混凝土，不得少于 14d。浇水次数应能保持混凝土处于润湿状态，混凝土的养护用水应与拌制用水相同。

当采用塑料薄膜布养护时，其外表面全部应覆盖包裹严密，并应保护塑料布内有凝结水。

采用养生液养护时，应按产品使用要求，均匀喷刷在混凝土外表面，不得漏喷刷。

在已浇筑的混凝土强度未达到 1.2N/mm^2 以前，不得在其上踩踏或安装模板及支架等。

2.3.2.2 砌体结构施工技术

（1）原材料要求

1）水泥：水泥进场使用前应有出厂合格证和复试合格报告。水泥的强度等级应根据设计要求选择。其强度等级不宜大于 32.5 级；水泥混合砂浆采用的水泥，其强度等级不宜大于 42.5 级。

2）砂：宜用中砂，其中毛石砌体宜用粗砂。砂浆用砂不得含有有害杂物。砂浆的含泥量应满足规范要求。

3）石灰膏：生石灰熟化成石灰膏时，应用孔径不大于 3mm×3mm 的网过滤，熟化时间不得少于 7d 磨细生石灰粉的熟化时间不少于 2d。配制水泥石灰砂浆时，不得采用脱水硬化的石灰膏。消石灰粉不得直接使用于砌筑砂浆中。

4）黏土膏：采用黏土或粉质黏土制备黏土膏时，宜用搅拌机加水搅拌，通过孔径不大于 3mm×3mm 的网过筛。用比色法鉴定黏土中的有机物含量时应浅于标准色。

5）电石膏：制作电石膏的电石渣应用孔径不大于 3mm×3mm 的网过筛，检验时应加热至 70℃并保持 20min，没有乙炔气味后，方可使用。

6）粉煤灰：应采用Ⅰ、Ⅱ、Ⅲ级粉煤灰。

7）水：宜采用自来水，水质应符合现行行业标准《混凝土用水标准》JGJ 63 的规定。

8）外加剂：均应经检验和试配符合要求后，方可使用。有机塑化剂应有砌体强度的型式检验报告。

（2）砂浆配合比

1）砌筑砂浆配合比应通过有资质的试验室，根据现场的实际情况进行计算和试配确定，并同时满足稠度、分层度和抗压强度的要求。

2）砌筑砂浆的稠度（流动性）宜按表 2-4 选用。

砌筑砂浆的稠度选用表 **表 2-4**

序 号	砌体种类	砂浆稠度（mm）
1	烧结普通砖砌体	70～90
2	轻骨料混凝土小型空心砖砌体	60～90
3	烧结多孔砖、空心砖砌体	60～80
4	烧结普通砖平拱式过梁、空斗墙、筒拱普通混凝土小型空心砌块砌体加气混凝土砌块砌体	50～70
5	石砌体	30～50

当砌筑材料为粗糙多孔且吸水较大的块料或在干热条件下砌筑时，应选用较大稠度值的砂浆；反之，应选用较小稠度值的砂浆。

3）砌筑砂浆的分层度不得大于 30mm，确保砂浆具有良好的保水性。

4）施工中当采用水泥砂浆代替水泥混合砂浆时，应重新确定砂浆强度等级，并应征得设计确认。

(3) 砂浆的拌制及使用

1) 砂浆现场拌制时，各组分材料应采用重量计量。

2) 砂浆应采用机械搅拌，搅拌时间自投料完算起，应为：①水泥砂浆和水泥混合砂浆，不得少于 2min；②水泥粉煤灰砂浆和掺用外加剂的砂浆，不得少于 3min；③掺用有机塑化剂的砂浆，应为 3～5min。

3) 砂浆应随拌随用，水泥砂浆和水泥混合砂浆应分别在 3h 和 4h 内使用完毕；当施工期间最高气温超过 30℃时，应分别在拌成后 2h 和 3h 内使用完毕。对掺用缓凝剂的砂浆，其使用时间可根据具体情况延长。

4) 砂浆强度：由边长为 7.07cm 的正方体试件，经过 28d 标准养护，测得一组三块的抗压强度值来评定。

砂浆试块应在搅拌机出料口随机取样、制作，同盘砂浆只应制作一组试块。每一检验批且不超过 250m^3 砌体的各种类型及强度等级的砌筑砂浆，每台搅拌机应至少抽验一次。

(4) 砖砌体工程

1) 砌筑用砖

常用砌筑用砖有烧结普通砖、煤渣砖、烧结多孔砖、烧结空心砖、蒸压灰砂砖等种类。烧结普通砖按主要原料分为黏土砖、页岩砖、煤矸石砖和粉煤灰砖。

烧结普通砖根据抗压强度分为 MU30、MU25、MU20、MU15、MU10 五个强度等级。

烧结普通砖根据尺寸偏差、外观质量、泛霜和石灰爆裂分为优等品、一等品、合格品三个质量等级。优等品适用于清水墙，一等品、合格品可用于混水墙。

烧结普通砖的外形为直角六面体，其公称尺寸为：长 240mm、宽 115mm、高 53mm。

2) 烧结普通砖砌体

砌筑前，砖应提前 1～2h 浇水湿润，砖含水率宜为 10%～15%。

砌筑方法有“三一”砌筑法、挤浆法（铺浆法）、刮浆法和满口灰法四种。通常宜采用“三一”砌筑法，即一铲灰、一块砖、一揉压的砌筑方法。当采用铺浆法砌筑时，铺浆长度不得超过 750mm，施工期间气温超过 30℃时，铺浆长度不得超过 500mm。

设置皮数杆：在砖砌体转角处、交接处应设置皮数杆，皮数杆上标明砖皮数，灰缝厚度以及竖向构造的变化部位。皮数杆间距不应大于 15m。在相对两皮数杆上砖上边线处拉水准线。

砖墙砌筑形式：根据砖墙厚度不同，可采用全顺、两平一侧、全丁、一顺一丁、梅花丁或三顺一丁等砌筑形式。

一砖厚承重墙的每层墙的最上一皮砖、砖墙阶台水平面上及挑出层，应整砖丁砌。砖墙挑出层每次挑出宽度应不大于 60mm。

砖墙灰缝宽度宜为 10mm，且不应小于 8mm，也不应大于 12mm。

砖墙的水平灰缝砂浆饱满度不得小于 80%；垂直灰缝宜采用挤浆或加浆方法，不得出现透明缝、瞎缝和假缝。

在砖墙上留置临时施工洞口，其侧边离交接处墙面不应小于 500mm，洞口净宽不应超过 1m，临时施工洞口应做好补砌。

不得在下列墙体或部位设置脚手眼：①120mm 厚墙、料石清水墙和独立柱；②过梁上与过梁成60°角的三角形范围及过梁净跨度1/2的高度范围内；③宽度小于1m的窗间墙；④砌体门窗洞口两侧200mm（石砌体为300mm）和转角处450mm（石砌体为600mm）范围内；⑤梁或梁垫下及其左右500mm范围内；⑥设计不允许设置脚手眼的部位。施工脚手眼补砌时，灰缝应填满砂浆，不得用干砖填塞。

砖墙的转角处和交接处应同时碓筑，严禁无可靠措施的内外墙分砌施工。对不能同时碱筑而又必须留置的临时间断处应砌成斜搓，斜槎水平投影长度不应小于高度的2/3。

非抗震设防及抗震设防烈度为6度、7度地区的临时间断处，当不能留斜槎时，除转角处外可留直槎，但直槎必须做成凸槎。留直槎处应加设拉结钢筋，拉结钢筋的数量为墙厚每增加120mm应多放置1ϕ6拉结钢筋（240mm厚墙放置2ϕ6拉结钢筋），间距沿墙高不应超过500mm，埋入长度从留槎处算起每边均不应小于500mm，对抗震设防烈度6度、7度地区，不应小于1000mm，末端应有90°弯钩。

设有钢筋混凝土构造柱的抗震多层砖房，应先绑扎钢筋，而后砌砖墙，最后浇筑混凝土。墙与柱应沿高度方向每500mm设2ϕ6钢筋（一砖墙），每边伸入墙内不应少于1m，构造柱应与圈梁连接；砖墙应砌成马牙槎，每一马牙槎沿高度方向的尺寸不超过300mm，马牙槎从每层柱脚开始，应先退后进。该层构造柱混凝土浇筑完之后，才能进行上一层的施工。

砖墙工作段的分段位置，宜设在变形缝、构造柱或门窗洞口处；相邻工作段的砌筑高度不得超过一个楼层高度，也不宜大于4m。

砖墙每日砌筑高度不宜超过1.8m；雨天施工时不宜超过1.2m。尚未施工楼板或屋面的墙或柱，当可能遇到大风时，其允许自由高度不得超过规范规定，否则，必须采取临时支撑等有效措施。

砖柱应选用整砖砌筑。砖柱断面宜为方形或矩形。砖柱砌筑应保证砖柱外表面上下皮垂直灰缝相互错开1/4砖长，砖柱不得采用包心砌法。

砖垛应与所附砖墙同时砌筑。砖垛应隔皮与砖墙搭砌，搭砌长度应不小于1/4砖长。砖垛外表面上下皮垂直灰缝应相互错开1/2砖长。多孔砖的孔洞应垂直于受压面砌筑。

空心砖墙砌筑时，空心砖孔洞应沿墙呈水平方向，上下皮垂直灰缝相互错开1/2砖长。空心砖墙底部宜砌3皮烧结普通砖。空心砖墙与烧结普通砖墙交接处，应以普通砖墙引出不小于240mm长与空心砖墙相接，并与隔2皮空心砖高在交接处的水平灰缝中设置2ϕ6拉结钢筋，拉结钢筋在空心砖墙中的长度不小于空心砖长加240mm。空心砖墙的转角处，应用烧结普通砖砌筑，砌筑长度角边不小于240mm。空心砖墙砌筑不得留槎，中途停歇时，应将墙顶砌平。空心砖墙中不得留置脚手眼，不得对空心砖及墙进行砍凿。

（5）混凝土小型空心砌块砌体工程

混凝土小型空心砌块分普通混凝土小型空心砌块和轻骨料混凝土小型空心砌块两种。普通混凝土小砌块施工前一般不宜浇水；当天气干燥炎热时，可提前洒水湿润小砌块；轻骨料混凝土小砌块施工前可洒水湿润，但不宜过多。龄期不足28d及表面有浮水的小砌块不得施工。

小砌块施工时，必须与砖砌体施工一样设立皮数杆、拉水准线。小砌块墙体每日砌筑高度宜控制在1.4m或一步脚手架高度内。小砌块砌筑应从转角或定位处开始，内外墙同时砌筑，纵横交错搭接。外墙转角处应使小砌块隔皮露端面；T字交接处应使横墙小砌块隔皮露端面。小砌块施工应对孔错缝搭砌，灰缝应横平竖直，宽度宜8～12mm。小砌块水平灰缝的砂浆饱满度，按净面积计算不得低于90%，竖向灰缝饱满度不得低于80%，不得出现瞎缝、透明缝等。小砌块砌体临时间断处应砌成斜槎，斜槎长度不应小于斜槎高度的2/3，如留斜槎有困难，除外墙转角处及抗震设防地区，砌体临时间断处不应留直槎外，可从砌体面伸出200mm砌成阴阳槎，并沿砌体高每3皮砌块（600mm）设拉结筋或钢筋网片。

2.3.2.3　钢结构工程

（1）钢结构材料

钢结构工程中，常用钢材有普通碳素钢、优质碳素结构钢、普通低合金钢三种。钢材的品种、规格、性能等应符合现行国家产品标准和设计要求。进口钢材产品的质量应符合设计和合同规定标准的要求。钢材进场正式入库前必须严格执行检验制度，经检验合格的钢材方可办理入库手续。钢材的堆放要便于搬运，要尽量减少钢材的变形和锈蚀，钢材端部应树立标牌，标牌应标明钢材规格、钢号、数量和材质验收证明书。

（2）钢结构构件的制作加工

钢结构构件生产的工艺流程和加工：

放样：包括核对图纸的安装尺寸和孔距，以1：1大样放出节点，核对各部分的尺寸，制作样板和样杆作为下料、弯制、铣、刨、制孔等加工的依据。

号料：包括检查核对材料，在材料上画出切割、铣、刨、制孔等加工位置，打冲孔，标出零件编号等。根据配料表和样板进行套裁，尽可能节约材料。应有利于切割和保证零件质量。当工艺有规定时，应按规定取料。

切割下料：包括氧割、气割、等离子切割等高温热源的方法和使用机切、冲模落料和锯切等机械力的方法。

平直矫正：包括型钢矫正机的机械矫正和火焰矫正等。

边缘及端部加工：方法有铲边、刨边、铣边、碳弧气刨、半自动和自动气割机、坡口机加工等。

滚圆：可选用对称三轴滚圆机、不对称三轴滚圆机和四轴滚圆机等机械进行加工。

煨弯：根据不同规格材料可选用型钢滚圆机、弯管机、折弯压力机等机械进行加工。当采用热加工成型时，一定要控制好温度，满足规定要求。

制孔：包括铆钉孔、普通连接螺栓孔、高强度螺栓孔、地脚螺栓孔等。制孔通常采用钻孔的方法，有时在较薄的不重要的节点板、垫板、加强板等制孔时也可采用冲孔。钻孔通常在钻床上进行，不便用钻床时，可用电钻、风钻和磁座钻加工。

钢结构组装：方法包括地样法、仿形复制装配法、立装法、胎模装配法等。

焊接：是钢结构加工制作中的关键步骤，要选择合理的焊接工艺和方法，严格按要求操作。

摩擦面的处理：可采用喷砂、喷丸、酸洗、打磨等方法，严格按设计要求和有关规定进行施工。

涂装：严格按设计要求和有关规定进行施工。

（3）钢结构构件的连接

钢结构的连接方法有焊接、普通螺栓连接、高强度螺栓连接和铆接，具体如下：

1）焊接

建筑工程中钢结构常用的焊接方法：按焊接的自动化程度一般分为手工焊接、半自动焊接和自动化焊接三种。

钢材的可焊性：是指在适当的设计和工作条件下，材料易于焊接和满足结构性能的程度。可焊性常常受钢材的化学成分、轧制方法和板厚等因素影响。为了评价化学成分对可焊性的影响，一般用碳当量（Ceq）表示，越小，钢材的淬硬倾向越小，可焊性就越好；反之，越大，钢材的淬硬倾向越大，可焊性就越差。

碳素结构应在焊缝冷却到环境温度、低合金结构钢应在完成焊接24h以后，进行焊缝探伤检验。

焊缝施焊后应在工艺规定的焊缝及部位打上焊工钢印。

焊条、焊丝、焊剂、电渣焊熔嘴等焊接材料与母材的匹配应符合设计要求及国家现行行业标准《建筑钢结构焊接技术规程》JGJ 81的规定。焊条、焊剂、药芯焊丝、熔嘴等在使用前，应按其产品说明书及焊接工艺文件的规定进行烘焙和存放。

焊工必须经考试合格并取得合格证书。持证焊工必须在其考试合格项目及其认可范围内施焊。

施工单位对其首次采用的钢材、焊接材料、焊接方法、焊后热处理等，应进行焊接工艺评定，并应根据评定报告确定焊接工艺。

设计要求全焊透的一、二级焊缝应采用超声波探伤进行内部缺陷的检验，超声波探伤不能对缺陷作出判断时，应采用射线探伤，其内部缺陷分级及探伤方法应符合现行国家标准《钢焊缝手工超声波探伤方法和探伤结果分级》GB 11345或《钢熔化焊对接接头射结照相和质量分级》GB 3323的规定。

焊接球节点网架焊缝、螺栓球节点网架焊缝及圆管T、K、Y形点相贯线焊缝，其内部缺陷分级及探伤方法应分别符合国家现行标准《焊接球节点钢网架焊缝超声波探伤方法及质量分级法》JG/T 3034.1、《螺栓球节点钢网架焊缝超声波探伤方法及质量分级法》JG/T 3034.2、《建筑钢结构焊接技术规程》JGG 81的规定。一级、二级焊缝的质量等级及缺陷分级应符合表2-5规定。

一、二级焊缝质量等级及缺陷分级 **表2-5**

焊缝质量等级		一　级	二　级
内部缺陷超声波探伤	评定等级	Ⅱ	Ⅲ
	检验等级	B级	B级
	探伤比例	100%	20%
内部缺陷射线探伤	评定等级	Ⅱ	Ⅲ
	检验等级	AB级	AB级
	探伤比例	100%	20%

注：探伤比例的计数方法应按以下原则确定：（1）对工厂制作焊缝，应按每条焊缝计算百分比，且探伤长度应不小于200mm，当焊缝长度不足200mm时，应对整条焊缝进行探伤；（2）对现场安装焊缝，应按同一类型、同一施焊条件的焊缝条数计算百分比，探伤长度应不小于200mm，并应不少于1条焊缝。

随着大型空间结构应用的不断增加，对于薄壁大曲率T、K、Y型相贯接头焊缝探伤，国家现行行业标准《建筑钢结构焊接技术规程》JGJ 81中给出了相应的超声波探伤方法和缺陷分级。网架结构焊缝探伤应按现行国家标准《焊接球节点钢网架焊缝超声波探伤及质量分级法》（JG/T 3034.1）和《螺栓球节点钢网架焊缝超声波探伤及质量分级法》（JG/T 3034.2）的规定执行。

规范规定要求全焊透的一级焊缝100%检验，二级焊缝的局部检验定为抽样检验。钢结构制作一般较长，对每条焊缝按规定的百分比进行探伤，且每处不小于200mm的规定，对保证每条焊缝质量是有利的。但钢结构安装焊缝一般都不长，大部分焊缝为梁-柱连接焊缝，每条焊缝的长度大多在250～300mm之间，采用焊缝条数计数抽样检测是可行的。

T形接头、十字接头、角接接头等要求熔透的对接和角对接组合焊缝，其焊脚尺寸不应小于t/4；设计有疲劳验算要求的吊车梁或类似构件的腹板与上翼缘连接焊缝的焊脚尺寸为t/2，且不应小于10mm。焊脚尺寸的允许偏差为0～4mm。

焊缝表面不得有裂纹、焊瘤等缺陷。一级、二级焊缝不得有表面气孔、夹渣、弧坑裂纹、电弧擦伤等缺陷。且一级焊缝不许有咬边、未焊满、根部收缩等缺陷。

对于需要进行焊前预热或焊后热处理的焊缝，其预热温度或后热温度应符国家现行有关标准的规定或通过工艺试验确定。预热区在焊道两侧，每侧宽度均应大于焊件厚度的1.5倍以上，且不应小于100mm；后热处理应在焊后立即进行，保温时间应根据板厚按每25mm板厚1h确定。

二级、三级焊缝外质量标准应符合规范规定。三级对接缝应按二级焊缝标准进行外观质量检验。

焊出凹形的角焊缝，焊缝金属与母材间应平缓过渡；加工成凹形的角焊缝，不得在其表面留下切痕。

焊缝感观应达到：外形均匀、成型较好，焊道与焊道、焊道与基本金属间过渡较平滑，焊渣和飞溅物基本清除干净。

2）螺栓连接

钢结构中使用的连接螺栓一般分为普通螺栓和高强度螺栓两种。

① 普通螺栓

常用的普通螺栓有六角螺栓、双头螺栓和地脚螺栓等。螺栓孔必须钻孔成型，严禁气割扩孔。对于精制螺栓（A、B级螺栓）必须是Ⅰ类孔；对于粗制螺栓（C级螺栓），螺栓孔为Ⅱ类孔。

普通螺栓常用的连接形式有平接连接、搭接连接和T形连接。螺栓排列主要有并列和交错排列两种形式。

普通螺栓的紧固：螺栓的紧固次序应从中间开始，对称向两边进行。螺栓的紧固施工以操作者的手感及连接接头的外形控制为准，对大型接头应采用复拧，即两次紧固方法，保证接头内各个螺栓能均匀受力。

永久性普通螺栓紧固质量，可采用锤击法检查，即用0.31m小锤，一手扶螺栓头（或螺母），另一手用锤敲，要求螺栓头（螺母）不偏移、不颤动、不松动，锤声比较干脆；否则，说明螺栓紧固质量不好，需重新紧固施工。

② 高强度螺栓

高强度螺栓按连接形式通常分为摩擦连接、张拉连接和承压连接等，其中，摩擦连接是目前广泛采用的基本连接形式。

安装高强度螺栓前，应作好接头摩擦面清理，摩擦面应保持干燥、整洁，不应有飞边、毛刺、焊接飞溅物、焊疤、氧化铁皮、污垢等，除设计要求外摩擦面不应涂漆。

施工前应对大六角头螺栓的扭矩系数、扭剪型螺栓的紧固轴力和摩擦面抗滑移系数进行复核，并对使用的扭矩扳手应按规定进行校准，扳前应对标定的扭矩扳手校核，合格后方能使用。

高强度螺栓连接应在其结构架设调整完毕后，再对接合件进行矫正，消除接合件的变形、错位和错孔，接合部摩擦面贴紧后，进行安装高强度螺栓。对每一个连接接头，应先用临时螺栓或冲钉定位，严禁把高强度螺栓作为临时螺栓使用。高强度螺栓的穿入，应在结构中心位置调整后进行，其穿入方向应以施工方便为准，每个节点整齐一致；螺母、垫圈均有方向要求，要注意正反面。高强度螺栓的安装应能自由穿入孔，严禁强行穿入。高强度螺栓连接中连接钢板的孔径略大于螺栓直径，并必须采取钻孔成型。高强度螺栓终拧后，螺栓丝扣外露应为2～3扣，其中允许有10%的螺栓丝扣外露1扣或4扣。

高强度螺栓的紧固方法高强度螺栓的紧固是用专门扳手拧紧螺母，使螺杆内产生要求的拉力。具体为：大六角头高强度螺栓的紧固：一般用两种方法拧紧，即扭矩法和转角法。

扭矩法是用能控制紧固扭矩的专用扳手施加扭矩，使螺栓产生预定的拉力。具体宜通过初拧、复拧和终拧达到紧固。如钢板较薄，板层较少，也可只作初拧和终拧。终拧前接头处各层钢板应密贴。初拧扭矩为施工扭矩的50%左右，复拧扭矩等于或略大于初拧扭矩，终拧扭矩等于施工扭矩。

转角法也宜通过初拧、复拧和终拧达到紧固。初拧、复拧可参照扭矩法，终拧是将复拧（或初拧）后的螺母再转动一个角度，使螺栓杆轴力达到设计要求。转动角度的大小在施工前按有关要求确定。

扭剪型高强度螺栓的紧固：也宜通过初拧、复拧和终拧达到紧固。初拧、复拧用定扭矩扳手，可参照扭矩法。终拧宜用电动扭剪型扳手把梅花头拧掉，使螺栓杆轴力达到设计要求。

高强度螺栓的安装顺序：应从刚度大的部位向不受约束的自由端进行。一个接头上的高强度螺栓，初拧、复拧、终拧都应从螺栓群中部开始向四周扩展逐个拧紧，每拧一遍均应用不同颜色的油漆做上标记，防止漏拧。同一接头中高强度螺栓的初拧、复拧、终拧应在24h内完成。

接头如有高强度螺栓连接又有电焊连接时，是先紧固高强度螺栓还是先焊接应按设计规定进行；如设计无规定时，宜按先紧固高强度螺栓后焊接（即先栓后焊）的施工工艺顺序进行。

高强度螺栓连接中，钢板摩擦面的处理方法通常有喷砂（丸）法、酸洗法、砂轮打磨法和钢丝刷人工除锈法等。

(4) 钢结构涂装

钢结构涂装工程通常分为防腐涂料（油漆类）涂装和防火涂料涂装两类。

1) 防腐涂料涂装

主要施工工艺流程：基面处理—底漆涂装—中间漆涂装—面漆涂装—检查验收。

涂装施工常用方法：一般可采用刷涂法、滚涂法和喷涂法。

施涂顺序：一般应按先上后下、先左后右、先里后外、先难后易的原则施涂，不漏涂，不流坠，使漆膜均匀、致密、光滑和平整。

涂料、涂装遍数、涂层厚度均应符合设计要求；当设计对涂层厚度无要求时，应符合规范要求。

对于有涂装要求的钢结构，通常在钢构件加工后涂装底漆。钢构件现场安装后再进行二次涂装，包括构件表面清理、底漆损坏部位和未涂部位进行补涂、中间漆和面漆涂装等。

2）防火涂料涂装

防火涂料按涂层厚度可分B、H两类。B类：薄涂型钢结构防火涂料，又称钢结构膨胀防火涂料，具有一定的装饰效果，涂层厚度一般为2～7mm，高温时涂层膨胀增厚，具有耐火隔热作用，耐火极限可达0.5～2h。H类：厚涂型钢结构防火涂料，又称钢结构防火隔热涂料。涂层厚度一般为8～50mm，粒状表面，密度较小、热导率低，耐火极限可达0.5～3h。

主要施工工艺流程：基层处理—调配涂料—涂装施工—检查验收。

涂装施工常用方法：通常采用喷涂方法施涂，对于薄涂型钢结构防火涂料的面装饰涂装也可采用刷涂或滚涂等方法施涂。

涂料种类、涂装层数和涂层厚度等应根据防火设计要求确定。施涂时，在每层涂层基本干燥或固化后，方可继续喷涂下一层涂料，通常每天喷涂一层。

3）防腐涂料和防火涂料的涂装

防腐涂料和防火涂料涂装时，操作者必须有特殊工种作业操作证（上岗证）。

涂装环境温度、湿度，应按产品说明书和规范规定执行，要做好施工操作面的通风，并做好防火、防毒、防爆措施。防腐涂料和防火涂料应具有相容性。

（5）钢结构安装

安装准备工作包括技术准备、机具准备、构件材料准备、现场基础准备和劳动力准备等。

1）钢柱安装

一般钢柱的刚性较好，吊装时通常采用一点起吊。常用的吊装方法有旋转法、滑行法和递送法。对于重型钢柱也可采用双机抬吊。

钢柱吊装回直后，慢慢插进地脚锚固螺栓找正平面位置。经过平面位置校正，垂直度初校、柱顶四面拉上临时缆风钢丝绳，地脚锚固螺栓临时固定后，起重机方可脱钩。再次对钢柱进行复校，具体可优先采用缆风绳校正；对于不便采用缆风绳校正的钢柱，可采用调撑杆或千斤顶校正。在复校的同时柱脚底板与基础间间隙垫紧垫铁，复校后拧紧锚固螺栓，并将垫铁点焊固定，并拆除缆风绳。

2）钢屋架安装

钢屋架侧向刚度较差，安装前需进行吊装稳定性验算，稳定性不足时应进行吊装临时加固，通常可在钢屋架上下弦处绑扎杉木杆加固。

钢屋架吊点必须选择在上弦节点处，并符合设计要求。吊装就位时，应以屋架下弦两端的定位标记和柱顶的轴线标记严格定位并临时固定。为使屋架起吊后不致发生摇摆，碰撞其他构件，起吊前宜在离支座节间附近用麻绳系牢，随吊随放松，控制屋架位置。第一榀屋架吊装就位后，应在屋架上弦两侧对称设缆风固定；第二榀屋架就位后，每坡宜用一个屋架间调整器，进行屋架垂直度校正。再固定两端支座，并安装屋架间水平及垂直支撑、檩条及屋面板等。

如果吊装机械性能允许，屋面系统结构可采用扩大拼装后进行组合吊装，即在地面上将两榀屋架及其上的天窗架/檩条、支撑等拼装成整体后一次吊装。

3）高层钢结构的安装

准备工作：包括钢构件预检和配套、定位轴线及标高和地脚螺栓的检查、钢构件现场堆放、安装机械的选择、安装流水段的划分和安装顺序的确定、劳动力的进场等。

多层及高层钢结构吊装，在分片区的基础上，多采用综合吊装法，其吊装程序一般是：平面从中间或某一对称节间开始，以一个节间的柱网为一个吊装单元，按钢柱→钢梁→支撑顺序吊装，并向四周扩展；垂直方向由下至上组成稳定结构，同节柱范围内的横向构件，通常由上向下逐层安装。采取对称安装、对称固定的工艺，有利于将安装误差积累和节点焊接变形降低到最小。安装时，一般按吊装程序先划分吊装作业区域，按划分的区域、平等顺序同时进行。当一片区吊装完毕后，即进行测量、校正、高强度螺栓初拧等工序，待几个片区安装完毕，再对整体结构进行测量、校正、高强度螺栓终拧、焊接。接着，进行下一节钢柱的吊装。

高层建筑的钢柱通常以 2～4 层为一节，吊装一般采用一点正吊。钢柱安装到位、对准轴线、校正垂直度、临时固定牢固后才能松开吊钩。安装时，每节钢柱的定位轴线应从地面控制轴线直接引上，不得从下层柱的轴线引上。在每一节柱子范围内的全部构件安装、焊接、栓接完成并验收合格后，才能从地面控制轴线引测上一节柱子的定位轴线。

同一节柱、同一跨范围内的钢梁，宜从上向下安装。钢梁安装完后，宜立即安装本节柱范围内的各层楼梯及楼面压型钢板。

结构安装时，应注意日照、焊接等温度变化引起的热影响对构件伸缩和弯曲引起的变化，并应采取相应措施。

压型金属板安装准备工包括压型钢板的板型确认，选定符合设计规定的材料（主要是考虑用于楼承板制作的镀锌钢板的材质、板厚、力学性能、防火能力、镀锌量、压型板的价格等经济技术要求）绘制压型钢板排布图（标准层压型钢板排板图、非标准层压型钢板排板图、标准节点做法详图、个别节点的做法详图、压型钢板编号、材料清单等）；完成已经安装完毕的钢结构安装、焊接、接点处防腐等工程的隐蔽验收。

2.3.3 建筑工程门窗、屋面等相关标准

2.3.3.1 门窗工程

（1）金属门窗工程

工艺流程：检查洞口尺寸、位置→门窗框安装→门窗框与洞口间填塞→门窗洞口抹灰→门窗扇安装→外门窗外侧耐候胶密封→验收。

施工工艺：

1）检查洞口尺寸和位置：安装前根据设计要求的安装位置，结合外墙抹灰，用经纬仪或吊钢丝，保证上、下窗在一条线上；同时根据室内的50线，保证每层窗在同一水平面上。

2）安装门窗框：在外墙抹灰施工前，根据门窗的水平、垂直控制线，将门窗框安装就位；安装时先将固定件与门窗框固定牢固，固定点距门窗角、中横、竖框为150～200mm，间距不大于600mm，且每边不少于两个；然后用木楔子等将门窗框固定在设计位置上，并调整准确，最后用膨胀螺栓或射钉枪将固定件固定在周围的墙体上。

3）门窗框与洞口间填塞：门窗框安装固定后，用柔性材料岩棉或聚氨酯泡沫，把门窗框的后部填塞密实。完成后边连同固定点一起办理隐蔽验收记录。

4）门窗口抹灰：详见内外墙抹灰。

5）门窗扇安装：室内外抹灰全部完成后，方可安装门窗扇，以防污染和损坏。

6）外门窗外侧耐候胶密封：在外墙饰面完成后，将门窗外侧周边留置的5mm×5mm的缝，用耐候胶密封。

施工要点：

1）金属门窗的品种、类型、规格尺寸、性能、开启方向、安装位置、连接方式及铝合金门窗的型材壁厚应符合设计要求金属门窗的防腐处理及填嵌密封处理应符合设计要求；

2）金属门窗扇必须安装牢固，并应开关灵活，关闭严密，无倒翘，推拉门窗扇必须有防脱落措施；

3）金属门窗框和副框的安装必须牢固，预埋件的数量位置埋设方式与框的连接方式必须符合设计要求。

（2）塑钢门窗工程

工艺流程：检查洞口尺寸、位置→门窗框安装→门窗框与洞口间填嵌→门窗洞口抹灰→门窗扇安装→外门窗外侧耐候胶密封→验收。

施工工艺：

1）检查洞口尺寸和位置：安装前根据图纸要求的安装位置，结合外墙抹灰，用经纬仪或吊钢丝，保证上、下窗在一条线上；同时根据室内的50线，保证每层窗在同一水平面上。

2）安装门窗框：在外墙抹灰施工前，根据门窗的水平、垂直控制线，将门窗框安装就位；用塑钢门窗专用的膨胀螺栓，将门窗框安装在门口上；固定点距门窗角、中、竖框为150～200mm，间距不大于600mm，且每边不少于两个。

3）门窗框与洞口间填嵌：门窗框安装固定后，用弹性材料或聚氨酯泡沫，把门窗框的后部填塞密实。完成后边连同固定点一起办理隐蔽验收记录。

4）门窗口抹灰：详见内外墙抹灰。

5）门窗扇安装：室内外抹灰全部完成后，方可安装门窗扇，以防污染和损坏。

6）外门窗外侧耐候胶密封：在外墙饰面完成后，将门窗外侧周边留置的5mm×5mm的缝，用耐候胶密封。

施工要点：

1）塑钢门窗的品种、类型、规格尺寸、开启方向、安装位置、连接方式及填嵌密封处理应符合设计要求，内衬增强型钢的壁厚及设置应符合国家现行产品标准的质量要求；

2）塑钢门窗框、副框和扇的安装必须牢固，固定片或膨胀螺栓的数量与位置应正确，连接方式应符合设计要求，固定点应距窗角中横框、中竖框150～200mm，固定点间距应不大于600mm；

3）塑钢门窗拼樘料内衬增强型钢的规格、壁厚必须符合设计要求，型钢应与型材内腔紧密吻合，其两端必须与洞口固定牢固，窗框必须与拼樘料连接紧密，固定点间距应不大于600mm；

4）塑钢门窗扇应开关灵活，关闭严密无倒翘，推拉门窗扇必须有防脱落措施；

5）塑钢门窗配件的型号、规格数量，应符合设计要求，安装应牢固，位置应正确，功能应满足使用要求；

6）塑钢门窗框与墙体间缝隙，应采用闭孔弹性材料填嵌饱满，表面应采用密封胶密封，密封胶应粘结牢固，表面应光滑顺直无裂纹。

（3）木门安装工程

工艺流程：检查洞口尺寸、位置→木门框安装→门窗框与洞口间填塞→门窗洞口抹灰→门窗扇安装→验收。

施工工艺：

1）检查洞口尺寸和位置：安装前根据设计要求的安装位置和室内的50线，确定木门的安装位置。

2）安装木门框：在抹灰施工前安装木门框，安装时先用木楔子将其临时固定，再用水平尺、靠尺将门位置调整准确；然后将门的连接件与墙体预埋的木砖连接牢固。连接点距门角为150～200mm，间距不大于600mm，且每边不少于两个，连接后办理隐蔽验收记录。木门框与墙体接触处，刷一道防腐漆。

3）门框与洞口间填塞：门窗框安装固定后，用水泥砂把门窗框的后部填塞密实。完成后连同固定点一起办理隐蔽验收。

4）门口抹灰：详见内外墙抹灰。

5）门扇安装：室内外抹灰全部完成后，方可安装门窗扇，以防污染和损坏。

施工要点

1）木门窗的木材品种材质、等级、规格尺寸、框扇的线型及人造木板的甲醛含量应符合设计要求，设计未规定材质等级时所用木材的质量应符合本规范附录A的规定；

2）木门窗应采用烘干的木材含水率应符合《建筑木门木窗》(JG/T 122）的规定；

3）木门窗的防火防腐防虫处理应符合设计要求；

4）木门窗的结合处和安装配件处，不得有木节或已填补的木节，木门窗如有允许限值以内的死节及直径较大的虫眼时，应用同一材质的木塞加胶填补，对于清漆制品木塞的木纹和色泽应与制品一致；

5）门窗框和厚度大于50mm的门窗扇应用双榫连接榫槽应采用胶料严密嵌合并应用胶楔加紧；

6）胶合板门纤维板门和模压门，不得脱胶，胶合板不得刨透表层单板，不得有戗槎。制作胶合板门纤维板门时，边框和横楞应在同一平面上，面层边框及横楞应加压胶粘结。横楞和上下冒头应各钻两个以上的透气孔透气孔应通畅；

7）木门窗的品种类型规格开启方向安装位置及连接方式应符合设计要求；

8）木门窗框的安装必须牢固，预埋木砖的防腐处理、木门窗框固定点的数量位置及固定方法应符合设计要求；

9）木门窗扇必须安装牢固并应开关灵活关闭严密无倒翘；

10）木门窗配件的型号、规格、数量应符合设计要求，安装应牢固，位置应正确，功能应满足使用要求。

（4）特种门安装工程

1）特种门的质量和各项性能应符合设计要求；

2）特种门的品种类型规格尺寸开启方向安装位置及防腐处理应符合设计要求；

3）带有机械装置、自动装置或智能化装置的特种门，其机械装置、自动装置或智能化装置的功能应符合设计要求和有关标准的规定；

4）特种门的安装必须牢固，预埋件的数量、位置、埋设方式与框的连接方式，必须符合设计要求；

5）特种门的配件应齐全，位置应正确，安装应牢固，功能应满足使用要求和特种门的各项性能要求；

（5）门窗玻璃安装工程

1）玻璃的品种规格尺寸色彩图案和涂膜朝向应符合设计，要求单块玻璃大于 $1.5m^2$ 时应使用安全玻璃；

2）门窗玻璃裁割尺寸应正确安装后的玻璃应牢固不得有裂纹损伤和松动；

3）玻璃的安装方法应符合设计要求，固定玻璃的钉子或钢丝卡的数量规格应保证玻璃安装牢固；

4）镶钉木压条接触玻璃处，应与裁口边缘平齐，木压条应互相紧密连接并与裁口边缘紧贴割角应整齐；

5）密封条与玻璃槽口的接触应紧密、平整，密封胶与玻璃槽口的边缘应粘结牢固接缝平齐；

6）带密封条的玻璃压条，其密封条必须与玻璃全部贴紧，压条与型材之间应无明显缝隙压条接缝应不大于 0.5mm。

2.3.3.2　屋面工程

屋面工程应根据建筑物的性质、重要程度、使用功能要求，将建筑屋面防水等级分为Ⅰ、Ⅱ、Ⅲ、Ⅳ，根据不同的防水等级规定防水层的材料选用及设防要求。

屋面防水工程一般包括屋面卷材防水、屋面涂膜防水、屋面刚性防水、瓦屋面防水、屋面接缝密封防水。屋面防水层严禁在雨天、雪天和五级以上大风时施工。其施工的环境气温条件要求应与所使用的防水层材料及施工方法相适应。

（1）屋面卷材防水施工

1）找平层

找平层的排水坡度应符合设计要求。平屋面采用结构找坡不应小于3%，采用材料找坡宜为2%；天沟、檐沟纵向找坡不应小于1%，沟底水落差不得超过20mm。

基层与突出屋面结构（女儿墙、山墙、天窗壁、变形缝、烟囱等）的交接处和基层的转角处，找平层均应做成圆弧形。内部排水的水落口周围，找平层应做成略低的凹坑。

找平层宜设分格缝，并嵌填密封材料。分格缝应留设在板端缝处，其纵横缝的最大间距：水泥砂浆或细石混凝土找平层，不宜大于6m；沥青砂浆找平层，不宜大于4m。

2）保温层

屋面保温层干燥有困难时，宜采用排气屋面排气道从保温层开始断开至防水层止。排气道通常设置间距宜为6m，屋面每$36m^2$宜设置一个排气孔，排气孔应作防水处理。

3）卷材铺贴方向

屋面坡度小于3%时，卷材宜平行屋脊铺贴；屋面坡度在3%～15%时，卷材可平行或垂直屋脊铺贴；屋面坡度大于15%或屋面受震动时，沥青防水卷材应垂直屋脊铺贴，高聚物改性沥青防水卷材和合成高分子防水卷材可平行或垂直屋脊铺贴；上下层卷材不得相互垂直铺贴。

4）卷材的铺贴方法

卷材防水层上有重物覆盖或基层变形较大时，应优先采用空铺法、点粘法、条粘法或机械固定法，但距屋面周边800mm内以及叠层铺贴的各层卷材之间应满粘；防水层采取满粘法施工时，找平层的分格缝处宜空铺，空铺的宽度宜为100mm；在坡度大于25%的屋面上采用卷材作防水层时，应采取防止卷材下滑的固定措施。

5）卷材铺贴顺序

屋面卷材防水层施工时，应先做好节点、附加层和屋面排水比较集中等部位的处理；然后，由屋面最低处向上进行。铺贴天沟、檐沟卷材时，宜顺天沟、檐沟方向，减少卷材的搭接。当铺贴连续多跨的屋面卷材时，应按先高跨后低跨、先远后近的次序。

6）卷材搭接

平行于屋脊的搭接缝，应顺流水方向搭接；垂直于屋脊的搭接缝，应顺年最大频率风向搭接。叠层铺贴的各层卷材，在天沟与屋面的交接处，应采用叉接法搭接，搭接缝应错开；搭接缝宜留在屋面或天沟侧面，不宜留在沟底。上下层及相邻两幅卷材的搭接缝应错开，各种卷材的搭接宽度应符合规范要求。

天沟、檐沟、檐口、泛水和立面卷材收头的端部应裁齐，塞入预留凹槽内，用金属压条钉压固定，最大钉距不应大于900mm，并用密封材料嵌填封严。

卷材防水层完工并经验收合格后，应做好成品保护。保护层的施工应符合下列规定：①绿豆砂应清洁、预热、铺撒均匀，并使其与沥青玛琋脂粘结牢固，不得残留未粘结的绿豆砂。②云母或蛭石保护层不得有粉料，铺撒应均匀，不得露底，多余的云母或蛭石应清除。也可以用附有铝箔或石英颗粒的卷材为面层卷材，直接作为防水保护层。③水泥砂浆保护层的表面应抹平压光，并设表面分格缝，分格面积宜为$1m^2$。④块体材料保护层应留设分格缝，分格面积不宜大于$100m^2$，分格缝宽度不宜小于20mm。⑤细石混凝土保护层，混凝土应密实，表面抹平压光，并留设分格缝。⑥浅色涂料保护层应与卷材粘结牢固，厚薄均匀，不得漏涂。⑦水泥砂浆、块材或细石混凝土保护层与防水层之间应设置隔离层。⑧刚性保护层与女儿墙、山墙之间应预留宽度为30mm的缝隙，并用密封材料嵌填严密。

(2) 屋面涂膜防水施工

屋面找平层及保温层的要求同屋面卷材防水施工，基层的干燥程度应视所用涂料特性确定。当采用溶剂型涂料时，屋面基层应干燥。

1）防水涂膜应分遍涂布，不得一次涂成。应待先涂布的涂料干燥成膜后，方可涂布后一遍涂料，且前后两遍涂料的涂布方向应相互垂直。

2）需铺设胎体增强材料时，当屋面坡度小于15%，可平行屋脊铺设；当屋面坡度大于15%，应垂直于屋脊铺设，并由屋面最低处向上进行。胎体增强材料长边搭接宽度不得小于 50mm，短边搭接宽度不得小于 70mm。采用二层胎体增强材料时，上下层不得相互垂直铺设，搭接缝应错开，其间距不应小于幅宽的 1/3。

3）涂膜防水层的收头，应用防水涂料多遍涂刷或用密封材料封严。

4）涂膜防水屋面应设置保护层。保护层材料可采用细砂、云母、蛭石、浅色涂料、水泥砂浆、块体材料或细石混凝土等。采用水泥砂浆、块体材料或细石混凝土时，应在涂膜与保护层之间设置隔离层。水泥砂浆保护层厚度不宜小于 20mm。

（3）屋面刚性防水施工

屋面刚性防水层主要分为普通细石混凝土防水层、补偿收缩混凝土防水层、块体刚性防水层、预应力混凝土防水层、钢纤维混凝土防水层，尤以前两种应用最为广泛。

1）刚性防水屋面应采用结构找坡，坡度宜为 2%～3%。天沟、檐沟应用水泥砂浆找坡，找坡厚度大于 20mm 时，宜采用细石混凝土。刚性防水层内严禁埋设管线。

2）刚性防水层应设置分格缝，分格缝内应嵌填垂封材料。分格缝应设在屋面板的支承端、屋面转折处、防水层与突出屋面结构的交接处，并应与板缝对齐。普通细石混凝土和补偿收缩混凝土防水层的分格缝，宽度宜为 5～30mm，纵横间距不宜大于 6m，上部应设置保护层。

3）刚性防水层与山墙、女儿墙、变形缝两侧墙体等突出屋面结构的交接处，应留宽度为 30mm 的缝隙，并应用密封材料嵌填；泛水处应铺设卷材或涂膜附加层。

4）细石混凝土防水层与基层间宜设置隔离层，隔离层可采用纸筋灰、麻刀灰、低强度等级砂浆、干铺卷材等。

5）细石混凝土防水层的厚度不应小于 40mm，并应配置直径为 4～6mm、间距为 100～200mm 的双向钢筋网片（宜采用冷拔低碳钢丝），且施工时应放置在混凝土中的上部；钢筋网片在分格缝处应断开，其保护层厚度不应小于 10mm。

（4）瓦屋面防水施工

瓦屋面适用于防水等级为Ⅱ、Ⅲ级以及坡度不小于 20%的屋面。

平瓦屋面与立墙及突出屋面结构等交接处，均应做泛水处理。天沟、檐沟的防水层，应采用合成高分子防水卷材、高聚物改性沥青防水卷材、沥青防水卷材、金属板材或塑料板材等材料铺设。

平瓦屋面的有关尺寸应符合下列要求：①脊瓦在两坡面瓦上的搭盖宽度，每边不小于 40mm；②瓦伸入天沟、檐沟的长度为 50～70mm；③天沟、檐沟的防水层伸入瓦内宽度不小于 150mm；④瓦头挑出封檐板的长度为 50～70mm；⑤突出屋面的墙或烟囱的侧面瓦伸入泛水宽度不小于 50mm。

（5）屋面细部构造

天沟、檐沟。①沟内附加层在天沟、檐沟与屋面交接处宜空铺，空铺的宽度不应小于 200mm；②卷材防水层应由沟底翻上至沟外檐顶部，卷材收头应用水泥钉固定，并用密封材料封严；③涂膜收头应用防水涂料多遍涂刷或用密封材料封严；④在天沟、檐沟与细石混凝土防水层的交接处，应留凹槽并用密封材料嵌填严密。

檐口。①铺贴檐口 800mm 范围内的卷材应采取满粘法，卷材收头应压入凹槽，采用金属压条钉压，并用密封材料封口；②涂膜收头应用防水涂料多遍涂刷或用密封材料封严；③檐口下端应抹出鹰嘴和滴水槽。

女儿墙泛水。①铺贴泛水处的卷材应采取满粘法；②砖墙上的卷材收头可直接铺压在女儿墙压顶下，压顶应做防水处理；也可压入砖墙凹槽内固定密封，凹槽距屋面找平层不应小于250mm，凹槽上部的墙体应做防水处理；③涂膜防水层应直接涂刷至女儿墙的压顶下，收头处理应用防水涂料多遍涂刷封严，压顶应做防水处理；④混凝土墙上的卷材收头应采用金属压条钉压，并用密封材料封严。

水落口。①水落口杯上口的标高应设置在沟底的最低处；②防水层贴入水落口杯内不应小于50mm；③水落口周围直径500mm范围内的坡度不应小于5%，并采用防水涂料或密封材料涂封，其厚度不应小于2mm；④水落口杯与基层接触处应留宽20mm、深20mm凹槽，并嵌填密封材料。

变形缝。①变形缝的泛水高度不应小于250mm；②防水层应铺贴到变形缝两侧砌体的上部；③变形缝内应填充聚苯乙烯泡沫塑料，上部填放衬垫材料，并用卷材封盖。变形缝顶部应加扣混凝土或金属盖板，混凝土盖板的接缝应用密封材料嵌填。

伸出屋面的管道。①管道根部直径500mm范围内，找平层应抹出高度不小于30mm的圆台；②管道周围与找平层或细石混凝土防水层之间，应预留20mm×20mm的凹槽，并用密封材料嵌填严密；③管道根部四周应增设附加层，宽度和高度均不应小于300mm；④管道上的防水层收头处应用金属箍紧固，并用密封材料封严。

2.4 民用建筑节能法规

2.4.1 民用建筑节能条例

根据有关统计资料，2007年我国建筑能源消耗已经占全国能源消耗总量的27.5%。尽管我国在保障新建建筑符合民用建筑节能标准和促进既有建筑节能改造方面，取得了较大的发展和进步，但调查显示，至2007年底全国仍有近30%的新建建筑尚未达到民用建筑节能标准。大型公共建筑单位面积耗电量是普通公共建筑的4倍。我国集中供热采暖综合利用效率大约为45%～70%，远远低于发达国家的水平。由于缺乏有效的民用建筑节能激励措施，既有建筑节能改造也举步维艰。由此可见，我国民用建筑节能潜力巨大。

2008年8月1日，温家宝总理签署中华人民共和国国务院令第530号，宣布《民用建筑节能条例》于2008年10月1日起施行。

《民用建筑节能条例》的颁布实施，首次为我国民用建筑节能的系统性管理、产业发展方向、产品开发应用等确立了法律制度，为加强对民用建筑节能的管理提供了法律保障。《民用建筑节能条例》的实施，在以下几方面起到极大的推动作用。

（1）建立健全了国家民用建筑节能管理体系

1）明确了民用建筑节能规划的编制及标准的制定与颁布部门

国务院建设主管部门负责编制全国民用建筑节能规划，根据国家的总体技术水平和要求，制定相关标准并颁布实施。县级及以上地方人民政府建设主管部门负责本区域的民用建筑节能规划的编制，同时，鼓励地方编制、采用优于国家标准的地方民用建筑节能标准。

2）明确了民用建筑节能标准实施的责任主体及其相关的法律责任

建设单位、设计单位、监理单位、施工单位、材料设备供应单位作为民用建筑节能标准实施的责任主体，在各自的范围内遵守民用建筑节能标准的规定。对违反规定的承担相应的法律责任，接受相应的处罚。特别明确了对注册执业人员执行民用建筑节能强制性标准具体要求，以及违反民用建筑节能强制性标准的法律责任。

3）确立了国家监督管理机构

国务院建设主管部门负责全国的民用建筑节能监督管理工作。县级及以上地方人民政府建设主管部门负责本区域的民用建筑节能监督管理工作。

（2）对民用建筑节能工作提出了具体要求

1）对于新建建筑：

从民用建筑节能的新技术、新材料、新设备、新工艺等方面进行推广。对落后的、高能耗的技术、材料和设备、工艺进行限制使用或者淘汰。

对于相关的责任主体提出具体要求。责任主体包括：建设行政主管部门、施工图设计文件审查机构、建设单位和建筑使用单位、设计单位、监理单位、施工单位等。从而从源头上遏制建筑能源过度消耗，防止边建设高能源消耗建筑、边进行节能改造的恶性循环。

2）对于既有建筑：

对不符合民用建筑节能强制性标准的建筑，由县级及以上地方人民政府建设主管部门制定建筑节能改造计划，明确节能改造目标、范围和要求，报本级人民政府批准后组织实施。

对于居住建筑不符合民用建筑节能强制性标准的，在尊重建筑所有人意愿的基础上，结合扩建、改建，逐步实施节能改造。并对集中供热的建筑安装供热系统调控装置和用热计量装置。

3）确定了民用建筑节能改造的资金来源

民用建筑节能改造的资金采取由政府、建筑所有者共同负担。

（3）对新能源、可再生能源的开发利用进行政策上、资金上、税收上的鼓励和扶持

要求有关政府应当安排民用建筑节能资金，用于支持民用建筑节能的科学技术研究和标准制定、既有建筑围护结构和供热系统的节能改造、可再生能源的应用，以及民用建筑节能示范工程、节能项目的推广。对在民用建筑节能工作中做出显著成绩的单位和个人，按照国家有关规定给予表彰和奖励。

政府引导金融机构对既有建筑节能改造、可再生能源的应用，以及民用建筑节能示范工程等项目提供支持。民用建筑节能项目依法享受税收优惠。

2.4.2 民用建筑节能管理规定

随着我国经济的快速发展，人民生活水平的大幅度提高，对工作与居住的环境质量品质也进一步提升，相应的能源消费在一段时间内迅速膨胀。能源需求旺盛与能源供应短缺的矛盾日益突出。特别是民用建筑作为能源消耗大户，长期处于无节能标准、无相关法律保障的境地。

为了使有限的能源供给得到合理高效的利用，尽可能减少能源的浪费，并改善室内热环境，依据《中华人民共和国节约能源法》、《中华人民共和国建筑法》和有关行政法规，中华人民共和国建设部第76号令于2000年2月18日正式发布，《民用建筑节能管理规定》自2000年10月1日起施行。

《民用建筑节能管理规定》（第76号）对民用建筑节能在适用范围、责任主体及其法

律责任、节能技术改造的资金安排、节能产业的发展方向等方面进行了规定。

经过几年的实践，《民用建筑节能管理规定》（第76号）已经不能满足发展的需要。在《民用建筑节能管理规定》（第76号）的基础上，中华人民共和国建设部于2005年11月1日再次发布第143号令，新的《民用建筑节能管理规定》（第143号）于2006年1月1日起施行。

《民用建筑节能管理规定》（第143号）在以下几个方面进行了详细的规定。

（1）适用范围

《民用建筑节能管理规定》（第143号）适用于民用建筑，包括既有的和新建的居住建筑与公共建筑。其实施是为了加强民用建筑节能管理，提高能源利用效率，改善室内热环境质量。

（2）国家节能管理体系的建立

1）民用建筑节能规划和标准的制定与实施

国务院建设行政主管部门根据建筑节能发展状况和技术先进、经济合理的原则，组织制定建筑节能相关标准，建立和完善建筑节能标准体系。县级以上地方人民政府建设行政主管部门可以制定严于国家民用建筑节能标准的地方标准或实施细则。

省、自治区、直辖市以及设区城市人民政府建设行政主管部门应当根据本地区的节能规划，制定本地区民用建筑节能专项规划，并组织实施。

2）明确民用建筑节能责任主体及其法律责任

《民用建筑节能管理规定》（第143号）明确建设单位、设计单位、工程监理单位、施工单位作为民用建筑节能工作具体实施的责任主体，在各自的责任范围内遵守民用建筑节能管理的相关规定并对违反规定的行为承担相应的法律责任。

3）确立了民用建筑节能工作的监督管理机构

国务院建设行政主管部门负责全国民用建筑节能的监督管理工作。县级以上地方人民政府建设行政主管部门负责本行政区域内民用建筑节能的监督管理工作。

4）确立了民用建筑节能工作的发展方向

国家鼓励和促进新型能源、可再生能源开发和利用；鼓励发展建筑节能技术和产品；推广应用节能型建筑、结构、材料、用能设备和附属设备及相应的施工工艺、应用技术和管理技术；淘汰落后的、高能耗的、对环境污染较大的技术和产品。

鼓励多元化、多渠道投资既有建筑的节能改造，鼓励研究制定本地区既有建筑资金筹措办法和相关激励政策。

2.4.3 公共建筑节能改造技术规范

具有关统计资料，我国现有公共建筑面积约45亿m^2，占城乡房屋建筑总面积的10.7%，但公共建筑能耗约占总能耗的20%。因此，公共建筑节能潜力巨大。为了降低公共建筑的能源消耗，对既有公共建筑进行建筑节能改造已成为国家能源政策的一个重要部分。为此，建设部根据《民用建筑节能条例》的有关规定，组织编制并批准发布了《公共建筑节能改造技术规范》JGJ 176标准，并于2009年12月1日起实施。

《公共建筑节能改造技术规范》JGJ 176的发布实施，为我国的公共建筑节能改造提供了技术标准。

2.4.3.1 对公共建筑的节能诊断

节能诊断的基础是对公共建筑的工程竣工图及技术文件、房屋修缮和设备改造记录、相关设备的技术参数及近12年的运行记录以及有关能源消费账单、按照《公共建筑节能检测标准》进行检测的结果等。

具体检测的项目及其能耗性能参数如下：外围护结构热工性能及其相关参数；采暖与通风空调及生活热水供应系统及其相关能耗参数；供配电系统及其相关能耗参数；照明系统及其相关能耗参数；监测与控制系统的节能诊断。

经过对以上系统的检测与诊断，对建筑整体的能耗进行综合诊断提出节能改造方案，进行节能改造的技术经济分析，编制节能诊断总报告，为建筑的节能改造提供科学的依据。

2.4.3.2 节能改造判定原则与方法

公共建筑进行节能改造前，应根据节能诊断总报告，结合建筑的使用特点、各个系统运行的能源消耗等，对节能改造的必要性进一步进行判定。

公共建筑节能改造应根据需要，采取以下一种或多种方法进行判定：

（1）单项判定

1）外围护结构单项判定

当建筑结构或防火等方面的需要改造时，宜同步进行外围护结构方面的节能改造；

当建筑外墙、屋面、透明幕墙、屋面透明部分的热工性能不满足相关现行标准时，需分别对其进行节能改造。

2）采暖与通风空调及生活热水供应系统

当冷热源设备达到使用年限或环保要求进行改造时，宜进行节能改造；对各类热源机组、冷水机组、空调机组及相关设备性能落后、能耗高于现行标准、运行不经济的系统进行节能改造。对供配电系统中要淘汰的设备、运行不经济的设备或系统进行节能改造。对照明系统中照明功率超过现行规定限值的照明系统、未设置合理自动控制的照明系统、未合理利用自然光的照明系统均应该进行节能改造。对未设置监测与控制系统的公共建筑，应根据监测对象进行节能改造；对监测与控制系统不能正常运行，或者运行不能满足相关节能要求的，应进行节能改造。

（2）分项判定

经过技术经济分析，对外围护结构、采暖与通风空调及生活热水供应系统、采用节能灯具等按分项进行判定，进行节能改造。

（3）综合判定

经过技术经济分析，通过改善外围护结构的热工性能，提高采暖与通风空调及生活热水供应系统、照明系统的效率。保证相同的室内热环境参数的前提下，进行节能改造。

2.4.3.3 节能改造项目及技术要求

（1）外围护结构热工性能改造

包括对外墙、屋面及非透明幕墙、门窗、透明幕墙与采光顶等的节能改造；

节能改造遵从《公共建筑节能设计标准》GB 50189 规定的节能标准，同时，还应满足现行相关规范标准的要求。

（2）采暖与通风空调及生活热水供应系统改造

公共建筑节能改造后，采暖与通风空调系统应具备室温调节与控制的功能；

冷热源系统、输配系统及末端系统经过节能改造，满足相关现行节能标准的规定和要求。

（3）供配电与照明系统改造

供配电和照明系统的节能改造工程施工质量应符合《建筑节能工程施工质量验收规范》GB 50411 和《建筑电气工程施工质量验收规范》GB 50303 的要求。施工中应有保障临时用电的技术措施；

供配电系统的节能改造应合理利用原有的系统。必要时，重新进行用电负荷计算；

照明系统的节能改造在满足《建筑照明设计标准》的同时，还应采用集中监控系统进行自动控制，并充分利用自然光照明。

（4）监测与控制系统

监测与控制系统的节能改造应根据被监控对象，采取合理监测与控制措施，并符合《公共建筑节能设计标准》GB 50189 的规定；

采暖与通风空调及生活热水供应系统监测与控制的节能改造，应满足对系统设备的运行参数、能耗计量、设备运行状态等相关数据显示、数据收集的要求；

供配电和照明系统的监测与控制节能改造，应满足对系统电压、电流、有功功率、功率因数等的监测与控制系统集成，满足用电分项计量的要求。

（5）可再生能源利用

公共建筑进行节能改造时，应优先利用可再生能源，如地源热泵系统、太阳能系统。

2.4.3.4 节能改造综合评估

公共建筑节能改造后，应对节能改造的效果，采用节能量进行评估。

节能改造的效果可按以下三种方法进行评估：测量法；账单分析法；校准化模拟法。

评估时，应按评估方法，遵从科学的步骤，依据科学的数据进行评估。

2.4.4 绿色建筑评价标准

2.4.4.1 评价标准

为了完善民用建筑节能管理体系，进一步贯彻执行节约资源和保护环境的国家技术经济政策，推进可持续发展，2006 年 3 月 7 日建设部与国家质量监督检验检疫总局联合发布由建设部主编和批准的《绿色建筑评价标准》GB/T 50378。该标准的实施，为我国的民用建筑节能管理体系增加了建筑后评价标准，填补了民用建筑节能管理体系中对建筑节能效果进行评价的空白。

绿色建筑评价的对象：新建、改建与扩建的住宅建筑或公共建筑的建筑群或单体。

绿色建筑评价指标体系：节地与室外环境、节能与能源利用、节水与水资源利用、节材与材料资源利用、室内环境质量和运营管理六大类。

绿色建筑评价等级的划分如表 2-6 和表 2-7。

划分绿色建筑等级的项数要求（住宅建筑） **表 2-6**

等级	一般项数（共 40 项）						优选项数（9 项）
	节地与室外环境（8 项）	节能与能源利用（6 项）	节水与水资源利用（6 项）	节材与材料资源利用（7 项）	室内环境质量（6 项）	运营管理（7 项）	
★	4	2	3	3	2	4	—
★★	5	3	4	4	3	5	3
★★★	6	4	5	5	4	6	5

划分绿色建筑等级的项数要求（公共建筑） **表 2-7**

等 级	一般项数（共 43 项）						优选项数（14 项）
	节地与室外环境（6 项）	节能与能源利用（10 项）	节水与水资源利用（6 项）	节材与材料资源利用（8 项）	室内环境质量（6 项）	运营管理（7 项）	
★	3	4	3	5	3	3	—
★★	4	6	4	6	4	4	6
★★★	5	8	5	7	5	5	10

绿色建筑评价的时间为在其投入使用一年后进行。

2.4.4.2 评价案例

某街道办事处一栋 5 层的办公楼，经过一年半改建完成，现在已经投入使用 15 个月。街道办事处为了对办公楼的建筑节能状况进行评估，在改建前期对办公楼的室内外环境进行了重新规划设计，在规划、设计、施工、投入使用期间，按照《绿色建筑评价标准》GB/T 50378—2006 第 5 章的项目，收集了相关资料，详情如下：

（1）节地与室外环境

控制项 5 项（1～5），全部满足；

一般项 6 项（6～11），满足 5 项，其中（11）项不满足；

优选项 3 项，全部满足。

（2）节能与能源利用

控制项 5 项（1～5），全部满足；

一般项 10 项（6～15），满足 7 项。其中（9，10，14，）项不满足；

优选项 4 项（16～19），满足 3 项。其中（17）项不满足。

（3）节水与水资源利用

控制项 5 项（1～5），全部满足；

一般项 6 项（6～11），满足 5 项，其中（8）不满足；

优选项 1 项（12），全部满足。

（4）节材与材料资源利用

控制项 2 项（1～2），全部满足；

一般项 8 项（3～10），满足 6 项，其中（8，10）项不满足；

优选项 2 项，全部满足。

（5）室内环境质量

控制项 6 项（1～6），全部满足；

一般项 5 项（7～12），满足 5 项，

优选项 3 项（13～15），满足 2 项，其中（14）项不满足。

（6）运营管理

控制项 3 项（1～3），全部满足；

一般项 7 项（4～10），全部满足；

优选项 1 项（11），全部满足。

按照以上资料对该办公楼进行绿色建筑星级评价如下：

（1）该建筑是改建的办公楼，属于按照《绿色建筑评价标准》GB/T 50378 评价标准

体系进行绿色建筑评价的对象。

(2) 该办公楼已经投入使用超过一年，收集的运营数据满足《绿色建筑评价标准》GB/T 50378 评价的要求。

(3) 按照六类指标评价如绿色建筑评价案例表，见表 2-8。

绿色建筑评价案例表 表 2-8

等 级	一般项数（共 42 项）						优选项数（14 项）
	节地与室外环境（6 项）	节能与能源利用（10 项）	节水与水资源利用（6 项）	节材与材料资源利用（8 项）	室内环境质量（5 项）	运营管理（7 项）	
2	5	7	6	6	5	7	12

将以上表中的数据与表 2 划分绿色建筑等级的项数要求（公共建筑）相比较，其中节能与能源利用 7<8，节材与材料资源利用 6<7，达不到★★★标准，满足★★标准。

对该办公楼进行绿色建筑评价的结论为：该办公楼建筑符合绿色建筑★★标准。

2.4.5 《建筑节能工程施工质量验收规范》GB 50411

为了贯彻落实科学发展观，统一建筑节能工程施工质量验收标准，提高建筑节能效果，由中华人民共和国建设部组织《建筑节能工程施工质量验收规范》编制人员，在进行了广泛的调查研究，并以多种方式广泛征求了国内外众多的科研机构、设计院所、施工企业、检测站、监理单位等相关单位的意见，依据相关现行规范标准，总结了近年来我国建筑工程在节能方面的设计、施工、验收、运行管理经验，完成了第一部建筑节能工程施工验收国家规范。2007 年 1 月 16 日中华人民共和国建设部发布第 554 号公告，批准《建筑节能工程施工质量验收规范》GB 50411 于 2007 年 10 月 1 日起施行。《建筑节能工程施工质量验收规范》GB 50411 作为建筑节能工程施工质量验收标准，主要是从验收的角度对施工质量提出的要求和规定，适用的范围是新建、改建和扩建的民用建筑。因此，其中的要求和规定，不能也不应是全面的要求，还需要与其他规范标准配合使用。

《建筑节能工程施工质量验收规范》GB 50411 在技术与管理、材料与设备、施工与控制、工程验收的划分四个方面作了基本规定。对民用建筑工程中的墙体、幕墙、门窗、屋面、地面、采暖、通风与空调、空调与采暖系统的冷热源及管网、配电与照明、监测与控制等节能工程，按照一般规定、主控项目、一般项目进行了要求和规定。

2.4.5.1 掌握建筑节能分项工程和检验批的划分和验收方法

建筑节能工程为单位建筑工程的一个分部工程，按规范规定的节能验收内容的表进行，见表 2-9。各个分项工程和检验批的验收内容除了按表格内容外，还应该将本分项工程和检验批涉及的其他工序和结构与构造进行同步验收。

节能验收内容表 表 2-9

序 号	分项工程	主要验收内容
1	墙体节能工程	主体结构基层；保温材料；饰面层等
2	幕墙节能工程	主体结构基层；隔热材料；保温材料；隔汽层；幕墙玻璃；单元式幕墙板块；通风换气系统；遮阳设施；冷凝水收集排放系统等
3	门窗节能工程	门；窗；玻璃；遮阳设施等

续表

序　号	分项工程	主要验收内容
4	屋面节能工程	基层；保温隔热层；保护层；面层等
5	地面节能工程	基层；保温层；保护层；面层等
6	采暖节能工程	系统制式；散热器；阀门与仪表；热力入口装置；保温材料；调试等
7	通风与空调节能工程	系统制式；通风与空调设备；阀门与仪表；绝热材料；调试等
8	空调与采暖系统的冷热源及管网节能工程	系统制式；冷热源设备；辅助设备；管网；阀门与仪表；绝热与保温材料；调试等
9	配电与照明节能工程	低压配电电源；照明光源；灯具；附属装置；控制功能；调试等
10	监测与控制节能工程	冷、热源系统的监测控制系统；空调水系统的监测控制系统；通风与空调系统的监测控制系统；监测与计量装置；供配电的监测控制系统；照明自动控制系统；综合控制系统等

在编制单位工程施工组织设计时，应将建筑节能工程的分部工程、分项工程、检验批随单位工程的其他分部工程、分项工程、检验批划分时一并划分，并作为施工组织设计的一部分报相关部门（通常是监理机构、建设单位等）批准后实施。

由于建筑节能工程的特殊性，建筑节能验收本来是属于专业验收的范畴，建筑节能工程验收的分项工程、检验批的划分可以与施工流程和施工段的划分相一致，同时方便施工、方便验收。但要注意以下几点：

（1）正确理解表 2-9 中 10 个分项工程验收的内容。由于建筑节能工程的 10 个分项工程中与已有的《建筑工程施工质量验收统一标准》GB 50300 和各个专业验收规范的分项工程验收存在部分交叉重复，为了与已有的分部分项工程划分协调一致，表 2-9 中的各个分项工程的验收是指对相应的分部（子分部）分项工程中的节能性能进行的验收。

（2）建筑节能工程应按分项工程验收。这是由建筑节能工程验收的内容复杂，综合性强决定的。由于有的节能分项工程（如调试分项）不能再继续向下划分为检验批，因此，可以把分项工程作为最小的验收单位进行报验验收。这与其他专业工程验收标准中规定检验批为最小验收单位是不一样的。

（3）允许特殊情况下打破常规，采取建设单位、监理单位、设计单位、施工单位等各方协商一致来划分验收范围进行验收。但验收项目、验收标准和验收记录均应遵守《建筑节能工程施工质量验收规范》GB 50411 的相关要求和规定。

（4）单位工程中有关建筑节能工程的项目验收时应按《建筑节能工程施工质量验收规范》GB 50411 的相关要求和规定，单独填写检查与验收记录表格，作为建筑节能工程验收记录并单独组卷，成为完整的建筑节能工程验收档案。这就要求，不管涉及的节能工程是否已经按照其他分部分项工程验收，均应该按照建筑节能工程的项目进行验收，并填写检查与验收记录表格，否则就违反了《建筑节能工程施工质量验收规范》GB 50411 的相关要求和规定。

2.4.5.2　掌握建筑节能工程各个分项工程质量控制与验收的重点

《建筑节能工程施工质量验收规范》GB 50411 的相关要求和规定根据建筑节能工程的各个分项工程不同，在验收中的侧重点有所区别。有的分项强调对材料的实验检验验收，有的分项关注施工节点的隐蔽，有的还要进行现场实体检测。因此，我们在对不同的节能工程分项进行施工、检查验收时，重点要针对各个节能工程分项所包含的保温隔热材料、节能产品的成品半成品、涉及节能工程质量的设备等进行重点把关。

建筑节能分部工程包含的分项工程有：墙体节能工程、幕墙节能工程、门窗节能工程、屋面节能工程、地面节能工程、采暖节能工程、通风与空调节能工程、空调与采暖系统冷热源及管网节能工程、配电与照明节能工程、监测与控制节能工程。

（1）墙体节能工程

1）墙体材料节能质量控制与验收

在验收墙体节能工程使用的保温隔热材料时，除了对材料的常规性能质量进行检查、核查验收外，重点应对其导热系数、密度、抗压强度或压缩强度、燃烧性能进行验收。由于燃烧性能指标一般在消防验收中有严格的要求，相对来讲，导热系数、密度、抗压强度或压缩强度等节能指标是在质量验收中应更加注重的内容。

保温隔热材料的导热系数、密度、抗压强度或压缩强度等节能指标不能通过现场常用方法进行检验，只能对进场的有出厂合格证等质量证明文件的保温隔热材料的厚度进行现场检查的同时，通过专业人员在现场见证取样后，送有相关资质的检测检验机构，获得复试报告。

现场见证取样送检的批量也应该按照有关的要求和规定，足量足批，不得漏检。

在墙体节能工程的验收中，有一项指标是可能被弱化或者漏验收的，即用于有节能要求的墙体的粘结材料。有节能要求的墙体的粘结材料作为节能系统的重要部分，应按照《建筑节能工程施工质量验收规范》GB 50411 的相关要求和规定，进行粘结强度等见证取样试验。墙体节能工程包含的墙体一般只限于建筑围护结构的墙体，其他部位的墙体不进入墙体节能工程进行建筑节能工程的报验与验收。

2）墙体节能节点施工质量控制与验收要点。①保温板材与基层及各构造层之间的粘结与连接，按设计要求值进行现场拉拔试验；②保温浆料的分层施工，按设计及规范要求现场制作见证取样抽样试件；③严寒和寒冷地区外墙热桥保温等的保温等隔断热桥措施；④交接口的加强处理、密封处理等；预埋件或后置锚固件的固定，按设计要求值进行现场拉断试验确定；⑤隔汽层与排水构造、防水构造措施；⑥耐久性和安全性、耐候性；⑦建筑节能工程使用外保温定型产品或成套技术的，要有做型式检验报告，其专业型式检验报告报告中应包含安全性和耐候性检验结论。

3）墙体节能工程分项验收

墙体节能工程分项验收包括材料检验验收、施工过程工序验收含隐蔽验收、检验批验收等。墙体节能工程分项包含的检验批全部验收完成后，经过施工项目部自检验收合格，最后报监理单位（建设单位）验收。

监理单位（建设单位）工程师组织验收时发现有不合格的，施工单位项目部应组织进行整改。整改完毕，再按以上程序进行验收，直至合格。

4）对墙体节能工程的现场实体进行构造钻芯检验验收

墙体节能工程现场实体进行构造钻芯检验是作为墙体节能工程完成后、建筑节能工程分部工程验收前进行的符合性检验。墙体节能工程现场实体进行构造钻芯检验应在外墙施工完成后、建筑节能工程分部工程验收前进行。

墙体节能工程现场实体进行构造钻芯检验的抽检见证取样部位应具有代表性，见证取样部位还应由监理（建设单位）与施工单位双方共同确定，并不得在外墙施工前预先确定。

当取样检测检验结果不符合设计要求时，应委托具备检测资质的见证检测机构增加一倍数量再次见证取样检验，仍不符合设计要求时应判定围护结构节能构造不符合设计要求。此时应根据检验结果委托原设计单位或其他有资质的设计单位重新验算房屋的热工性能，提出技术处理方案。同时还应按相关要求重新进行节能审查或备案。

(2) 幕墙节能工程

1) 幕墙材料、构件的质量控制与验收

幕墙节能工程使用的保温隔热材料、构件的质量检查验收，除了按照相关常规的项目进行验收外，重点指标还应包括：①保温材料：导热系数、密度、厚度等；②幕墙玻璃：传热系数、遮阳系数、可见光透射比、中空玻璃露点；③隔热型材：抗压强度、抗剪强度、热变形性能等。

以上指标，经过对材料的出厂合格证明文件及国家和地方验收时要求提供的文件的查验，同时对进场（加工现场和施工安装现场）材料进行见证取样试验检验合格后，方可进行下一道工序的施工。

2) 幕墙工程重点节能性能施工质量控制要点

幕墙工程的节能性能与幕墙工程的单元及节点密切相关，合理的幕墙单元或节点，将为建筑的节能性能提供良好的保温效果。

幕墙工程的单元及节点包括：典型单元、典型拼缝、典型可开启部分、遮阳设施、密封条、隔断热桥措施、伸缩缝的保温或密封、沉降缝的保温或密封、抗震缝的保温或密封等。

幕墙工程重点节能性能之一是气密性。幕墙工程气密性通过现场抽取材料和配件，在检测试验室安装制作后，进行气密性能试验检验。进行气密性能检测的试件包括幕墙的典型单元、典型拼缝、典型可开启部分。由于目前建筑业专业化程度已达到一定的水平，幕墙典型单元基本上是在工厂进行。因此，施工中对于工厂制作质量的控制也是施工单位工程项目负责人的质量工作重点之一。同时，施工现场的单元式幕墙板块组装拼缝的质量好坏，也直接影响幕墙工程的气密性能。特别是密封膏、密封条等的施工安装，施工项目负责人必须严格要求施工操作人员按照相关施工规程或工法规定的工序进行，不得偷逃工序，更不能减少工程用料。

幕墙节能工程的遮阳构件的材质、遮阳构件的构造关系到系统的光学性能、耐久性、安全性、使用的灵活性等性能，施工中必须按照设计要求进行控制。

幕墙玻璃是决定玻璃幕墙节能性能的关键构件。镀（贴）膜玻璃的安装方向和位置等，特别是低辐射玻璃（Low-E 玻璃），必须按照设计要求，在加工制作、运输、安装等过程中进行控制。特别是对在工厂随单元板块加工过程安装好的密封条、保温材料、隔汽层、凝结水收集装置等，应在单元板块运输的现场后，再次进行检查验收。

3) 幕墙节能工程分项验收

幕墙节能工程分项验收包括材料检验验收、施工过程工序验收（含隐蔽验收）、检验批验收等。幕墙节能工程分项包含的检验批全部验收完成后，经过施工项目部自检验收合格，最后报监理单位（建设单位）验收。

监理单位（建设单位）工程师组织验收时发现有不合格的，施工单位项目部应组织进行整改。整改完毕，再按以上程序进行验收，直至合格。

（3）门窗节能工程

门窗在建筑节能工程中的质量控制与验收主要是对建筑外门窗的质量控制与验收，包括普通门窗、凸窗、天窗、倾斜窗、不封闭阳台的门连窗等的质量控制与验收。

1）门窗节能工程施工质量的控制

相对于幕墙节能工程，门窗节能工程中窗的节能工程质量的控制与验收可以参考幕墙节能工程的部分要求。比如：建筑外窗的气密性、中空玻璃露点、玻璃的遮阳系数、玻璃的可见光透射比等。有检测要求的同样也有进行见证取样检测验收。

由于我国幅员辽阔，南北差异、地区差异千差万别，为了方便对门窗节能工程质量统一验收标准，《建筑节能工程施工质量验收规范》GB 50411 规范对不同的气候情况地区类别进行了适当归纳，按照严寒与寒冷地区、夏热冬冷地区、夏热冬暖地区分别对建筑外窗的节能性能进行见证取样送检复验。要求如下：①严寒、寒冷地区：气密性、传热系数、中空玻璃露点；同时，对气密性做现场实体检测检验；②夏热冬冷地区：气密性、传热系数、玻璃遮阳系数、可见光透射比、中空玻璃露点；同时，对气密性做现场实体检测检验；③夏热冬暖地区：气密性、玻璃遮阳系数、可见光透射比、中空玻璃露点。

《建筑节能工程施工质量验收规范》GB 50411 规范对门窗节能工程分项中的外门窗框或副框与洞口之间的间隙密封、外门窗框与副框之间的间隙密封、外门的安装、特种门的性能及安装、天窗的位置与安装等的保温性能都作了具体规定和要求，这些都是要求施工项目负责人在施工准备中超前考虑，施工过程中加以重视，工程验收中重点关注的。

2）门窗节能工程质量验收

门窗节能工程分项验收包括材料检验验收、含隐蔽验收的施工过程工序验收、检验批验收等。门窗节能工程分项包含的检验批全部验收完成后，经过施工项目部自检验收合格，最后报监理单位（建设单位）验收。

监理单位（建设单位）工程师组织验收时发现有不合格的项次，施工单位项目部应组织进行整改。整改完毕，再按以上程序进行验收，直至合格。

（4）屋面节能工程

1）屋面节能工程使用的材料的质量控制与验收

屋面节能工程使用的保温隔热材料包括：松散的保温材料、现浇保温材料、喷涂保温材料、保温板材、保温块材等。对于这类材料，进场时对其导热系数、密度、抗压强度或压缩强度、燃烧性能等进行由监理人员见证取样送检复试。

具体实施按照相关标准的规定执行。

2）屋面节能工程施工质量控制与验收

屋面保温隔热层一般在施工完成后，其上还会根据使用功能的要求，进行构造装饰面或其他构造层的施工，屋面保温隔热层被全部隐蔽，这些工序被后续工序隐蔽覆盖后将无法检查和处理。屋面保温隔热层的在施工工程中的质量控制将显得非常关键，它将直接影响屋面保温隔热层的节能效果。因此，作为施工项目负责人，在屋面节能工程施工过程中，一般应重点控制如下几个方面：①保温层的施工厚度必须达到设计标准；②保温层敷设的方式必须按设计要求；③保温层缝隙的填充必须符合设计与相关规程、已经批准的专项施工方案等的要求；④屋面隔汽层的位置、完整性、严密性必须符合设计要求；⑤起架空隔热效果的架空层的高度、架空通风安装方式和通风口的尺寸、架空层的材质和完整性、架空层内不得残留任何杂物；⑥采光屋面的安装可以按幕墙的类似要求进行控制；⑦坡屋面、内架空屋面采用内保温隔热时，保温隔热层的防潮措施，同时还要按照设计要求好好保护层。

3）屋面节能工程施工质量验收

屋面节能工程分项验收包括材料检验验收、含隐蔽验收的施工过程工序验收、检验批验收等。屋面节能工程分项包含的检验批全部验收完成后，经过施工项目部自检验收合格，最后报监理单位（建设单位）验收。

需要注意的是：在屋面节能工程施工完成后，建筑节能工程分部工程验收前，需要对屋面节能构造钻芯检验，具体方法参照墙体进行。

监理单位（建设单位）工程师组织验收时发现有不合格的项次，施工单位项目部应组织进行整改。整改完毕，再按以上程序进行验收，直至合格。

（5）地面节能工程

地面节能工程分项中包括采暖空间接触室外空气或土壤的地面、毗邻不采暖空间的楼地面、采暖地下室与土壤接触的外墙、不采暖地下室上面的楼板、不采暖车库的楼板、接触室外空气或外挑楼板的地面等的节能工程等分项工程。

1）地面节能工程使用的材料的质量控制

对于地面节能工程使用的保温材料，进场时对其导热系数、密度、抗压强度或压缩强度、燃烧性能等指标由监理人员见证取样送检复试。

具体见证取样送检复试的实施，应严格按照相关规范标准的规定和要求执行。

2）地面节能工程施工质量控制

作为施工项目负责人，在地面节能工程施工中应该重点控制施工过程的以下几个方面：①地面节能工程施工前，必须对基层进行处理，使其达到设计和施工的要求；②地面保温层、隔离层、保护层等的设置与构造做法（包括厚度），必须符合设计要求，并按批准的专项施工方案施工；③保温板与基层之间、各个构造层之间的粘结应牢固，板与板之间的缝隙应严密；④保温浆料应按相关产品说明书的要求，进行分层施工；⑤有防水要求的地面，其保温做法不得影响地面排水坡度，保温层不得渗漏；⑥特别是严寒、寒冷地区的建筑物首层直接与土壤接触的地面、采暖地下室与土壤接触的外墙、毗邻不采暖空间的楼地面以及底面直接接触室外空气或外挑楼板的地面，其保温层的施工必须严格按照设计要求进行；⑦保温层的表面防潮层、保护层的施工必须防火设计要求；⑧采用地面辐射采暖的工程，其地面节能除应符合设计要求外，还应该符合《地面辐射供暖技术规程》JGJ 142 的有关规定。

3）地面节能工程施工质量验收

节能工程分项验收包括材料检验验收、含隐蔽验收的施工过程工序验收、检验批验收等。地面节能工程分项包含的检验批全部验收完成后，经过施工项目部自检验收合格，最后报监理单位（建设单位）验收。

需要注意的是：在地面节能工程施工完成后，建筑节能工程分部工程验收前，需要对有代表性的地面节能构造钻芯检验，具体方法可以参照屋面节能工程进行。

监理单位（建设单位）工程师组织验收时发现有不合格的项次，施工单位项目部应组织进行整改。整改完毕，再按以上程序进行验收，直至合格。

（6）采暖节能工程

采暖系统节能工程主要由组成系统的设备及其保温材料组成。

采暖系统的设备包括：散热设备、阀门、仪表、管材等。

1）采暖系统节能工程的设备及其保温材料的质量控制

对于采暖系统节能工程主要由组成系统的设备及其保温材料，进场时，应对以下节能技术性能参数进行有监理单位（建设单位）人员见证的抽样复试：①散热器的单位散热量、金属热强度；②保温材料的导热系数、密度、吸水率。

经见证取样复试合格后，方可使用于工程。具体方法按照相关程序与标准进行。

2）采暖系统节能工程施工质量的控制

采暖系统节能工程施工质量主要体现在安装质量上。作为施工项目负责人，在采暖系统节能工程的安装施工过程中，重点要抓好以下几个方面的施工质量：①采暖系统制式的正确性；②散热设备、阀门、过滤器、温度计及仪表等安装的正确性；③室内温度调节装置、热计量装置、水力平衡装置以及热力入口装置等安装的正确性；④按设计要求的分室（区）温度控制、分栋热计量和分户或分室（区）热量分摊的功能的实现；⑤采暖管道保温层与防潮层安装施工的正确性；⑥采暖系统安装完毕后，在采暖期内与热源进行联合试运转和调试。其结果应符合要求。

3）采暖系统节能工程施工质量的验收

采暖节能工程的验收应根据采暖系统节能工程的特点，对各个相独立的系统按照分项工程进行验收。采暖节能工程验收的前提是：对采暖期内与热源进行联合试运转和调试，其结果应符合要求。

（7）通风与空调节能工程

通风与空调系统节能工程主要由组成系统的设备、通风管道、阀门、仪表及其绝热材料组成。通风与空调系统的主要设备包括：组合式空调机组、柜式空调机组、新风机组、单元式空调机组、热回收装置、风机盘管等，以及阀门、仪表、通风管道及其绝热材料等。

1）通风与空调系统节能工程的设备及其绝热材料的质量控制

对于通风与空调系统节能工程主要由组成系统的设备及其绝热材料，进场时，应对其以下节能技术性能参数进行核查、验收，并形成验收、核查记录：①组合式空调机组、柜式空调机组、新风机组、单元式空调机组、热回收装置等设备的冷量、热量、风量、风压、功率及额定热回收效率；②风机的风量、风压、功率及单位风量耗功率；③成品风管的技术性能参数；④自控阀门与仪表的技术性能参数；⑤对于风机盘管机组的供冷量、供热量、风量、出口静压、噪声及功率，其绝热材料的导热系数、密度、吸水率等进行核查的同时，还应进行随机抽样见证取样送检复试；经见证取样复试合格后，方可使用于工程。具体方法按照相关程序与标准进行。

2）通风与空调系统节能工程施工质量的控制

通风与空调系统节能工程施工质量主要体现在安装质量上。作为施工项目负责人，在通风与空调系统节能工程的安装施工过程中，重点要抓好以下几个方面的施工质量：①风管的制作与安装的正确性；②组合式空调机组、柜式空调机组、新风机组、单元式空调机组、热回收装置等安装的正确性；③风机与风机盘管机组安装的正确性；④空调机组回水管上的电动两通调节阀、风机盘管机组回水管上的电动两通调节阀、空调冷热水系统中水力平衡阀、冷（热）量计量装置等自动控制阀门与仪表的安装的正确性；⑤系统设备及管道上绝热层、防潮层等安装的正确性；⑥通风与空调系统安装完毕后，应按照相关标准要求进行通风机和空调机组等设备进行单机试运转和调试，并应进行系统的风量平衡调试。其结果应符合要求。

3）通风与空调系统节能工程施工质量的验收

对于通风与空调节能工程的验收，应根据通风与空调系统节能工程的特点，对各个相独立的系统按照分项工程进行验收。

通风与空调节能工程验收的前提是：通风与空调系统包含的子系统进行试运转和调试结束，其结果符合要求。

（8）空调与采暖系统冷热源及管网节能工程

空调与采暖系统冷热源及管网节能工程主要由组成系统的冷热源设备、辅助设备及其管道和室外管网系统组成。

空调与采暖系统冷热源及管网系统的主要材料设备包括：组成系统的冷热源设备及其辅助设备、阀门、仪表及系统的绝热材料等。

1）空调与采暖系统冷热源及管网系统节能工程的设备及其绝热材料的质量控制

对于空调与采暖系统冷热源及管网节能工程主要由组成系统的设备及其绝热材料，进场时，应对其以下节能技术性能参数进行核查、验收，并形成验收、核查记录：①锅炉的单机容量及其额定热功率；②热交换器的单机换热量；③电机驱动的压缩机的设计性能参数；④各型溴化锂机组的设计性能参数；⑤集中采暖系统的设计性能参数；⑥空调冷热水系统的设计性能参数；⑦冷却塔的设计性能参数；⑧自控阀门与仪表的技术性能参数；⑨对系统使用的绝热材料，按相关要求进行见证取样送检复验；

经见证取样复试合格后，方可使用于工程。具体方法按照相关程序与标准进行。

2）空调与采暖系统冷热源及管网系统节能工程施工质量的控制

空调与采暖系统冷热源及管网节能工程施工质量主要体现在安装质量上。作为施工项目负责人，在通风与空调系统节能工程的安装施工过程中，重点要抓好以下几个方面的施工质量：①空调与采暖系统冷热源设备、辅助设备与其管网系统安装的正确性；②冷热源侧的电动两通调节阀、水力平衡阀及冷（热）量计量装置等自控阀门与仪表安装的正确性；③锅炉、热交换器、电机驱动的压缩机、各型溴化锂机组、集中采暖系统、空调冷热水系统、冷却塔、自控阀门与仪表、自控阀门与仪表、系统的绝热层与防潮层等施工安装的正确性；④空调与采暖系统冷热源设备、辅助设备与其管网系统安装完毕后，应按照相关标准要求进行系统试运转和调试，其结果应符合《建筑节能工程施工质量验收规范》（GB 50411）规范中表 11.2.11 的要求。

3）空调与采暖系统冷热源及管网节能工程施工质量的验收

对于空调与采暖系统冷热源及管网节能工程的验收，应根据空调与采暖系统冷热源及管网节能工程的特点，对各个相独立的系统按照分项工程进行验收。

空调与采暖系统冷热源及管网节能工程验收的前提是：空调与采暖系统冷热源及管网系统包含的子系统进行试运转和调试结束，其结果符合设计要求。

(9) 配电与照明节能工程

配电与照明系统节能工程主要由照明光源、灯具及其附属装置组成。

1) 配电与照明系统节能工程的照明光源、灯具及其附属装置的质量控制

对于配电与照明系统节能工程使用的照明光源、灯具及其附属装置，进场时，应对其以下节能技术性能参数进行核查，并按相关要求，对系统使用的电线、电缆进行有监理单位（建设单位）人员见证的抽样复试：

经见证取样复试合格后，方可使用于工程。具体方法按照相关程序与标准进行。

2) 配电与照明系统节能工程施工质量的控制

配电与照明系统节能工程施工质量主要体现在安装质量上。作为施工项目负责人，在配电与照明系统节能工程的安装施工过程中，重点要抓好以下几个方面的施工质量：①母线与母线或母线与电器接线端子连接的正确性；②三相照明配电干线的各个相负荷分配平衡；③配电与照明系统安装完毕后，通电进行调试。其结果应符合要求。

3) 配电与照明系统节能工程施工质量的验收

对于配电与照明节能工程的验收，应根据配电与照明系统节能工程的特点，对各个相独立的线路进行验收。同时，系统的质量还应符合《建筑电气工程施工质量验收规范》GB 50303 的相关要求。

(10) 监测与控制节能工程

监测与控制系统节能工程主要包含对采暖、通风与空调、配电与照明所采用的监测与控制系统，能耗计量系统以及建筑能源管理系统等。监测与控制系统的施工图设计、控制流程和软件通常由有资质的专业施工单位完成，因此，原设计单位应对施工图进行复核，并在此基础上进行深化设计和必要的设计变更。

根据建筑工程使用功能的要求，建筑节能工程监测与控制系统的功能可根据工程的具体要求，选择对相关系统进行监测与控制，可以参照表 2-10 中的内容进行。

建筑节能工程监测与控制系统功能综合表 **表 2-10**

类别	序号	系统名称	监测与控制功能	备注
通风与空调系统	1	空气处理系统控制	(略)	
	2	变风量空调系统控制	(略)	
	3	通风系统控制	(略)	
	4	风机盘管系统控制	(略)	
冷热源、空调水的监测	1	压缩机制式流量空调系统控制	(略)	能耗计量
	2	变制冷剂流量空调系统控制	(略)	能耗计量
	3	吸收式制冷系统/冰蓄冷系统控制	(略)	冰库蓄冰量检测、能耗累计
	4	锅炉系统控制	(略)	能耗计量
	5	冷冻水系统控制	(略)	冷源负荷监视、能耗计量
	6	冷却水系统控制	(略)	能耗计量
供配电系统监测	1	供配电系统监测	(略)	用电计量
照明系统控制	1	照明系统控制	(略)	用电计量
综合控制系统	1	综合控制系统	(略)	
建筑能源管理系统的能耗数据采集与分析	1	建筑能源管理系统的能耗数据采集与分析	(略)	

1）监测与控制系统节能工程采用的设备、材料及附属产品的质量控制

对于监测与控制系统节能工程采用的设备、材料及附属产品，进场时，应按照设计要求，对其品种、规格、型号、外观和性能进行检查验收，并形成验收记录。

2）监测与控制系统节能工程施工质量的控制

监测与控制系统节能工程施工质量主要体现在安装质量、监测与控制功能的实现上。作为施工项目负责人，在监测与控制系统节能工程的安装施工过程中，重点要抓好以下几个方面的施工质量：①传感器、阀门、仪表等监测与控制设备安装的正确性；②对各个子系统的监测与控制的控制功能及故障报警功能与设计要求的符合性；③监测与计量装置检测计量数据的准确性；④监测与数据采集系统与设计要求的符合性；⑤控制系统的功能与设计要求的符合性；⑥综合控制系统对其控制的子系统进行功能检测，检测结果与设计要求的符合性；⑦建筑能源管理系统的能耗数据采集与分析功能、设备管理和运行管理功能、优化能源调度功能、数据集成功能等的实现。

3）监测与控制系统节能工程施工质量的验收

对于监测与控制节能工程的验收，是通过监测与控制系统中各个分系统的联动，按照设计要求在相应的终端输出要求的结果，从而实现建筑节能总体的监控功能。

如果输出的结果与设计要求不相符，应对相关的设备及关联软件进行调整，重新进行调试并输出，直至达到实现对系统设备的监测与控制功能。

总之，《建筑节能工程施工质量验收规范》GB 50411 规范的实施，确立了我国建筑节能工程施工验收的法律制度，为我国加强能源管理、优化能源结构提供了技术保障。

2.5 建筑工程施工验收相关规范

2.5.1 房屋建筑工程施工验收相关规范

2.5.1.1 《建筑地基基础工程施工质量验收规范》GB 50202

（1）对灰土地基、砂和砂石地基、土工合成材料地基、粉煤灰地基、强夯地基、注浆地基、预压地基，其竣工后的结果（地基强度或承载力）必须达到设计要求的标准。检验数量，每单位工程不应少于 3 点，1000m^2 以上工程，每 100m^2 至少应有 1 点。每一独立基础下至少应有 1 点，基槽每 20 延长米应有 1 点。

（2）对水泥土搅拌桩复合地基、高压喷射注浆桩复合地基、砂桩地基、振冲桩复合地基、土和灰土挤密桩复合地基、水泥粉煤灰碎石桩复合地基及夯实水泥土桩复合地基，其承载力检验，数量为总数的 0.5%～1%，但不少于 3 处。有单桩强度检验要求时，数量为总数的 0.5%～1%，但不应少于 3 根。

（3）打（压）入桩（预制混凝土方桩、先张法预应力管桩、钢桩）的桩位偏差，必须符合表 2-11 的规定。斜桩倾斜度的偏差不得大于倾斜角正切值的 15%（倾斜角系桩的纵向中心线与铅垂线间夹角）。

（4）灌注桩的桩位偏差必须符合表 2-12 的规定，桩顶标高至少要比设计标高高出 0.5m，桩底清孔质量按不同的成桩工艺有不同的要求，应按本章的各节要求执行。每浇注 50m^3 必须有 1 组试件，小于 50m^3 的桩，每根桩必须有 1 组试件。

预制桩（钢桩）桩位的允许偏差（mm）　　　　**表 2-11**

项	项　目	允许偏差
1	盖有基础梁的桩： （1）垂直基础梁的中心线 （2）沿基础梁的中心线	**2.1.1** $100+0.01H$ $150+0.01H$
2	桩数为 1～3 根桩基中的桩	100
3	桩数为 4～6 根桩基中的桩	1/2 桩
4	桩数大于 16 根桩基中的桩： （1）最外边的桩 （2）中间桩	 1/3 桩径或边长 1/2 桩径或边长

注：H 为施工现场地面标高与桩顶设计标高的距离。

灌注桩的平面位置和垂直度的允许偏差　　　　**表 2-12**

序　号	成孔方法		桩径允许偏差（mm）	垂直度允许偏差（%）	桩位允许偏差（mm）	
					1～3 根、单排桩基垂直于中心线方向和群桩基础的边桩	条形桩础沿中心方向和群桩基础的中间桩
1	泥浆护壁钻孔桩	$D\leqslant1000$mm	±50	<1	$D/6$，且不大于 100	$D/4$，且不大于 150
		$D>1000$mm	±50		$100+0.01H$	$150+0.01H$
2	套管成孔灌注桩	$D\leqslant500$mm	−20	<1	70	150
		$D>500$mm			100	150
3	干成孔灌注桩		−20	<1	70	150
4	人工挖孔桩	混凝土护壁	+50	<0.5	50	150
		钢套管护壁	+50	<1	100	200

注：1. 桩径允许偏差的负值是指个别断面。
2. 采用复打、反插法施工的桩，其桩径允许偏差不逐级、受上表限制。
3. H 施工现场地面标高与桩顶设计标高的距离，D 为设计桩径。

（5）工程桩应进行承载力检验。对于地基基础设计等级为甲级或地质条件复杂，成桩质量可靠性低的灌注桩，应采用静载荷试验的方法进行检验，检验桩数不应少于总桩数的 1%，且不应少于 3 根，当总桩数少于 50 根时，不应少于 2 根。

（6）土方开挖的顺序、方法必须与设计工况相一致，并遵循“开槽支撑，先撑后挖，分层开挖，严禁超挖”的原则。

（7）基坑（槽）、管沟土方工程验收必须确保支护结构安全和周围环境安全为前提。当设计有指标时，以设计要求为依据，如无设计指标时应按表 2-13 的规定执行。

基坑变形的监控值（cm）　　　　**表 2-13**

基坑类别	围护结构墙顶位移监控值	围护结构墙体最大位移监控值	地面最大沉降监控值
一级基坑	3	5	3
二级基坑	6	8	6
三级基坑	8	10	10

注：1. 符合下列情况之一，为一级基坑：
（1）重要工程或支护结构做主体结构的一部分。
（2）开挖深度大于 10m。
（3）与邻近建筑物，重要设施的距离在开挖深度以内的基坑。
（4）基坑范围内有历史文物、近代优秀建筑、重要管线等需严加保护的基坑。
2. 三级基坑为开挖深度小于 7m，且周围环境无特别要求时的基坑。
3. 除一级和三级外的基坑属二级基坑。
4. 当周围已有的设施有特殊要求时，尚应符合这些要求。

2.5.1.2 《砌体结构工程施工质量验收规范》GB 50203

（1）水泥进场使用前，应分批对其强度、安定性进行复验。检验批应以同一生产厂家、同一编号为一批。当在使用中对水泥质量有怀疑或水泥出厂超过三个月（快硬硅酸盐水泥超过一个月）时，应复查试验，并按其结果使用。不同品种的水泥，不得混合使用。

（2）凡在砂浆中掺入有机塑化剂、早强剂、缓凝剂、防冻剂等，应经检验和试配符合要求后，方可使用。有机塑化剂应有砌体强度的型式检验报告。

（3）砖和砂浆的强度等级必须符合设计要求。

抽检数量：每一生产厂家的砖到现场后，按烧结砖 15 万块、多孔砖 5 万块、灰砂砖及粉煤灰砖 10 万块各为一验收批，抽检数量为 1 组。

检验方法：查砖和砂浆试块试验报告。

（4）砖砌体的转角处和交接处应同时砌筑，严禁无可靠措施的内外墙分砌施工。对不能同时砌筑而又必须留置的临时断处应砌成斜槎，斜槎水平投影长度不应小于高度的 2/3。

抽检数量：每检验批抽 20%接槎，且不应少于 5 处。

检验方法：观察检查。

（5）施工时所用的小砌块的产品龄期不应小于 28 天。

（6）承重墙体严禁使用断裂小砌块。

（7）小砌块应底面朝上反砌于墙上。

（8）小砌块和砂浆的强度等级必须符合设计要求。

抽检数量：每一生产厂家，每 1 万块小砌块至少应抽检一组。用于多层以上建筑基础和底层的小砌块抽检数量不应少于 2 组。

检验方法：查小砌块和砂浆试块试验报告。

（9）墙体转角处和纵横墙交接处应同时砌筑。临时间断处应砌成斜槎，斜槎水平投影长度不应小于高度的 2/3。

抽检数量：每检验批抽 20%接槎，且不应少于 5 处。

检验方法：观察检查。

（10）挡土墙的泄水孔当设计无规定时，施工应符合下列规定：①泄水孔应均匀设置，在每米高度上间隔 2m 左右设置一个泄水孔；②泄水孔与土体间铺设长宽各为 300mm、厚 200mm 的卵石或碎石作疏水层。

（11）石材及砂浆强度等级必须符合设计要求。

抽检方法：料石检查产品质量证明书，石材、砂浆检查试块试验报告。

（12）钢筋的品种、规格和数量应符合设计要求。

检验方法：检查钢筋的合格证书、钢筋性能试验报告、隐蔽工程记录。

（13）构造柱、芯柱、组合砌体构件、配筋砌体剪墙构件的混凝土或砂浆的强度等级应符合设计要求。

抽检数量：各类构件每一检验批砌体至少应做一组试块。

检验方法：检查混凝土和砂浆试块试验报告。

（14）冬期施工所用材料应符合下列规定：①石灰膏、电石膏等应防止受冻，如遭冻结，应经融化后使用；②拌制砂浆用砂，不得含有冰块和大于 10mm 的冻结块；③砌体用砖或其他块材不得遭水浸冻。

2.5.1.3 《混凝土结构工程施工质量验收规范》GB 50204

（1）模板及其支架应根据工程结构形式、荷载大小、地基土类别、施工设备和材料供应等条件进行设计。模板及其支架应具有足够的承载能力、刚度和稳定性，能可靠地承受浇筑混凝土的重量、侧压力以及施工荷载。

（2）模板及其支架拆除的顺序及安全措施应按施工技术访案执行。

（3）当钢筋的品种、级别或规格需作变更时，应办理设计变更文件。

（4）钢筋进场时，应按现行国家标准《钢筋混凝十用热轧带肋钢筋》GB 1499 等的规定抽取试件作力学性能检验，其质量必须符合有关标准的规定。

检查数量：按进场的批次和产品的抽样检验方案确定。

检验方法：检查产品合格证、出厂检验报告和进场复验报告。

（5）对有抗震设防要求的框架结构，其纵向受力钢筋的强度应满足设计要求；当设计无具体要求时，对一、二级抗震等级，检验所得的强度实测值当符合下列规定：①钢筋的抗拉强度实测值与屈服强度实测值的比值不应小于1.25；②钢筋的屈服强度实测值与强度标准值的比值不应大于1.3。

检查数量：按进场的批次和产品的抽样检验方案确定。

检验方法：检查进场复验报告。

（6）钢筋安装时，受力钢筋的品种、级别、规格和数量必须符合设计要求。

（7）预应力筋进场时，应按现行国家标准《预应力混凝土用钢绞线》CB/T 5224 等的规定抽取试件作力学性能检验，其质量必须符合有关标准的规定。

检查数量：按进场的批次和产品的抽样检验方案确定。

检验方法：检查产品合格证、出厂检验报告和进场复验报告。

（8）预应力筋安装时，其品种、级别、规格、数量必须符合设计要求。

检查数量：全数检查。

检验方法：观察，钢尺检查。

（9）张拉过程中应避免预应力筋断裂或滑脱；当发生断裂或滑脱时，必须符合下列规定：①对后张法预应力结构构件，断裂或滑脱的数量严禁超过同一截面预应力筋总根数的3%，且每束钢丝不得超过一根；对多跨双向连续板，其同一截面应按每跨计算；②对先张法预应力构件，在浇筑混凝土前发生断裂或滑脱的预应力筋必须予以更换。

检查数量：全数检查。

检验方法：观察，检查张拉记录。

（10）水泥进场时应对其品种、级别、包装或散装仓号、出厂日期等进行检查，并应对其强度、安定性及其他必要的性能指标进行复验，其质量必须符合现行国家标准《硅酸盐水泥、普通硅酸盐水泥》GB 175 等的规定。

当在使用中对水泥质量有怀疑或水泥出厂超过三个月（快硬硅酸盐水泥超过一个月）时，应进行复验，并按复验结果使用。

钢筋混凝土结构、预应力混凝土结构中，严禁使用含氯化物的水泥。

检查数量：按同一家生产厂家、同一等级、同一品、同一批号且连续进场的水泥，袋装不超过 200t 为一批。散装不超过 500t 为一批，每批抽样不少于一次。

检验方法：检查产品合格证、出厂检验报告和进场复验报告。

（11）混凝土中掺用外加剂的质量及应用技术应符合现行国家标准《混凝土外加剂》GB 8076、《混凝土外加剂应用技术规范》GB 50119 等和有关环境保护的规定。

预应力混凝土结构中，严禁使用含氯化物的外加剂。钢筋混凝土结构中，当使用含氯化物的外加剂时，混凝土中氯化物的总含量应符合现行国家标准《混凝土质量控制标准》GB 50164 的规定。

检查数量：按进场的批次和产品的抽样检验员方案确定。

检验方法：检查产品合格证、出厂检验报告和进场复验报告。

（12）结构混凝土的强度等级必须符合设计要求。用于检查结构构件混凝土强度的试件，应在混凝土的浇筑地点随机抽取。取样与试件留置应符合下列规定：①每拌制 100 盘且不超过 100m^3 的同配合比的混凝土，取样不得少于一次；②每工作班拌制的同一配合比的混凝土不足 100 盘时，取样不得少于一次；③当一次连续浇筑超过 1000m^3 时，同一配合比的混凝土每 200m^3 取样不得少于一次；④每一楼层、同一配合比的混凝土，取样不得少于一次；⑤每次取样应至少留置一组标准养护试件，同条件养护试件的留置组数应根据实际需要确定，检验方法是检查施工记录及试件强度试验报告。

（13）现浇结构的外观质量不应有严重缺陷。对已经出现的严重缺陷，应由施工单位提出技术处理方案，并经监理（建设）单位认可后进行处理。对经处理的部位，应重新检查验收。

检查数量：全数检查。

检验方法：观察，检查技术处理方案。

（14）现浇结构不应有影响结构性能和使用功能的尺寸偏差。混凝土设备基础不应有影响结构性能和设备安装的尺寸偏差。对超过尺寸允许偏差且影响结构性能和安装、使用功能的部位，由施工单位提出技术处理方案，并经监理（建设）单位认可后进行处理。对经处理的部位，应重新检查验收。

检查数量：全数检查。

检验方法：量测，检查技术处理方案。

（15）预制构件应进行结构性能检验。结构性能检验不合格的预制构件不得用于混凝土结构。

2.5.1.4 《钢结构工程施工质量验收规范》GB 50205

（1）钢材、钢铸件的品种、规格、性能等应符合现行国家产品标准和设计要求。进口钢材产品的质量应符合设计和合同规定标准的要求。

检查数量：全数检查。

检验方法：检查质量合格证明文件、中文标志及检验报告等。

（2）焊接材料的品种、规格、性能等应符合现行国家产品标准和设计要求。

检查数量：全数检查。

检验方法：检查焊接材料的质量合格证明文件、中文标志及检验报告等。

（3）钢结构连接用高强度大六角头螺栓连接副、扭剪型高强度螺栓连接副、钢网架用高强度螺栓、普通螺栓、铆钉、自攻钉、拉铆钉、射钉、锚栓（机械型和化学试剂型）、地脚锚栓等紧固标准件及螺母、垫圈等标准配件，其品种、规格、性能等应符合现行国家产品标准和设计要求。高强度大六角头螺栓连接副和扭剪型高强度螺栓连接副出厂时应分别随箱带有扭矩系数和紧固轴力（预拉力）的检验报告。

检查数量：全数检查。

检验方法：检查产品的质量证明文件、中文标志及检验报告等。

（4）焊工必须经考试合格并取得合格证书。持证焊工必须在其考试合格项目及其认可范围内施焊。

检查数量：全数检查。

检验方法：检查焊工合格证及其认可范围、有效期。

（5）设计要求全焊透的一、二级焊缝应采用超声波探伤进行内部缺陷的检验，超声波探伤不能对缺陷作出判断时，应采用射线探伤，其内部缺陷分级及探伤方法应符合现行国家标准《钢焊缝手工超声波探伤方法和探伤结果分级法》GB 11345 或《钢熔化焊对接接头射线照相和质量分级》GB 3323 的规定。

焊接球节点网架焊缝、螺栓节点网架焊缝及圆管 T、K、Y 形节点相关线焊缝，其内部缺陷分级及探伤方法应分别符合国家现行标准《焊接球节点钢网架焊缝超声波探伤及质量分级法》JG/T 3034.1、《螺栓球节点钢网架焊缝超声波探伤及质量分级法》JG/T 3034.2、《建筑钢结构焊接技术规程》JGJ 81 的规定。一级、二级焊缝的质量等级及缺陷分级应符合表 2-14 的规定。

检查数量：全数检查。

检验方法：检查超声波或射线探伤记录。

一、二级焊缝质量等级缺陷分级　　　　表 2-14

焊缝质量等级		一　级	二　级
内部缺陷超声波探伤	评定等级	Ⅱ	Ⅲ
	检验等级	B级	B级
	探伤比例	100%	20%
内部缺陷射线探伤	评定等级	Ⅱ	Ⅲ
	检验等级	AB级	AB级
	探伤比例	100%	20%

注：探伤比例的计数方法应按以下原则确定：
对工厂制作焊缝，应按每条焊缝计算百分比，且探伤长度应不少于 200mm，当焊缝长度不足 200mm 时，对整条焊缝进行探伤；
对现场安装焊缝，应按同一类型、同一施焊条件的焊缝条数计算百分比，探伤长度应不小于 200mm，并应不少于 1 条焊缝。

（6）钢结构制作和安装单位应按本规范附录 B 的规定分别进行高强度螺栓连接摩擦面的抗滑移系数试验和复验，现场处理的构件摩擦面应单独进行摩擦面滑系数试验，其结果应符合设计要求。

检查数量：见本规范附录 B。

检验方法：检查摩擦面抗滑移系数试验报告和复验报告。

（7）吊车梁和吊车桁架不应下挠。

检查数量：全数检查。

检验方法：构件直立，在两端支承后，用水准仪和钢尺检查。

（8）单层钢结构主体结构的整体垂直和整体平面弯曲的允许偏差应符合表 2-15 的规定。

检查数量：对主要立面全部检查。对每个所检查的立面，除两列角柱外，尚应至少选取一列中间柱。

检验方法：采用经纬仪、全站仪等测量。

整体垂直度和整体平面弯曲的允许偏差（mm） **表 2-15**

项　目	允许偏差	图　例
目允许偏差图例主体结构的整体垂直度	$H/1000$，且不应大于 25.0	
主体结构的整体平面弯曲	$L/1500$，且不应大于 25.0	

（9）多层及高层钢结构主体结构的整体垂直度和整体平面弯曲的允许偏差应符合下表的规定。

检查数量：对主要立面全部检查。对每个所检查的立面，除两列角柱外，尚应至少选取一列中间柱。

检验方法：对于整体垂直度，可采用激光经纬仪、全站仪测量，也可根据各节柱的垂直度允许偏差累计（代数和）计算。对于整体平面弯曲，可按产生的允许偏差累计（代数和）计算。如表 2-16。

整体垂直度和整体平面弯曲的允许偏差（mm） **表 2-16**

项　目	允许偏差	图　例
主体结构的整体垂直度	（$H/1000+10$），且不应大于 50	
主体结构的整体平面弯曲	$L/1500$，且不应大于 25.0	

（10）钢网架结构总拼完成后及屋面工程完成后应分别测量其挠度值，且所测的挠度值不应超过相应设计值的 1.15 倍。

检查数量：跨度 24m 及以下钢网架结构测量下弦中央一点及各向下弦跨度的四等分点。

检验方法：用钢尺和水准仪实测。

（11）涂料、涂装遍数、涂层厚度均应符合设计要求。当设计对涂层厚度无要求时，涂层干漆膜总厚度：室外应为 $150\mu m$，室内应为 $125\mu m$，其允许偏差为 $-25\mu m$。每遍涂层干漆膜厚度的允许偏差为了 $5\mu m$。

检查数量：按构件数抽查 10%，且同类构件不应少于 3 件。

检验方法：用干漆膜测厚仪检查。每个构件检测 5 处，每处的数值为 3 个相距 50mm 测点涂层干漆膜厚度的平均值。

(12) 薄涂型防火涂料的涂层厚度应符合有关耐火极限的设计要求。厚涂型防火涂料层的厚度，80%及以上面积应符合有关耐火极限的设计要求，且最薄处厚度不应低于设计要求的85%。

检查数量：按同类构件数抽查10%，且均不应少于3件。

检查方法：用涂层厚度测量仪、测针和钢尺检查。测量方法应符合国家现行标准《钢结构防火涂料应用技术规程》CECS 24：90的规定及本规范附录F。

2.5.1.5 《屋面工程质量验收规范》GB 50207

(1) 屋面工程所采用的防水、保温隔热材料应有产品合格证明书和性能检测报告，材料的品种、规格、性能等应符合现行国家产品标准和设计要求。材料进场后，应按本规范附录A、附录B的规定抽样复验，并提出试验报告；不合格的材料，不得在屋面工程中使用。

(2) 屋面（含天沟、檐沟）找平层的排水坡度，必须符合设计要求。

检验方法：用水平仪（水平尺）、拉线和尺量检查。

(3) 保温层的含水率必须符合设计要求。

检查方法：检查现场抽样检验报告。

(4) 卷材防水层不得有渗漏或积水现象。

检验方法：雨后或淋水、蓄水检验。

(5) 涂膜防水层不得有渗漏或积水现象。

检验方法：雨后或淋水、蓄水试验。

(6) 细石混凝土防水层不得有渗漏或积水现象。

检验方法：雨后或淋水、蓄水检验。

(7) 密封材料嵌填必须密实、连续、饱满，粘结牢固，无气泡、开裂、脱落等缺陷。

检验方法：观察检查。

(8) 平瓦必须铺置牢固。地震设防地区或坡度大于50%的屋面，应采取固定加强措施。

检验方法：观察和手扳检查。

(9) 金属板材的连接和密封处理必须符合设计要求，不得有渗漏现象。

检验方法：观察检查和雨后或淋水检验。

(10) 架空隔热制品的质量必须符合设计要求，严禁有断裂和露筋等缺陷。

检验方法：观察检查和检查构件合格证或试验报告。

(11) 天沟、檐沟、水落口、泛水、变形缝和伸出屋面管道的防水构造，必须符合设计要求。

检验方法：观察检查和检查隐蔽工程验收记录。

2.5.1.6 《地下防水工程质量验收规范》GB 50208

(1) 地下防水工程所使用的防水材料，应有产品的合格证书和性能检测报告，材料的品种、规格、性能等应符合现行国家产品标准和设计要求。对进场的防水材料应按本规范附录A和附录B的规定抽样复验，并提出试验报告；不合格的材料不得在工程中使用。

(2) 防水混凝土的抗压强度和抗渗压力必须符合设计要求。

检验方法：检查混凝土抗压、抗渗试验报告。

（3）防水混凝土的变形缝、施工缝、后浇带、穿墙管道、埋设件等设置和构造，均须符合设计要求，严禁有渗漏。

检验方法：观察检查和检查隐蔽工程验收记录。

（4）水泥砂浆防水层各层之间必须结合牢固，无空鼓现象。

检验方法：观察和用小锤轰击检查。

（5）塑料板的搭接缝必须采用热风焊接，不得有渗漏。

检验方法：双焊缝间空腔内充气检查。

（6）喷射混凝土抗压强度、抗渗压力及锚杆抗拔力必须符合设计要求。

检验方法：检查混凝土抗压、抗渗试验报告和锚杆抗拔力试验报告。

（7）反滤层的砂、石粒径和含泥量必须符合设计要求。

检验方法：检查砂、石试验报告。

2.5.1.7 《建筑地面工程施工质量验收规范》GB 50209

（1）建筑地面工程采用的材料应按设计要求和本规范的规定选用，并应符合国家标准的规定；进场材料应有中文质量合格证明书件、规格、型号有性能检测报告，对重要材料应有复验报告。

（2）厕浴间和有防滑要求的建筑地面的板块材料应符合设计要求。

（3）厕浴间、厨房和有排水（或其他液体）要求的建筑地面面与相连接各类面层的标高差应符合设计要求。

（4）有防水要求的建筑地面工程，铺设前必须对立管、套管和地漏与楼板节点之间进行密封处理；排水坡度应符合设计要求。

（5）厕浴间和有防水要求的建筑地面必须设置防水隔离层。楼层结构必须采用现浇混凝土或整块预制混凝土板，混凝土强度等级不应小于C20；楼板四周除门洞外，应做混凝土翻边，其高度不应小于120mm。施工时结构层标高和预留孔洞位置应准确，严禁乱凿洞。

检验方法：观察和用钢尺检查。

（6）防水隔离层严禁渗漏，坡向应正确、排水通畅。

检验方法：观察检查和蓄水、泼水检验或坡度尺检查及检查检验记录。

（7）不发火（防爆的）面层采用的碎石应选用大理石、白云石或其他石料加工而成，并以金属或石料撞击时不发生火花为合格；砂应质地坚硬、表面粗糙，其粒径宜为0.15～5mm，含泥量不应大于3%，有机物含量不应大于0.5%；水泥应采用普通硅酸盐水泥，其强度等级不应小于32.5；面层分格的嵌条应采用不发生火花的配料配制。配制时应随时检查，不得混入金属或其他易发生火花的杂质。

检验方法：观察检查和检查材料质量合格证明文件及检测报告。

2.5.1.8 《建筑装饰装修工程质量验收规范》GB 50210

（1）建筑装饰装修工程必须进行设计，并出具完整的施工图设计文件。

（2）建筑装饰装修工程设计必须保证建筑物的结构安全的主要使用功能。当涉及主体和承重结构改动或增加荷载时，必须由原结构设计单位或具备相应资质的设计单位核查有关原始资料，对既有建筑结构的安全性进行核验、确认。

（3）建筑装饰装修工程所用材料应符合国家有关建筑装饰装修材料有害物质限量标准的规定。

（4）建筑装饰装修工程所使用的材料应按设计要求进行防火、防腐和防虫处理。

（5）建筑装饰装修工程施工中，严禁违反文件擅自改动建筑主体、承重结构或主要使用功能；严禁未经设计确认和有关部门批准擅自拆改水、暖、电、灼、燃气、通信等配套设施。

（6）施工单位应遵守有关环境保护的法律法规，并应采取有效措施控制施工现场的各种粉尘、废气、废弃物、噪声、振动等对周围环境造成的污染和危害。

（7）外墙和顶棚的抹灰层与基层之间及各抹灰层之间必须粘结牢固。

（8）建筑外门窗的安装必须牢固。在砌体上安装门窗严禁用射钉固定。

（9）重型灯具、电扇及其他重型设备严禁安装在吊顶工程的龙骨上。

（10）饰面板安装工程的预埋件（或后置埋件）、连接件的数量、规格、位置、连接方法和防腐处理必须符合设计要求。后置埋件的现场拉拔强度必须符合设计要求。饰面板安装必须牢固。

检验方法：手板检查；检查进场验收记录、现场拉拔检测报告、隐蔽工程验收记录和施工记录。

（11）饰面砖粘贴必须牢固。

检验方法：检查样板件粘结强度检测报告和施工记录。

（12）隐框、半隐框幕墙所采用的结构粘结材料必须是中性硅硐结构密封胶，其性能必须符合《建筑用硅酮结构密封胶》GB 16776 的规定；硅酮结构密封胶必须在有效期内使用。

（13）主体结构与幕墙连接的各种预埋件，其数量、规格、位置和防腐处理必须符合设计要求。

（14）幕墙的金属框架与主体结构预埋件的连接、立柱与横梁的连接及幕墙面板的安装必须符合设计要求，安装必须牢固。

（15）护栏高度、栏杆间距、安装位置必须符合设计要求。护栏安装必须牢固。

检验方法：观察；尺量检查；手板检查。

2.5.1.9 《建筑给水排水及采暖工程施工质量验收规范》GB 50242

（1）地下室或地下构筑物外墙有管道穿过的，应采取防水措施。对有严格防水要求的建筑物，必须采用柔性防水套管。

（2）各种承压管道系统和设备应做水压试验，非承压管道系统和设备应做灌水试验。

（3）给水管道必须采用与管材相适应的管件。生活给水系统所涉及的材料必须达到饮用水卫生标准。

（4）生产给水系统管道在交付使用前必须冲洗和消毒，并经有关部门取样检验，符合国家《生活饮用水标准》方可使用。

检验方法：检查有关部门提供的检测报告。

（5）室内消火栓系统安装完成后应取屋顶层（或水箱间内）试验消火栓和首层取二处消火栓做试射试验，达到设计要求为合格。

检验方法：实地试射检查。

（6）隐蔽或埋地的排水管道在隐蔽前必须做灌水试验，其灌水高度应不低于底层卫生器具的上边缘或底层地面高度。

检验方法：满水 15min，水面下降后，再灌满观察 5min，液面不降，管道及接口无渗漏为合格。

（7）管道安装坡度，当设计未注明时，应符合下列规定：①气、水同向流动的热水采暖管道和汽、水同向流动的蒸气管道及凝结水管道，坡度应为 3%，不得小于 2%；②气、水逆向流动的热水采暖管道和汽、水逆向流动的蒸气管道，坡度不应小于 5%；③散热器支管的坡度应为 1%，坡向应利于排气和泄水。

检验方法：观察、水平尺、接线、尺量检查。

（8）散热器组对后，以及整组出厂的散热器在安装之前应作水压试验。试验压力如设计无要求时就为工作压力的 1.5 倍，但不小于 0.6MPa。

检验方法：试验时间为 2～3min，压力不降且不渗不漏。

（9）地面下敷设的盘管埋地部分不应有接头。

检验方法：隐蔽前现场查看。

（10）盘管隐蔽前必须进行水压试验，试验压力为工作压力 1.5 倍，但不小于 0.6MPa。

检验方法：隐压 1h 内压力降不大于 0.05MPa 且不渗不漏。

（11）采暖系统安装完毕，管道保温之前应进行水压试验。试验压力应符合设计要求。当设计未注明时，应符合下列规定：①蒸气、热水采暖系统，应以系统顶点工作加 0.1MPa 作水压试验，同时在系统顶点的试验压力不小于 0.3MPa；②高温热水采暖系统，试验压力应为系统顶点工作压力加 0.1MPa；③使用塑料管及复合管的热水采暖系统，应以系统顶点工作压力加 0.2MPa 作水压试验，同时在系统顶点试验压力不小于 0.4MPa。

检验方法：使用钢管及复合管的采暖系统应在试验压力下 10min 内压力降不大于 0.02MPa，降压至工作压力后检查，不渗、不漏；

使用塑料管的采暖系统应在试验压力下 1h 内压力降不大于 0.05MPa，然后降至工作压力的 1.15 倍，稳压 2h，压力降不不大于 0.03MPa，同时各连接处不渗、不漏。

（12）系统冲洗完毕应充水、加热，进行试运行和调试。

检验方法：观察、测量室温应满足设计要求。

（13）给水管道在竣工后，必须对管道进行冲洗，饮用水管道还要在冲洗后进行消毒，满足饮用水卫生要求。

检验方法：观察冲洗水的浊度，查看有关部门提供的检验报告。

（14）排水管道的坡度必须符合设计要求，严禁无坡或倒坡。

（15）管道冲洗完毕应通水、加热，进行试运行和调试。当不具备加热条件时，应延期进行。

检验方法：测量各建筑物热力入口处供回水温度及压力。

（16）锅炉的汽、水系统安装完毕后，必须进行水压试验。水压试验的压力应符合表 2-17 的规定。

水压试验压力表　　**表 2-17**

项　目	设备名称	工作压力 P（MPa）	试验压力（MPa）
1	锅炉本体	$P<0.59$	$1.5P$ 但不小于 0.2
		$0.59\leqslant P\leqslant 1.18$	$P+0.3$
		$P>1.18$	$1.25P$
2	可分式省煤器	P	$1.25P+0.5$
3	非承压锅炉	大气压力	0.2

注：1. 工作压力 P 对蒸汽锅炉指锅筒工作压力，对热水锅炉指锅炉额定出水压力；
2. 铸铁锅炉水压试验同热水锅炉；
3. 非承压锅炉水压试验压力为 0.2MPa，试验期间压力应保持不变。

检验方法：①在试验压力下 10min 内压力降不超过 0.02MPa；然后降至工作压力进行检查，压力不降，不渗、不漏；②观察检查，不得有残余变形，受压元件金属壁和焊缝上不得有水珠和水雾。

（17）锅炉和省煤安全阀的定压和调整应符合表 2-18 的规定。锅炉上装有两个安全阀时，其中的一个按表中较高值定压，另一个按较低值定压。装有一个安全阀时，应按较低值定压。

安全阀开户压力表　　**表 2-18**

项　次	工作设备	安全阀开户压力（MPa）
1	蒸汽锅炉	工作压力+0.02MPa
		工作压力+0.04MPa
2	热水锅炉	1.12 倍工作压力，但不少于工作压力+0.07MPa
		1.14 倍工作压力，但不少于工作压力+0.10MPa
3	省煤器	1.1 倍工作压力

检验方法：检查定压合格证书。

（18）锅炉的高低水位报警器和超温、超压报警器及联锁保护装置必须按设计要求安装齐全和有效。

检验方法：启动、联动试验并作好试验记录。

（19）锅炉在烘炉合格后，应进行 48h 的带负荷连缀试运行，同时应进行安全阀的热状态定压检验和调整。

检验方法：检查烘炉、煮炉及试运行全过程。

（20）热交换器应以最大工作压力的 1.5 倍作水压试验，蒸汽部分应不低于蒸汽压力加 0.3MPa；热水部分应不低于 0.4MPa。

检验方法：在试验压力下，保持 10min 压力不降。

2.5.1.10 《通风与空调工程施工质量验收规范》GB 50243

（1）防火风管的本体、框架与固定材料、密封垫料必须为不燃材料，其耐火等级应符合设计的规定。

检查数量：按材料与风管加工批数量抽查 10%，不应少于 5 件。

检查方法：查验材料质量合格证明文件、性能检测报告，观察检查点燃试验。

（2）复合材料风管的覆面材料必须为不燃材料，内部的绝热材料不燃或难燃 B1 级，且对人体无害的材料。

检查数量：按材料与风管加工指数量抽查10%，不应少于5件。

检查方法：查验材料质量合格证明文件、性能查测报告，观察检查与点燃试验。

(3) 防爆风阀的制作材料必须符合设计规定，不得自行替换。

检查数量：全数检查。

检查方法：核对材料品种、规格，观察检查。

(4) 防排烟系统柔性短管的制作材料必须为不燃材料。

检查数量：全数检查。

检查方法：核对材料品种的合格证明文件。

(5) 在风管穿过需要封闭的防火、防爆的墙体或楼板时，应设预埋管或防护套管，其钢板厚度不应小于1.6mm。风管与防护套管之间，应用不燃且对人体无危害的柔性材料封堵。

检查数量：按数量抽查20%，不得少于1个系统。

检查方法：尺量、观察检查。

(6) 风管安装必须符合下列规定：①风管，风严禁与其他管线穿越；②输送含有易燃、易爆环境的风管系统应有良好的接地，通过生活区或其他辅助生产房间时必须严密，并不得设置接口；③室外立管的固定拉索严禁拉在避雷针或避雷网上。

检查数量：按数量抽查20%，不得少于1个系统。

检查方法：手板、尺量、观察检查。

(7) 输送空气温度高于800℃的风管，应按设计规定采取防护措施。

检查数量：按数量抽查20%。不得少于1个系统。

检查方法：观察检查。

(8) 通风机传动装置的外露部位以及直通大气的进、出口，必须装设防护罩（网）或采取其他安全设施。

检查数量：全数检查。

检查方法：依据设计图核对、观察检查。

(9) 静电空气过滤器金属外壳接地必须良好。

检查数量：按总数抽查20%，不得少于1台。

检查方法：核对材料、观察检查或电阻测定。

(10) 电加热器的安装必须符合下列规定：①电加热器与钢构架间的绝热层必须为不燃材料；接线柱外露的应加设安全防护罩；②电加热器的金属外壳接地必须良好；③连接电加热器的风管的法兰垫片，应采用耐热不燃材料。

检查数量：按总数抽查20%，不得少于1台。

检查方法：核对材料、观察检查或电阻测定。

(11) 燃油管道系统必须设置可靠的防静电接地装置，其管道法兰应采用镀锌螺栓连接或在法兰处用铜导线进行跨接，且接合良好。

检查数量：系统全数检查。

检查方法：观察检查、查阅试验记录。

(12) 燃气系统管道与机组的连接不得使用非金属软管。燃气管道的吹扫和压力试验应为压缩空气或氮气，严禁用水。当燃气供气管道压力大于0.005MPa时，焊缝的无损检测的执行标准应按设计规定。当设计无规定，且采用超声波探伤时，应全数检测，以质量不低于Ⅱ级为合格。

检查数量：系统全数检查。

检查方法：观察检查、查阅探伤报告和试验记录。

(13) 通风与空调工程安装完毕，必须进行系统的测定和调整（简称调试）。系统调试应包括下列项目：①设备单机试运转及调试；②系统无生产负荷下的联合试运转及调试。

检查数量：全数检查。

检查方法：观察、旁站、查阅调试记录。

(14) 防排烟系统联合试运行调试的结果（风量及正压），必须符合设计与消防规定。

检查数量：按总数抽查10%，且不得少于2个楼层。

检查方法：观察、旁站、查阅调试记录。

2.5.1.11 《建筑电气工程施工质量验收规范》 GB 50303

(1) 接地（PE）或接零（PEN）支线必须单独与接地（PE）或接零（PEN）干线相连接，不得串联连接。

(2) 高压的电气设备和布线系统及继电保护系统的电气设备交接试验，必须符合现行国家标准《电气装置安装工程电气设备交接试验标准》GB 50150的规定。

(3) 变压器中性点应与接地装置引出干线直接连接，接地装置的接地电阻值必须符合设计要求。

(4) 电动机、电加热器及电动执行机构的可接近裸露导体必须接地（PE）或接零（PEN）。

(5) 柴油发电机馈电线路连接后，两端的相序必须与原供电系统的相序一致。

(6) 不间断电源输出端的中性线（N极），必须与由接地装置直接引来的接地干线相连接，做重复接地。

(7) 绝缘子的底座、套管的法兰、保护网（罩）及母线支架等可接近裸露导体应接地（PE）或接零（PEN）可靠。不应作为接地（PE）或接零（PEN）的接续导体。

(8) 金属电缆桥架及其支架和引入或引出的金属电缆导管必须接地（PE）或接零（PEN）可靠，且必须符合下列规定：①金属电缆桥架及其支架全长应不少于2处与接地（PE）或接零（PEN）干线相连接；②非镀锌电缆桥架间连接板的两端跨接铜芯接地线，接地线最小允许截面积不小于4平方毫米；③镀锌电缆桥架间连接板的两端不跨接接地线，但连接板两端不少于2个有防松螺帽或防松垫圈的连接固定螺栓。

(9) 金属电缆支架、电缆导管必接地（PE）或接零（PEN）可靠。

(10) 金属导管严禁对口熔焊连接，镀锌和辟厚小于等于2mm的钢导管不得套管熔焊连接。

(11) 三相或单相的交流单芯电缆，不得单独穿于钢导管内。

(12) 花灯吊钩圆钢直径不应小于灯具挂销直径，且不应小于6mm大型花灯的固定及悬吊装置，应按灯具重量的2倍做过试验。

(13) 当灯具距地面高度小于2.4m时，灯具的可接近裸露导体必须接地（PE）或接零（PEN）可靠，并应有专用接地螺栓，且有标识。

(14) 建筑物景观照明灯具安装应符合下列规定：①每套灯具的导电部分对地绝缘电阻值大于 2MΩ；②在人行道等人员来往密集场所安装的落地式灯具，无围栏防护，安装高度距地面 2.5m 以上；③金属构架和灯具的可接近裸露导体及金属软管的接地（PE）或接零（PEN）可靠，且有标识。

(15) 插座接线应符合下列规定：①单相两孔插座，面对插座的右孔或上孔与相线连接，左孔或下孔与零线连接；单相三孔插座，面对插座的右孔与相线连接，左孔与零线连接。②单相三孔、三相四孔及三相五孔插座的接地（PE）或接零（PEN）线接在上孔。插座的接地端子不与零线端子连接。同一场所的三相插座，接线的相序一致；③接地（PE）或接零（PEN）线在插座间不串联连接。

(16) 测试接地装置的接地电阻值必须符合设计要求。

2.5.1.12 《电梯工程施工质量验收规范》GB 50310

(1) 井道必须符合下列规定：①当坑底面下有人员能到达的空间存在，且对重（或平行重）上未设有安全钳装置时，对重缓冲器秘必须能安装在（或平行重运行区域的下边必须）一直延伸到坚固地面上的实心桩墩上。②电梯安装之前，所有层门预留孔必须设有高度不小于 1.2m 的安全保护围封，并应保证有足够的强度；③当相邻两层门地坎间的距离大于 11m 时，其间必须设置井道安全门，井道安全门严禁向井道内开启，且必须装有安全门处于关闭时电梯才能运行的电气安全装置。当相邻轿厢间有相互救援用轿厢安全门时，可不执行本款。

(2) 层门强迫关门装置必须动作正常。

(3) 层门锁钩必须动作灵活，在证实锁紧的电气安全装置动作之前，锁紧元件的最小啮合长度为 7mm。

(4) 限速器动作速度整定封记必须完好，且无拆动痕迹。

(5) 绳头组合必须安全可靠，且每个绳头组合必须安装防螺母松动和脱落的装置。

(6) 电气设备接地必须符合下列规定：①所有电气设备及导管、线槽的外露可导部分均必须可靠接地（PE）；②接地支线应分别直接至接地干线柱上，不得互相连接后再接地。

(7) 层门的试验必须符合下列规定：①每层层门必须能够用三角外钥匙正常开启；②当一个层门或轿门（在多扇门中任何一扇门）非正常打开时，电梯严禁启动或继续运行。

(8) 在安装之前，井道周围必须设有保证安全的栏杆或屏障，其高度严禁小于 1.2m。

2.5.2 《建筑工程施工质量验收统一标准》

(1) 建筑工程施工质量应按下列要求进行验收：

1) 建筑工程施工质量应符合本标准和相关专业验收规范的规定。

2) 建筑工程施工应符合工程勘察、设计文件的要求。

3) 参加工程施工质量验收的各方人员应具备规定的资格。

4) 工程质量的验收均应在施工单位自行检查评定的基础上进行。

5) 隐蔽工程在隐蔽前应由施工单位通知有关单位进行验收，并应形成验收文件。

6) 涉及结构安全的试块、试件以及有关材料，应按规定进行见证取样检测。

7) 检验批的质量应按主控项目和一般项目验收。

8）对涉及结构安全和使用功能的重要分部工程应进行抽样检测。

9）承担见证取样检测及有关结构安全检测的单位应具有相应资质。

10）工程的观感质量应由验收人员通过现场检查，并应共同确认。

（2）单位（子单位）工程质量验收合格应符合下列规定：

1）单位（子单位）工程所含分部（子分部）工程的质量均应验收合格。

2）质量控制资料应完整。

3）单位（子单位）工程所含分部工程有关安全和功能的检测资料应完整。

4）主要功能项目的抽查结果应符合相关专业质量验收规范的规定。

5）观感质量验收应符合要求。

（3）通过返修或加固处理仍不能满足安全使用要求的分部工程、单位（子单位）工程，严禁验收。

（4）单位工程完工后，施工单位应自行组织有关人员进行检查评定，并向建设单位提交工程验收报告。

（5）建设单位收到工程验收报告后，应由建设单位（项目）负责人组织施工（含分包单位）、设计、监理等单位（项目）负责人进行单位（子单位）工程验收。

（6）单位工程质量验收合格后，建设单位应在规定时间内将工程竣工验收报告和有关文件，报建设行政管理部门备案。

2.6 工程建筑标准强制性条文

2.6.1 工程建设标准概述

标准是对重复性事物和概念所做的统一规定，它以科学、技术和实践经验的综合成果为基础，经有关方面协商一致，由主管机构批准，以特定形式发布，作为共同遵守的准则和依据。

工程建设标准化是为在工程建设领域内获得最佳秩序，对建设活动及其结果规定共同的和重复使用的规则、导则或特性的文件。

2.6.1.1 工程建设标准的层次划分

按照每一项工程建设标准的使用范围，即标准的覆盖面，将其划分为不同层次，目前，我国工程建设标准实行四级标准体系。

（1）工程建设国家标准

国家标准是指对全国经济技术发展有重大意义，需要在全国范围内统一的工程建设技术要求所制定的标准。如《建筑工程施工质量验收统一标准》GB 50300。

国家标准在全国范围内适用，其他各级标准不得与之相抵触。国家标准是四级标准体系中的主体。

（2）工程建设行业标准

行业标准是指对没有国家标准而又需要在全国某个行业范围内统一的技术要求，所制定的标准。如《建筑基坑支护技术规程》JGJ 120。

行业标准是对国家标准的补充，是专业性、技术性较强的标准。行业标准的制定不得与国家标准相抵触，国家标准公布实施后，相应的行业标准即行废止。

（3）工程建设地方标准

地方标准是指对没有国家标准和行业标准，而又需要在省、自治区、直辖市范围内统一的工程建设技术要求，所制定的标准。如北京市《建筑弱电工程施工及验收规范》。

地方标准在本行政区域内适用，不得与国家标准和标业标准相抵触。国家标准、行业标准公布实施后，相应的地方标准即行废止。

（4）企业标准

企业标准是指企业所制定的产品标准和在企业内需要协调、统一的技术要求和管理、工作要求所制定的标准。企业标准是企业组织生产，经营活动的依据。

2.6.1.2 工程建设标准的属性划分

按照每一项工程建设标准在实际建设活动中要求贯彻执行的程度不同，将其划分为不同法律属性。这种分类方法，一般不适用于企业标准。所谓法律属性，是指标准本身是否具有法律上的强制作用。

属性分类法，在国外比较少见，因为在他们的概念里，标准就是标准，除法规（包括技术法规）引用的标准或标准的某些条款外，都是自愿采用的标准，没有强制之说。实际上，这只是标准的作用不同而已，虽然国外的标准绝大部分不具有强制的约束性，但是对技术上的强制性要求，他们都有另外的强制执行的法规，一般称为技术法规。这些技术法规被排除在标准的范畴以外。而我国过去长期实行的是单一的计划经济体制，标准一统技术领域，技术法规也被融合在了标准之中。可以说，按属性对工程建设标准进行分类，是现阶段我国标准化工作的特殊需要。

《标准化法》第七条规定：国家标准、行业标准分为强制性标准和推荐性标准。保障人体健康，人身、财产安全的标准和法律、行政法规规定强制执行的标准是强制性标准，其他标准是推荐性标准。

强制性标准是国家通过法律的形式明确要求对于一些标准所规定的技术内容和要求必须执行，不允许以任何理由或方式加以违反、变更。对违反强制性标准的，国家将依法追究当事人法律责任。

在标准标号时，推荐性标准的代号，是在强制性标准代号后面加“/T”。如强制性国家标准代号为“GB”，推荐性国家标准代号为“GB/T”。

工程建设强制性标准的范围主要包括：①工程建设勘察、规划、设计、施工（包括安装）及验收等综合性标准和重要的质量标准；②工程建设有关安全、卫生和环境保护的标准；③工程建设重要的术语、符号代号、量与单位、建筑模数和制图方法标准；④工程建设重要的试验、检验和评定方法等标准；⑤国家需要控制的其他工程建设标准。

2.6.2 工程建设标准强制性条文

2.6.2.1 强制性条文产生的背景

改革开放以来，我国工程建设发展迅猛，基本建设投资规模急剧增加，建设行业已经成为国民经济发展的支柱产业之一。但是，发展过程中暴露出来的种种问题，尤其是市场秩序混乱，有法不依的现象，严重危及工程质量和安全生产，对国家财产和人民群众的生命财产安全构成了重大威胁。2000 年 1 月 30 日，国家颁布了《建设工程质量管理条例》，第一次对执行国家强制性标准作出了比较严格的规定。不执行国家强制性技术标准就是违法，就要受到相应的处罚。该条例的发布和实施，为保证工程质量，提供了必要和关键的工作依据和条件。

2000年以来，建设部相继批准了《工程建设标准强制性条文》共十五部分，包括城乡规划、城市建设、房屋建筑、工业建筑、水利工程、电力工程、信息工程、水运工程、公路工程、铁道工程、石油和化工建设工程、矿山工程、人防工程、广播电影电视工程和民航机场工程，覆盖了工程建设的各主要领域。

与此同时，建设部颁布了建设部令81号《实施工程建设强制性标准监督规定》，明确了工程建设强制性标准是指直接涉及工程质量、安全、卫生及环境保护等方面的工程建设标准强制性条文，从而确立了强制性条文的法律地位。

2000年版的强制性条文颁布以后，立即受到了工程界的高度重视，并作为工程建设执法的依据。近年来每年质量大检查和建筑市场专项治理中都把强制性条文作为重要依据，为保证和提高工程质量起到了根本性的作用。随着强制性条文的贯彻实施和工程建设标准化工作的深入开展，以及对强制性条文的深入研究和实践的检验，根据各方面的意见和反映，建设部决定对2000年版的强制性条文（房屋建筑部分）进行修订。2002年8月30日，建设部建标（2002）219号发布2002版《工程建设标准强制性条文》（房屋建筑部分），自2003年1月1日起施行。

这以后，根据《建设工程质量管理条例》（国务院令第279号）和《实施工程建设强制性标准监督规定》（建设部令第81号），原建设部组织《工程建设标准强制性条文》（房屋建筑部分）咨询委员会等有关单位，对《工程建设标准强制性条文》（房屋建筑部分）2002年版进行了修订。

2009版《工程建设标准强制性条文》（房屋建筑部分）（以下简称"《强制性条文》"），补充了新发布国家标准和行业标准（含修订项目，截止时间为2008年12月31日）的强制性条文，并经适当调整，修订而成。

2.6.2.2 《强制性条文》内容综述

2009版《工程建设强制性条文》（房屋建筑部分）的主要内容，是现行房屋建筑工程国家标准和行业标准中直接涉及人民生命财产安全、人身健康、节能、节水、节材、环境保护和其他公众利益以及保护资源、节约投资、提高经济效益和社会效益等政策要求的条文。

执行过程中，应系统掌握现行工程建设标准，全面理解强制性条文的准确内涵，以保证《强制性条文》的贯彻执行。在本《强制性条文》发布之后批准的强制性条文，将替代或补充本《强制性条文》中相应的内容。

《强制性条文》共分10篇，引用工程建设标准226本，编录强制性条文2020条。篇目划分及引用标准如表2-19所示。

2009版房屋建筑强制性条文篇目一览表 **表2-19**

项次	篇目	名称	引用标准数	编录强制性条文数
1	第一篇	建筑设计	38	208
2	第二篇	建筑设备	33	265
3	第三篇	建筑防火	33	446
4	第四篇	建筑节能	10	84

续表

项次	篇目	名称	引用标准数	编录强制性条文数
5	第五篇	勘察和地基基础	10	90
6	第六篇	结构设计	21	176
7	第七篇	抗震设计	12	89
8	第八篇	鉴定加固和维护	7	100
9	第九篇	施工质量	49	314
10	第十篇	施工安全	13	248
11	合计	共十篇	226本	2020条

与2002版《强制性条文》(房屋建筑部分)相比较，2002版共设九篇，引用工程建设标准107本，编录强制性条文1444条；2009版设置十篇，引用工程建设标准226本，共编录强制性条文2020条。2009版增加了第四篇建筑节能，本篇新增录强制性条文84条。

2.6.2.3 《强制性条文》篇章解读—施工质量篇

《强制性条文》施工质量篇主要叙述施工及验收阶段与质量有关的各项强制性要求。施工质量验收是工程建设过程中必不可缺的重要环节。如果对工程建设全过程作宏观划分，施工质量验收通常与勘察、设计等阶段相对应，是工程建设中的重要阶段。

施工质量篇与其他各篇之间有紧密联系，但也有显著区别。其联系体现在与勘察、设计、防火、抗震等要求密不可分，是上述环节各项要求的延续与具体实施；其区别则在于施工环节有自己独立的要求，涉及材料质量、验收标准等的规定是其他各篇没有的。本篇将强制性要求的重点定位于质量验收、材料性能检验、关键工艺控制、施工对设计要求的符合性等方面，这类规定，其他各篇均不涉及。了解本篇与其他各篇之间的这些异同，对于深入理解本篇的地位与内定是有益的。

本篇内容按照建筑工程的部位和专业划分，共九章。在总则中，首先阐明了工程验收的各项基本要求，然后分别叙述了施工质量各方面的强制性规定。后八章的内容依次是：地基基础、混凝土工程、钢结构工程、砌体工程、木结构工程、防水工程、装饰装修工程、建筑设备工程。

与2002年版强制性条文相比，本篇主要修订内容可以归纳为以下5点：

(1) 范围的调整。本篇将施工质量单独成篇，把关于施工安全的内容分离出去，另外组成第十篇。这样调整的结果，使两者的重要性、完整性均得到提高。

(2) 章节结构的调整。本篇章节结构，系按照建筑施工中分部(子分部)工程的划分，以质量验收为主线编制。在更新各章条文的同时，增加了第一章总则，使各章条文的系统性和条理性有所改善。

(3) 内容的充实与调整。本篇遵循系列验收标准改革中“验评分离、强化验收、完善手段、过程控制”的16字方针，以对验收的强制性规定为主，同时纳入一定数量对施工工艺或关键技术环节的强制性要求。无论是质量验收还是过程控制，主要控制的对象均是涉及安全、环保、健康、防火、抗震等的重要环节。

内容的调整，还表现在本篇在2000年版基础上，补充了以往未纳入的装饰装修、幕墙、模板以及智能建筑工程等内容。通过调整，使《强制性条文》对质量验收的要求更为完善，重点更为突出，可以更好地达到“强化验收”的目的。

（4）条款数量增加。随着内容的调整，本篇条款数量也有所变化。在强化对安全、健康、环保等社会公众利益强制性规定的同时，强制性条款的数量，由2002版232条增加到314条，增大了强制范围，以达到便于执行和监督的目的。

（5）订正了非强制性质的用词、用语、不仅提高了强制性条文的严肃性与严密性，而且更有助于仲裁与事故处理工作的顺利进行。

2.6.2.4 《强制性条文》篇章解读—施工安全篇

所谓安全，是指建造“实物”的人在建造“实物”过程中的生命安全和身体健康。如果说质量是管物的，安全就是管人的，所以，安全是指没有危险，不出事故，未造成人身伤亡和资产损失，安全不但包括人身的安全，还包括资产的安全。从建设部（20世纪80年代）对五年中810起因工死亡事故分析得出，建筑行业的事故类别主要是高处坠落、触电、物体打击和机械伤害，这四类事故占事故总数的80.6%，称为“四大伤害”。这四类事故主要集中在脚手架、临边与洞口防护、龙门架与井字架、施工用电、塔式起重机、施工机械及安全管理不善等七个方面。20世纪90年代，随高层建筑的增加，坍塌事故也相应增多，主要发生在模板和深基工程施工，形成继四大伤害之后的第五大伤害。

《强制性条文》施工安全篇针对建筑施工特点，从不同方面对施工设施、设备及人的行为进行规范，最终实现消除隐患保障施工安全。

2009年版的施工安全强制性条文共9章，242条。分别为临时用电（30条）；高处作业（23条）；机械使用（82条）；脚手架（69条）；物料升降机（11条）；擦窗机（15条）；地基基础（1条）；拆除工程（11条）；环境与卫生（6条）。

执行本篇强制性条文时，应注意做好以下工作：

（1）工程施工前，应在施工组织设计中编制安全技术措施。在安全技术措施中贯彻有关强制性条文的规定，对专业性较强的工作项目，应编制专项施工组织设计。

1）现场临时用电工程，应编制临时用电施工组织设计。为保障用电安全防止发生触电事故，应重点控制对现场用电保护方式的正确选择，对线路、电箱及电器元件应按其计算负荷进行设计，漏电保护器的安装应符合两级保护的规定，按作业条件选用现场照明的电源电压以及做好对外电架空线路的防护措施。

2）处于高处作业条件时，应保障作业人员有符合要求的基本安全作业条件，防止发生高处坠落和物体打击事故。应重点控制对洞口与临边作业、攀登与悬空作业、操作平台与交叉作业等各种条件下高处作业的防护措施的安全可靠性。各种防护措施的做法与安全要求，应预先设计并纳入安全技术措施之中。

3）脚手架的搭设除应满足使用要求外，还应满足荷载及防护要求，防止发生高处坠落及架体倒塌事故。应重点控制钢管及扣件材质、脚手架基础、各杆件间距、剪刀撑及连墙件的正确设置。对模板支架、施工茶载超过规范规定的脚手架以及高度超过24m的脚手架，应通过计算校核，满足立杆稳定性的要求；对高度超过50m的脚手架，应专门进行设计。施工中，作业层不准超载使用和必须保证脚手架拆除过程中的稳定性。

（2）各种机械设备进场应做好交接验收工作，各种机械进场后使用前，应由主管部门按规定和说明书要求进行检验，确认合格后方可交付工地使用。对塔式起重机、施工升降机、物料提升机等转移工地后需重新组装的机械设备，在重新组装后，应按试验检验规则进行空载、额定荷载和超载试验，试验中应同时对其安全装置的灵敏可靠度进行试验并记录试验结果。外租的机械设备，应由产权单位与使用单位共同参加试验验收。自制的物料提升机应有设计计算书及图纸，架体结构必须满足承载力的要求，传动机构必须满足工作运行的要求，提升机应具备必要的安全防护装置。

(3) 加强动态管理

由于施工条件的不断变化，现场的各种设施也会发生变化，应注意检查及时改进，使各种设施适应变化后的作业条件，达到预期效果。例如孔洞的防护，会因设置不当和施工中被挪动而出现不牢、不严等新的漏洞，一经发现及时整改，防止事故发生。又如脚手架连墙件的设置，在施工主体时能满足要求，当进入装修阶段有的连墙件影响施工，如果不及时采取措施，改变连接部位，就会被拆除造成杆件长细比加大，影响脚手架的整体稳定性。另外，像临时用电施工组织设计也应随用电设备的变化而进行修订，工程在主体施工阶段与进入装修后所用的机械设备种类、数量都会有明显变化，施工用电线路截面、电箱位置、电器元件的参数也应重新选择，否则就会造成临时用电的混乱。

《施工安全》篇共涉及13本现行建筑工程设计标准，强制性条文摘录的规范、规程见强制性条文P10-9-1标准目录。

2.6.3 《实施工程建设强制性标准监督规定》(建设部令81号)

《强制性条文》是政府站在国家和人民的立场上，对工程建设活动提出的最基本的、必须做到的要求，从某种意义上，这就是目前阶段的具有中国特色的“技术法规”。所有工程建设的参与者（包括管理人员、技术人员），都应当熟悉、了解和遵守。

为加强工程建设强制性标准实施的监督工作，保证建设工程质量，保障人民的生命、财产安全，维护社会公共利益，根据《中华人民共和国标准化法》、《中华人民共和国标准化法实施条例》和《建设工程质量管理条例》，建设部于2000年8月25日，发布了建设部令81号《实施工程建设强制性标准监督规定》(以下简称《监督规定》)，将强制性标准的实施监督列入了行政执法的重要内容。

《监督规定》对参与建设活动各方责任主体违反强制性标准的处罚做了具体的规定：

【第十六条】建设单位有下列行为之一的，责令改正，并处以20万元以上50万元以下的罚款：

一、明示或者暗示施工单位使用不合格的建筑材料、建筑构配件和设备的；

二、明示或者暗示设计单位或者施工单位违反工程建设强制性标准，降低工程质量的。

【第十七条】勘察、设计单位违反工程建设强制性标准进行勘察、设计的，责令改正，并处以10万元以上30万元以下的罚款。

有前款行为，造成工程质量事故的，责令停业整顿，降低资质等级；情节严重的，吊销资质证书；造成损失的，依法承担赔偿责任。

【第十八条】施工单位违反工程建设强制性标准的，责令改正，处工程合同价款2%以上4%以下的罚款；

造成建设工程质量不符合规定的质量标准的，负责返工、修理，并赔偿因此造成的损失；

情节严重的，责令停业整顿，降低资质等级或者吊销资质证书。

【第十九条】工程监理单位违反强制性标准规定，将不合格的建设工程以及建筑材料、建筑构配件和设备按照合格签字的，责令改正，处50万元以上100万元以下的罚款，降低资质等级或者吊销资质证书；有违法所得的，予以没收；造成损失的，承担连带赔偿责任。

【第二十条】违反工程建设强制性标准造成工程质量、安全隐患或者工程事故的，按照《建设工程质量管理条例》有关规定，对事故责任单位和责任人进行处罚。

【第二十一条】有关责令停业整顿、降低资质等级和吊销资质证书的行政处罚，由颁发资质证书的机关决定；其他行政处罚，由建设行政主管部门或者有关部门依照法定职权决定。

【第二十二条】建设行政主管部门和有关行政部门工作人员，玩忽职守、滥用职权、徇私舞弊的，给予行政处分；构成犯罪的，依法追究刑事责任。

2.6.4 案例分析

2.6.4.1 某小学建筑栏杆高度不达标致学生坠楼死亡

（1）背景描述

2000年12月，湖南省某镇一小学生游某，在学校的第三层教室门口走廊上玩耍时，双手俑在走廊边的栏杆上，同时右腿跨在栏杆上，不幸失手坠落至一楼地面的水泥地面上。事发后，该校领导及教师当即将游某送往县人民医院抢救。因严重脑挫伤，颅骨骨折，小脑出血，股骨骨折等致中枢性呼吸衰竭、循环衰竭，游某于12月6日凌晨临床死亡。

经调查，该小学发生事故的该栋教学楼系1970年修建，于1988年3月30日由会同县人民政府颁发房屋所有权证。该栋教学楼的第三楼走廊栏杆高度在未发生事故前只有0.93m，事发后被校方从原有的0.93m增加到1.2m高。

最终，法院判决该小学承担本事故全部赔偿责任。

（2）原因分析

《中小学校建筑设计规范》GBJ 99中有如下强制性条文规定：6.3.5　室内楼梯栏杆（或栏板）的高度不应小于900mm。室外楼梯及水平栏杆（或栏板）的高度不应小于1100mm。

造成这一事故的发生，是因该校的教学楼栏杆不符合我国1986年12月25日颁布的《中小学校建筑设计规范》标准关于栏杆的高度应达到1.1m的规定，易使无民事行为能力人能随意攀爬。该教学楼虽修建于1970年，但《中小学校建筑设计规范》出台后，校方未按规定采取补救措施，加高走廊栏杆，没有注意到不符合标准的走廊栏杆对不特定的未成年学生存在安全隐患，给其人身可能造成危险，未尽到应尽的全部注意义务。

（3）经验教训

《强制性条文》是政府站在国家和人民的立场上，对工程建设活动提出的最基本的、必须做到的要求，从某种意义上，这就是目前阶段的具有中国特色的“技术法规”。小学作为特殊的公共建筑，其设计控制针对常见设计错误，重点在保证安全和体现建筑对人的关怀方面。《中小学校建筑设计规范》GBJ 99从1986年发布至今，在2009版强制性条文中再次被确认和收录，充分体现了强制性条文的重要特点：对直接涉及人民生命财产安全、人身健康、环境保护和其他公共利益的关键技术要点控制的补充、强化。

2.6.4.2 某建筑工程公司违法施工受到行政处罚

（1）背景描述

2008年4月，某市工程质量监察机构对本市在建工程进行了监督检查，发现某建筑工程有限公司在施工中存在：1. 楼层周边、楼梯口等部位临时防护措施不到位，存在严重安全隐患。违反了工程建设强制性条文《建筑施工高处作业安全技术规范》JGJ 80 第3.1.1条之规定；2. 施工现场临时用电局部未采用三级配电系统；部分电气设备的金属外壳未与保护零线连接，存在严重安全隐患，分别违反工程建设强制性条文《施工现场临时用电安全技术规范》JGJ 46 第1.0.3条、第5.1.1条之规定；3. 电梯井口未设置固定栅门，井道内未按规定进行封闭。违反工程建设强制性条文《建筑施工高处作业安全技术规范》JGJ 80 第3.2.1条之规定。

根据确认违规事实，对照相关法律法规，该公司行为违反了建设部令第81号《实施工程建设强制性标准监督规定》第二条（在中华人民共和国境内从事新建、扩建、改建工程建设活动，必须执行工程建设强制性标准）。根据建设部令第81号《实施工程建设强制性标准监督规定》第十八条的规定（施工单位违反工程建设强制性标准的，责令改正，处工程合同价款2%以上4%以下的罚款），对该建筑工程有限公司作出以下处罚：1. 责令改正；2. 予以罚款。

（2）案情分析

本案属于施工单位违反工程建设强制性标准违法施工被行政处罚的案件。

本案违规的主要内容是：

1）楼层周边、楼梯口等部位临时防护措施不到位，电梯井口未设置固定栅门，井道内未按规定进行封闭，存在严重安全隐患。根据《建筑施工高处作业安全技术规范》JGJ 80 规定：基坑周边、尚未安装栏杆或拦板的阳台、料台与挑平台周边，雨篷与挑檐边，无外脚手架的屋面与楼层周边及水箱与水塔周边等处，都必须设置防护栏杆；头层墙高度超过3.2m的二层楼面周边，以及无外脚手架的高度超过3.2m的楼层周边，必须在外围架设安全平网一道；分层施工的楼梯口和梯段边，必须安装临时护栏；顶层楼梯口应随工程结构进度安装正式防护栏杆；井架与施工用电梯和脚手架等与建筑物通道的两侧边，必须设防护栏杆。地面通道上部应安装安全防护棚。双笼井架通道中间，应予分隔封闭；各种垂直运输接料平台，除两侧设防护栏杆外，平台口还应设置安全门或活动防护栏杆。临时防护不到位，容易导致人员高空坠落、物体打击等安全事故发生，应在现场管理中给予足够的重视。

2）施工现场临时用电局部未采用三级配电系统；部分电气设备的金属外壳未与保护零线连接，存在严重安全隐患。根据《施工现场临时用电安全技术规范》JGJ 46 规定：由中性点直接接地的专用变压器供电的施工现场，必须采用TN-S保护接零系统（用电设备的金属外壳必须采用保护接零），专用保护接零线的首、末端及线路中间必须重复接地，重复接地电阻必须符合有关规定；由公用变压器供电的施工现场，全部金属设备的金属外壳，必须采用保护接地；电气设备的金属外壳必须通过专用接地干线与接地装置可靠连接，接地干线的首、末端及线路中间必须与接地装置可靠连接，每一接地装置的接地电阻不得大于4欧姆；接至单台设备的保护接零（地）线的截面积不得小于接至该设备的相线截面积的50%，且不得小于2.5mm² 多股绝缘铜芯线（设备出厂已配电缆，且必须拆开密封部件才能更换电缆的设备除外，如潜水泵）；与相线包扎在同一外壳的专用保护接零（地）线（如电缆），其颜色必须为绿/黄双色线，该芯线在任何情况下不准改变用途；专用保护接零（地）线在任何情况下严禁通过电流工作。用电设备的不安全状态是导致发生触电、电击伤等安全事故的重要原因，也是现场管理的又一重点。

（3）案件评析

本案是施工单位违反质量工程建设强制性标准违法施工的典型案例。分析该类案件，应该给予关注：

工程建设过程必须严格执行工程建设强制性条文应引起建设各方主体的充分重视，违反工程建设强制性条文必将受到严厉的处罚。目前，建筑市场竞争激烈，部分施工企业为承接业务，不考虑企业的自身承受能力，用大幅度降低标价的办法来获得项目，继而在项目建设过程中对安全、文明等必要的施工投入进行削减来保证利润，造成施工现场的安全设施、设备投入不足，留下安全隐患，严重的甚至造成坍塌亡人事故；同时，另一个重要的原因是部分企业管理层及相关人员具备的管理素质、专业水平、实际操作能力与现今工程的施工要求不符，无法满足现今工程的管理要求，也就不能对现场的质量、安全管理进行控制。

工程建设强制性条文内容是明确不能违反的行业标准，对于本案而言，造成违规的原因非常明确，主要是施工企业对项目管理不重视，现场检查不够及时造成。因此，企业一方面应加强内部管理，强化各级管理人员对工程建设强制性条文的学习，健全安全管理责任分工和落实检查制度；另一方面应在资金分配上应确保安全、文明施工的费用投入，做到专款专用，对于安全设备及材料应选择有保证的产品，避免在后期使用中造成违规现象的产生。

2.6.4.3　违规拆除致建筑坍塌事故

（1）背景描述

某市还处在经营状态的某商场，业主方将部分楼层拆除旧房工程任务发包给某建筑工程公司第四工程处承包人余某。余某组织四五个作业人员对尚在经营的商场三层砖混结构实施违章拆除。至上午10时20分许，作业人员未作任何防护措施，已将商场中部二楼、三楼两房间的槽型楼板凿打出了8个0.5m^2的洞。后因市房管局拆迁处的工作人员发现并进行了制止，作业人员停止作业。但撤离的作业人员对已凿楼板未采取任何加固措施就离开了现场。10时30分商场中部两间房的楼板开始发生坍塌，垮塌的楼板从三楼一直砸到底层，造成3人死亡，6人重伤。

（2）原因分析

房屋拆除属危险作业，必须编制专项施工方案，制定安全措施。作业前撤离全部非作业人员，作业区周围应设警戒区。在进行部分拆除作业时，必须先对保留部分进行充分加固。

《建筑拆除工程安全技术规范》JGJ 147有如下强制性条文：

4.2.1　……对只进行部分拆除的建筑，必须先将保留部分加固，再进行分离拆除。

4.5.4　施工单位必须依据拆除工程安全施工组织设计或安全专项施工方案，在拆除施工现场划定危险区域，并设置警戒线和相关的安全标志，应派专人监管。

5.0.5　拆除工程施工前，必须对施工作业人员进行书面安全技术交底。

在本案中，该工程施工单位不具备房屋拆除资质，管理失控，违章冒险蛮干；拆除建筑物前，未制定拆除方案，未明确拆除程序，未采取防护措施。拆除建筑物周围没有设安全防护网和防护棚；拆除现场没有设任何警示标志。多处违反国家相关法律法规和工程建设标准强制性条文，最终导致了事故发生。

（3）经验教训

从此次事故中，充分暴露出施工单位的管理相当混乱，法制观念差，有章不循、违章指挥、违章作业，事故的发生是必然的。

规定的建设程序和施工安全强制性条文是建设工程施工安全的重要保障，不按章办事，就会给诸多工作留下事故隐患。该事故的发生是严重违章操作的结果，同时，也暴露了政府有关部门监控不力，工作人员的工作作风和责任心及主观能动性都存在一定问题。

为了防止类似事故发生，我们应从该事故中得到如下警醒：

1）《建筑法》、《安全生产法》、相关的安全技术规范等法规的学习和宣传应得到进一步落实。

2）有关责任单位应进行全面停业整顿，必须完善和落实各项管理规章制度，必须在资质范围内承接工程，不能以包代管，严防“三违”和冒险作业。

3）拆除工程应严格从业资格制度，加强从业人员的素质教育，加强从业人员的安全生产及自我防护意识教育。

4）拆除建筑必须进行安全评估及制定有针对性的拆除方案，必须从制度和程序上得到保证。

第二部分 建筑工程施工管理综合案例

3 某住宅保障房工程施工管理案例

某住宅保障房是上海市重大实事工程，上海五大保障房基地之一，其中 A6-3 地块为九年一贯制学校工程，由上海市某施工单位承建。

A6-3 地块为一个单位工程，划分为教学楼、实验楼、办公楼、体育馆及连接体五个单体工程和体育教育设施，单体面积较小。该工程于 2009 年 9 月 15 日正式开工，2009 年 10 月 25 日桩基础施工完成，2010 年 6 月 2 日结构完成，于 2010 年 12 月 31 日竣工，总工期 473 天。

施工单位通过对该工程前期设计图纸的仔细查阅和对有关问题的细致探讨和研究，分析了各种影响施工的不利因素和本工程的施工难点，以及在整个施工过程中克服工期紧的难题，合理安排施工工序及各项资源，严格过程控制，圆满完成该工程，受到建设方的和使用方的一致好评，同时也使我们提高了对小型工程施工管理全过程掌控的能力。

本工程的实景图片见图 3-1、图 3-2。

图 3-1 教学楼

图 3-2 操场

3.1 工程概况及特点

3.1.1 工程概述（略）

3.1.2 地理位置

A6-3 地块九年一贯制学校选址在上海市宝山区顾村馨佳园住宅区内，地理位置十分优越，交通十分便利。基地三面环路，东面为在建住宅小区。北面为沪联路、西面为规划菊盛路、南面为在建黄海路。

3.1.3 工程承包范围

本工程承包范围为除通信、电力、煤气、上水及绿化外所有建筑安装工程及二次精装修工程。总承包单位承担其承包范围内的各专业分包工程的总承包管理和配合的职责。

3.1.4 工程概况及结构形式

教育楼（单体一、五）：桩基＋带型钢筋混凝土梁＋承台基础，框架结构，平屋面，墙体为混凝土小型砌块。

实验楼（单体二）：桩基＋带型钢筋混凝土梁＋承台基础，框架结构，平屋面，墙体为混凝土小型砌块。

办公楼（单体四）：桩基＋带型钢筋混凝土梁＋承台基础，框架结构平屋面，墙体为混凝土小型砌块。

体育馆（单体三）：桩基＋带型钢筋混凝土梁＋承台基础，二层框架结构，二楼为钢结构，墙体为混凝土小型砌块。

连接体（单体六）：连接实验楼和体育馆，一层框架结构，桩基＋带型钢筋混凝土梁＋承台基础。

工程建筑主体结构耐久年限为50年，防火等级为二级，除体育馆抗震等级为二级，其余均为三级。抗震设防烈度为7度。

3.1.5 现场条件

施工现场场地较为平坦，大部分为已拆迁完民房的空地。电源和水源离施工现场距离较远，需做好三通一平，确保工程顺利进行。

3.2 施工总体规划和部署

3.2.1 总体设想

考虑到本工程作为A6-3地块九年一贯制学校，是教育机构用房，有很强的针对性性，经公司各部门协同商讨、规划制定如下：

（1）本工程单层面积较大，层数不多，为确保工期顺利实现，现场必须合理的划分施工区域，加大劳动力配备、模板、周转设备、机械等各方面的投入，科学有效的施工方案等一系列的措施。

（2）上海地区地基土软弱、地下水位高等特征。在工程桩基、土方、基础施工过程中充分考虑对环境的影响，制定确保安全、质量的措施。

（3）通过对现有方案设计图纸的仔细分析，并结合基地实际情况，本工程施工进度的关键路线主要由桩基施工→土方开挖→基础工程施工→主体结构施工→外墙饰面施工→内部楼层精装修→总体道路、体育设施施工。

（4）根据上述施工安排，整个施工现场配备强有力的施工管理班子，由现场项目经理全权负责，在结构施工阶段配备钢筋、模板、混凝土等工种相互之间进行各工种的流水搭接交叉立体施工。

（5）本工程采用泵送商品混凝土集中供料的施工工艺，在混凝土施工前，将协调好预拌混凝土供应厂商从级配、压送、布料等方面综合考虑，确定最佳施工方案。

(6) 根据本工程的建筑及结构、设备安装工程量和本公司施工管理、资源配备的情况，合理安排施工顺序，抓住关键线路，有效地从平面、空间等特点上进行平行流水及交叉作业，减少关键线路上的施工时间，确保工程的如期完成。

(7) 本工程水、电、风及设备安装工程量大，因此，作为总承包单位，要求各有关设备安装施工队伍在基础结构结束前少量进场，配合土建埋管预留工作，随着工程量和工作面的增加而展开，施工高峰期在工程装饰阶段。其他单位工程设备安装施工也随土建施工进度展开，做到安装与土建衔接紧密、穿插有序。

3.2.2 总体进度计划控制

2009/10/8～2009/10/15 进场平整场地、回填土方、道路路基。

2009/10/16～2009/11/30 搭临时设施、架设水管、电缆。

2009/10/9～2009/10/15 定位放线、桩机进场做打桩准备工作。

2009/10/9～2009/11/15 打桩。

2009/11/06～2010/03/18 单体四/五基础、主体结构。

2009/11/11～2010/04/22 单体一基础、主体结构。

2009/07/12～2010/03/18 单体三/六基础、主体结构。

2009/11/15～2010/04/22 单体二基础、主体结构。

春节休假 20 天

2010/03/18～2010/6/30 粗装修完。

2010/5/15～2010/07/15 二次装修完。

2010/6/11～2010/7/25 室外总体。

2010/07/26～2010/07/31 竣工验收。

3.2.3 施工准备

(1) 桩基工程

本工程桩基础采用直径 400mmPHC 管桩，桩长 24m，两节桩，施工由一台 500t 静压桩机静压施工。

(2) 土方工程

本工程基础为桩基＋承台基础＋基础梁，基础底设计标高－2.4m。采用大面积机械开挖，土方外运，后汽车装载后机械回填。(详见土方工程组织设计)

(3) 钢筋工程

本工程钢筋全部采用现场集中加工制作，现场配备两台 25t 汽车吊和一辆 5t 卡车负责调运，其中 ϕ25 以上现场采用单面搭接焊，竖向钢筋采用电渣压力焊机对焊，ϕ25～ϕ16 水平钢筋采用闪光对焊，ϕ16 以下水平钢筋则以绑扎搭接为主。

(4) 模板工程

本工程因工期很紧，需配备三套木模，采用以 ϕ48 钢管、扣件等做模板支撑骨架，用 50×100 木方做木楞，配合 ϕ14 拉接螺杆及九夹板做模板面。

(5) 混凝土工程

本工程所有结构混凝土均采用预拌混凝土汽车泵输送。

(6) 脚手架工程

本工程建筑均为3～5层，高度不高，为此我们考虑建筑物的四周搭设落地双排钢管脚手架。

(7) 垂直运输

本工程结构施工阶段现场配备两台25t汽车吊和一辆5t卡车，装修阶段以6台井字架为主。

(8) 配套工程

本工程总体工程按工程量分成大致相等的两个施工流水段进行：定位放线→土方开挖→管道、窨井临时固定→素混凝土填充固定→回填→道路混凝土浇捣→路面养护→摊铺沥青等各道施工工序的流水搭接施工。

3.2.4 现场施工管理组织

针对本工程，我们配备了严密的两级管理组织机构，施工现场组成一套充满活力，刻苦钻研，并能吃苦耐劳的项目管理班子，对整个施工全过程进行科学管理；在施工全过程中，从施工准备，技术方案选定，垂直运输，平面布置等直到竣工，从总承包的角度出发，站在各分包单位和专业配套施工单位的立场进行全面、综合考虑，并从工程项目管理和施工现场标准化入手。

根据合同精神，为确保能满足建设方的要求，我公司成立A6-3地块学校工程项目部，并委派具有同类工程施工经验的国家一级建造师担任本项目的项目经理，同时配备相应的施工技术、质量安全、材料设备、合同预算等一套强有力的管理班子。

项目部主要管理人员由项目经理一名，项目施工员两名，专职安全员一名，其他各条线管理人员及木工班长、泥工班长、钢筋班长、安装班长、架子班长等方面管理人员18名组成。现场项目部在项目经理的领导下，作为本工程管理机构，全面负责施工全过程的施工生产技术、质量与安全、文明施工管理等管理工作，对作业层直接负有协调管理、统筹安排的职能，全面履行合同所规定的一切内容，从而确保了本工程的质量、安全、工期等均能达到的要求。

3.2.5 施工用电方案

(1) 施工用电布置

根据现场初步估算，本工程施工用电总容量定为150kW，施工用电接入现场后，通过施工总配电箱分成三路，具体方案如下：

为了保证施工工程不因停电、断电或施工高峰期用电量不够而影响工程正常施工。甲方提供有150kVA容量的电源，基本能满足施工需求。在主体、结构施工中，现场总用电量189.5kVA（按0.7系数计算）约133kVA，所有机械设备及照明电线安装触电保护器。

电源进场及现场内全部采用埋地敷设，不得随意绑扎在钢筋或脚手架上，电线采用电缆线，手提移动电器一律使用软质橡胶线且不得超过5m，不得有接头。

从建设方提供的150kVA总电源引出到现场为Ⅰ号总配电箱约400m。进线用$95mm^2$铜芯三相五线制380V地缆线。

现场从Ⅰ号总配电箱引出三路接至各分配电箱。

第一路：接至生活区内、供食堂、宿舍、办公室等用电，为Ⅱ号配电箱，进线采用BX50×4＋25×1的380V电缆。

第二路：钢筋加工场/木工加工场用电量，接至为Ⅲ号配电箱，进线采用BX50×4＋10×1的380V电缆。

第三路：施工现场用电，接至6个单体中间为Ⅳ配电箱，进线采用BX35×4＋16×1的380V电缆。分为6个支路接至6个单体。

电缆过马路时高度不得低于4.5m并在线上设明显警示标牌，电缆接头确保绝缘、防潮、坚韧以防漏电，各配电箱底座比地坪高出50cm，箱顶有雨罩。电线与钢筋、机械等不得摩擦压轧，电线固定点不得用裸铜、钢丝等金属线绑扎，配电设备应一律采用三相四线眼座和单相三眼插头，插在箱内插座上，不得将线接成鸡爪式直接插入眼中。

（2）配电箱装置

1）分为地面施工机械、井架、楼层施工机械、照明等分支线。

2）总配电箱各自到达各固定安装的分配电箱，各分配电箱分路到达各自单机开关箱内。

3）总配电箱到分配电箱，各分配电箱到各单机开关箱的距离不＞30m，各类振动器的电线长度不得超过10m，开关箱距用电设备的距离不大于3m，采用软质橡皮线。

4）所有电器件均应安装在铁制的绝缘板上，箱壳应接地。

5）电气设备的金属外壳必须专用保护零线连接，专用保护零线应由工作接地线，配电室的零线或第一级漏电保护器电源侧的零线引出。

6）同一供电系统、电气设备，必须作保护接零和保护接地。

7）采用的施工主要机械及用电总功率如表3-1所示。

主要机械及用电总功率表 **表3-1**

机械名称	数量（台）	用电功率（kW）
水泵	8	1.5
井架	6	7.5
钢筋对焊机	1	100
电弧焊机	4	10
钢筋切割机	2	7.5
钢筋弯曲机	2	2.8
混凝土振捣机	10	1.1

8）工地总用电计算：

$$P=1.05-1.10\left(K_1\frac{\sum P_1}{\cos\varphi}+K_2\sum P_2+K_3\sum P_3+K_4\sum P_4\right)$$

$$=1.05\times\left(0.6\times\frac{30+5.5+50+6+2.5+2}{0.75}+0.6\times32+0.8\times12.000+1.0\times25.000\right)$$

$$=189.5\text{kVA}$$

根据上述计算结果，本工程业主提供施工用电总量为150kVA，把钢筋对焊机调整到夜间施工，能够满足施工需要。

3.2.6 施工用水方案

本工程施工用水水源位于基地外侧，到施工现场大约有300m距离，管道埋地敷设，埋深地下50cm以上，管径100mm，进施工现场后分三路，一路为办公区等生活用水；二路为生产加工区，主要为砂浆机、混凝土搅拌机等机械生产用水；三路为结构楼层施工、混凝土养护用水。生活、生产用水沿建筑物外侧按回路布管。

场内定点设置消防器材，生活区和生产加工区均按有关规范和要求设消防箱及灭火器。

在修筑施工道路的同时，沿基地内施工道路外侧设置排水沟，排水沟截面尺寸为250mm×300mm，并每隔30m左右设一个沉淀池，沉淀池尺寸为800mm×800mm×800mm，排水沟有0.3%泛水，形成完整的排水系统，确保排水畅通，施工区域排水经现场南北两侧的沉淀池后，直接排入南北两侧排水沟内。

根据施工现场情况和本工程结构特点，同时考虑施工机械经济性与适用性的原则，在基础结构施工阶段配备2台25t汽车吊和一辆5t卡车，进入装饰施工阶段后，以6台施工井架为主要垂直运输机械。

3.3 施工测量

3.3.1 本工程施工测量的基本内容

本工程测量包括建筑物定位放样，每层轴线放样，标高控制及沉降观测。定位程序为：资料审核→内业核算→外业校测→定位测放→定位自检→定位验线。

3.3.2 建立平面控制网及高程控制网

本工程建筑体型基本呈现矩形，因此建立施工方格控制网较为实用，使用方便，精度可保证，自检也方便。建立施工方格控制网，必须从整个施工过程考虑，从打桩、挖土、浇筑基础垫层和建筑物施工过程中的定轴线均能应用所建立的施工控制网。

由于打桩、挖土对工控制网的影响较大，除了经常复测校核外，最好随着施工的进行，将控制网延伸到施工影响区域之外，同时结合现场等周围环境实际情况，设立和布置轴线控制网点。

施工测量轴线控制网点的布设，应满足建筑物施工定位放线和技术复核方便的要求，并与总平面图相配合，以便在施工过程中保持有足够数量的控制点，为施工定位测量及技术复核提供基准点。

施工轴线控制网的测量，按先整体后局部的程序进行，用经纬仪、水准仪、钢尺进行网点的测设。

本工程占地面积50亩左右，三面均为道路，视野开阔，现场测设场区平面控制网，作为场区的整体控制，它是整个区域建筑物平面控制的上一级控制，结合建筑物平面布置的图形特点来确定这种控制网的图形，可布置成建筑方格网。

建筑方格网在场区基本平整完成后，在总平面图上进行设计，建筑方格网的测设方法是先测设主轴线，后加密方格网，并按导线测量进行平差。

3.3.3 高程控制

本工程为学校，一层室内地坪标高为 5.15m，建筑物室内外高差 300mm，四周室外地坪设计标高为－0.300，相当于绝对标高 4.85m。

本工程高程控制宜建立高程控制网，它是建筑场区内地上、地下建筑物高程测设和传递的基本依据。

高程控制网布点的密度应恰当，为此我们在施工现场的两个施工大门处和基地东南角临近教育楼位置分别设置三个高控制程点，其测量方法可采用水准测量和光电测距中的三角高程测量方法。

3.3.4 采用的质量预控措施

（1）要素控制

影响测量精度质量的因素主要有人员、器具、方法、操作和程序管理等 5 个方面。人员要持证上岗，使用经检定和校检的测量器具，测量方法要科学、合理，操作规范，按程序进行管理，对各要素进行预控。

（2）准备控制

做好测量前的各项准备，是测量质量的基本保证。包括认真审核设计施工图和有关资料，按选定的测量方法进行内业计算；测量计算做到依据正确，方法科学，计算有序，步步校核，结果可靠；外业观测成果是计算工作的依据，计算成果要经两人独立核算后方可实施；测量前应检校现场控制桩和水准点，保证位置、高程准确；测设前应检校测量仪器和用具。

（3）过程控制

要确保测量工作在受控状态下进行。定位、放线工作须执行经自检、互检合格后，将成果资料送报有关主管部门验线的工作制度。实测时要做好原始记录。对测量记录的要求是原始真实，数字正确，内容完整，字体工整。记录人员应随时校对观测所得数据是否正确。按企业《过程控制程序》、《不合格品的控制程序》和《检验测量和试验设备控制程序》等文件执行。

（4）检验控制

检查验收测量成果时应先内业后外业现场，验收的精度应符合规范标准要求。必须独立验线。检查验收部位应是关键环节与最薄弱部位。

3.3.5 测量组和测绘仪器的配置

根据本工程的施工测量工作量，设立现场施工测量组以 4 人组成为宜，在施工繁忙时，一分为二，二个人为一小组也能进行工作。

测量仪器的型号、等级及数量见表 3-2。

测绘仪器配置汇总表　　表 3-2

序　号	名　称	生产厂家	品牌型号	数　量
1	经纬仪	苏州光学仪器厂	苏光 DT202-C	1台
2	经纬仪	瑞士莱卡	T2E	1台
3	水准仪	苏州光学仪器厂	苏光 S3（3mm）	1台
4	精密水准仪	日本索佳	PL-1（0.2mm）	1台
5	钢尺	上海田岛	HSP-50	4把

3.4 基础工程施工

3.4.1 基础分部工程施工工艺流程

挖土→明沟排水、集水井排水→垫层浇混凝土→基础联系梁、桩基承台施工→混凝土养护→拆模→基础柱浇混凝土→基础砖墙砌筑→防潮层浇混凝土→验收。

3.4.2 基坑挖土、垫层及内排水

由于本工程周围主要为在建成工地和道路，现场比较宽敞，施工环境不错，我公司在基坑挖土施工之前必须制定合理的施工流程，作为结构施工单位必须和桩基、土方、降水施工单位密切配合，以基坑开挖为核心，采用分区挖到坑底、限时浇筑好垫层等措施，力求安全、快速，最大限度地缩短基坑暴露时间以减小变形，直到基坑进入安全期。

根据总体安排，基础土方开挖顺序如下：

单体 4——5——1——2——6——3。

土方采用机械开挖，汽车外运。回填土及场地平整采用挖土机施工。

根据图示尺寸四周基础两边设置 50cm 的工作面，四边增设 20cm 深的排水沟，排水沟纵横贯通。放坡坡度为 1∶0.5。每栋房设置二个集水坑 600mm×600mm×500mm。挖土从房子的一个角同时向两个方向往后延伸，保证挖土后槽内排水畅通。挖土时接近槽底 20cm 时，每 2m 测设一道标高点，控制基槽深度，使槽底标高控制在规范范围内，且不得扰动槽底持力层土方。

3.4.3 基础钢筋施工

（1）总体说明

根据本工程施工现场的实际情况，同时为便于现场钢筋绑扎，减少不必要的重复运输，我们考虑在施工现场的北侧搭设钢筋制作车间，配备专业钢筋放样技师，负责整个工程所需的钢筋制作任务。

根据设计，基础采用独立承台＋条形基础，局部钢筋布置较密，因此在基础钢筋工程的施工过程中，必须严格按照施工工序进行操作，钢筋翻样经过复核无误后，将料单交付制作车间进行现场加工制作，并按部位对钢筋成品标示及编号，分类堆放，由于本工程施工场地紧张，钢筋进料必须严格控制，合理编制进料计划。

在钢筋翻样过程中，应严格按设计图纸要求的规格数量及几何形状、尺寸精心制作，如果发生结构局部钢筋过密的现象，难以保证施工质量，事先提请设计部门作相应注钢筋代换修改，以确保施工质量。

在基础结构钢筋工程施工过程中，由于基础承台底及基础梁均直接与潮湿土壤接触，因此必须严格控制钢筋保护层厚度，首先应按设计规定的厚度要求事先制作与混凝土强度等级相同的水泥砂浆垫块，墙板和梁两侧应使用带有铅丝的垫块。

柱筋：基础柱筋相邻接头错开 35d，以确保这一范围在同一截面内的接头率小于 50%。

柱钢筋必须按预先弹放在基础垫层上的柱位插入，在校正其位置后将根部与基础反梁

钢筋绑扎固定，在底板面层筋点焊固定。

基础柱及墙板中的竖向钢筋连接全部采用技术比较成熟的钢筋电渣压力焊工艺，同一截面内接头数小于钢筋总数量的 50％，墙板中的水平钢筋均采用绑扎接头，其中外墙的外测水平钢筋搭接在跨中，内侧水平钢筋则搭接在支座。

素混凝土垫层施工后，根据控制轴线弹出基础外边线及墙柱位置线，然后进入常规施工，绑扎基础联系梁的钢筋。

基础钢筋绑扎后，所有工程桩顶处理必须符合设计要求，所有工程应锚入承台内 100mm，桩内竖向钢筋锚入基础中 40d；基础钢筋同一截面内的接头率小于 50％，相邻接头间距不小于 35d，尽量注意避开结构受拉区。

应注意在基础梁相交部位钢筋工程施工过程中，由于基础梁比较深，并且纵横交叉，加上相交处还有墙柱插筋，给现场实际操作带来一定的施工难度，因此在钢筋放样时，就应注意箍筋合理收放，主筋合理布局，施工时，应注意相交处梁内钢筋上下排放的层次，并注意主要方向梁和次要方向梁的箍筋布置。

（2）钢筋连接施工工艺

1）钢筋电渣压力焊施工

钢筋电渣压力焊施工工艺流程：检查设备、电源→钢筋端头制备→选择焊接参数→安装焊接夹具和钢筋→安放铅丝球→安放焊剂罐、填装焊剂→试焊、作试件→确定焊接参数→施焊→回收焊剂→卸下夹具→质量检查；

电渣压力焊施工工艺过程：闭合电路→引弧→电弧过程→电渣过程→挤压断电；

检查设备、电源，确保随时处于正常状态，严禁超负荷工作。

钢筋端头制备：钢筋安装之前，焊接部位和电极钳口接触（150mm 区段内）的钢筋表面上的锈斑、油污、杂物等应清除干净，钢筋端头应平直，不得有马蹄形、压扁、凹凸不平、弯曲歪扭等严重变形。如有严重变形时应用手提切割机切割或用气焊切割、矫正，以保证钢筋端面垂直于轴线。

2）试焊、作试件、确定焊接参数：在正式进行钢筋电渣压力焊之前，必须按照选择注焊接参数进行试焊并作试件送试，以便确定合理的焊接参数。合格后，方可正式生产。

质量检查：在钢筋电渣压力焊注焊接施工注中，焊工应认真进行自检，若发现偏心、弯折、烧伤、焊包不包满等焊接缺陷，应切除接头重焊，并查找原因，及时消除。切除接头时，应切除热影响区的钢筋，即离焊接中心约为 1.1 倍钢筋直径的长度范围内的部分应切除。

在现浇钢筋混凝土多层结构中，以每一楼层或施工区段的同级别钢筋接头作为一批，不足 300 个接头仍作为一批。

3.4.4 基础模板工程

基础梁、承台侧模采用 18mm 厚木胶合板模板，拼档和楞木用 50mm×100mm 木方，柱箍采用双根 $\phi48$ 钢管，支撑体系采用 $\phi48\times3.5$ 钢管扣件排架支撑。

3.4.5 基础混凝土工程

本工程基础为独立承台＋条形基础形式。

浇筑过程中应加强振捣，采用插入式振捣器分层梅花式振捣，由下向上进行，插入深度以进入底层混凝土为宜，遵守快插慢拔的原则，垂直插入垂直拔起，不得漏振、过振。混凝土至设计标高后，用3m长刮板按预先设置的标高控制点刮平，分前后一次抹平，另外浇筑柱、墙插筋附近混凝土时应对称进行，以防柱、墙钢筋位移、倾斜，位移要及时恢复纠正。

每工作班，要有专人负责制作试块，试块须编号，注明部位、混凝土标号、浇捣日期，并在同等条件下进行养护，监管人员从下列几点控制浇捣质量，严格掌握插点，振捣时间，每一插点控制在20～30s内，最短不少于10s，插点间距不应超过振动棒作用半径的1.5倍，即不超过60cm，以下几点目测掌握浇混凝土质量：

（1）混凝土不显著沉落。

（2）不出现起泡。

3.5 主体工程施工

3.5.1 上部结构工程施工部署

由于工期紧迫，楼层不高结构复杂，施工劳动力、材料的投入体量较大，进入主体结构施工后，根据我公司的施工技术、管理及资源设备的调配能力，在确保工程质量、施工安全和施工现场标准化的前提条件下，配备足够的施工班组、机械设备及施工模板等。

3.5.2 楼层施工流程

轴线、标高引测→楼层弹线放样→绑扎柱筋、墙体钢筋，承重排架搭设→水电埋管→隐蔽验收→柱子、墙板模板支撑→梁模板支撑→梁钢筋绑扎→楼板模板支撑→楼板下层钢筋绑扎→水电埋管→楼板上层钢筋绑扎→隐蔽验收→结构混凝土一次性浇捣→混凝土养护→进入上一层施工

另在结构施工的同时，外墙脚手架的搭设、水电及设备等配套工程的进行。

3.5.3 钢筋施工方法

本工程钢筋全部采用现场集中加工制作，汽车吊＋汽车负责调运，其中ϕ25以上采用单面焊10D连接，竖向钢筋采用电渣压力焊机对焊，ϕ25～ϕ16水平钢筋采用闪光对焊，ϕ16以下水平钢筋则以绑扎搭接为主。

由于本工程钢筋用量庞大，必须严格按钢筋加工计划进场，实行：配料单→列入加工计划→运到现场→加工制作→标识→核对领料，这一加工领料程序。

（1）钢筋原材

用于混凝土的钢筋必须无锈蚀和油迹并符合现行国家标准规定。

（2）钢筋保护层设计

为避免混凝土由于长期暴露在自然环境下而可能出现的隐筋现象，故混凝土钢筋保护层严格控制在30～40mm之间，且采用防锈镀锌铁丝作钢筋绑扎的扎铁丝。为防止普通混凝土垫块影响混凝土的色泽，故保护层垫块须采用与混凝土同批料、同色的定制垫块，垫块与模板点接触材料采用柔韧性尼龙材料，以保护垫块刚度并防止损坏模板。在大梁底模施工中，由于钢筋自重大，必要时可采用槽钢托架进行钢筋反吊与垫块相结合的方法。

(3) 钢筋加工质量要求

1) 钢筋的品种和质量必须符合设计要求和有关标准规定。

2) 钢筋的规格、形状、尺寸、数量、间距、锚固长度、接头位置必须符合设计要求和规范规定；混凝土的钢筋规格必须严格控制在±10mm之内，尤其是箍筋、弯起钢筋。

3) 框架柱、梁节点处加密箍筋，不得漏放和少放。

4) 浇筑混凝土时，必须派专人值班，检查钢筋位置的偏移情况，一经发现，立即纠正过来。

5) 钢筋绑扎允许偏差值必须符合规定，合格率应控制在90%以上。

(4) 钢筋施工

1) 钢筋绑扎、钢筋接头严格按国家规范施工。施工前必须先对钢筋进行矫正后方可绑扎。钢筋绑扎时，扎铁丝头全部向钢筋内侧设置，同时要将外侧扎铁丝圆钩全部压平。对混凝土浇捣后暴露的部分钢筋采用涂刷水泥砂浆进行防腐处理，以防止上部钢筋污染下部混凝土表面。钢筋绑扎后应及时做好落手清与垃圾清理工作。

2) 钢筋闪光对焊连接施工

工艺流程：检查设备→选择焊接工艺参数→试焊、作模拟试件→送试→确定焊接参数→焊接→质量检验。

焊接工艺方法选择：当钢筋直径较小，钢筋级别较低，可采用连续闪光焊。采用连续闪光焊所能焊接的最大钢筋直径应符合表3-3的规定：

连续闪光焊钢筋上限直径表 **表3-3**

焊机容量（kVA）	钢筋级别	钢筋直径（mm）
150	Ⅰ级 Ⅱ级 Ⅲ级	25 22 20
100	Ⅰ级 Ⅱ级 Ⅲ级	20 18 16
75	Ⅰ级 Ⅱ级 Ⅲ级	16 14 12

当钢筋直径较大，端面较平整，宜采用预热闪光焊；当端面不够平整，则应采用闪光—预热闪光焊。

Ⅳ钢筋焊接时，无论直径大小，均应采取预热闪光焊或闪光—预热闪光焊工艺。

焊接参数选择：闪光对焊时，应合理选择调伸长度、烧化留量、顶锻留量以及变压器级数等参数。

操作要求：①焊接前和施焊过程中，应检查和调整电极位置，拧紧夹具丝杆。钢筋在电极内必须夹紧，电极钳口变形应立即调换和修理；②钢筋端头如起弯或成“马蹄”形则不得焊接，必须切除；③钢筋端头120mm范围内的铁锈、油污，必须清除干净；④焊接过程中，粘附在电极上的氧化铁要随时清除干净；⑤接近焊接接头区段应有适当均匀的镦粗塑性变形，端面不应氧化；⑥焊接后稍冷却才能松开电极钳口，取出钢筋时必须平稳，以免接头弯折。

质量检查：在钢筋对焊生产中，焊工应认真进行自检，若发现偏心、弯折、烧伤、裂缝等缺陷，应切除接头重焊，并查找原因，及时消除。

3.5.4 模板配备及施工方法

柱模板的背部支撑由两层（木楞或钢楞）组成，第一层为直接支撑模板的竖楞，用以支撑混凝土对模板的侧压力；第二层为支撑竖楞的柱箍，用以支撑竖楞所受的压力；柱箍之间用对拉螺栓相互拉接，形成一个完整的柱模板支撑体系。见图 3-3～图 3-5。

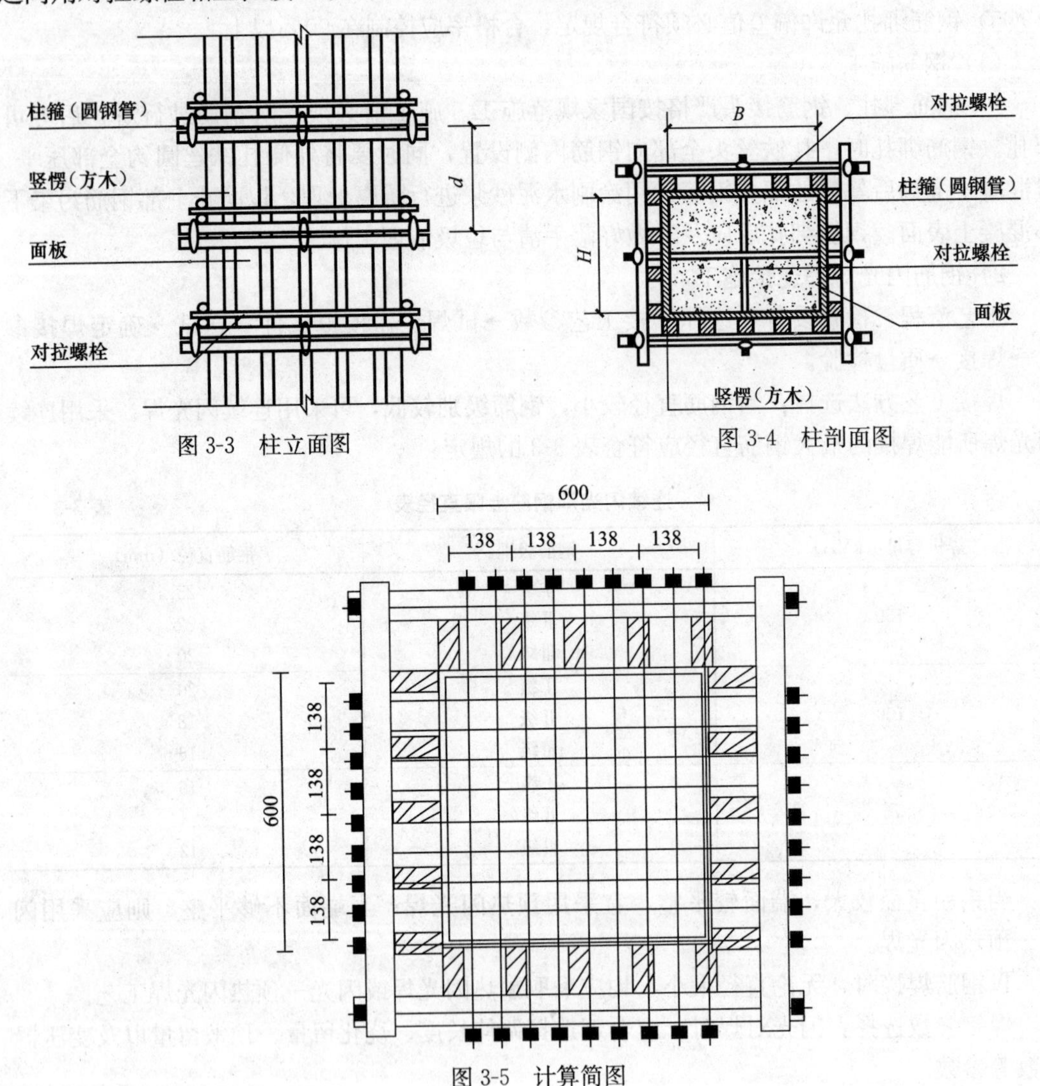

图 3-3 柱立面图

图 3-4 柱剖面图

图 3-5 计算简图

柱截面宽度 B（mm）：600.00；柱截面高度 H（mm）：600.00；柱模板的总计算高度：H=3.00m；

根据规范，当采用溜槽、串筒或导管时，倾倒混凝土产生的荷载标准值为 2.00kN/m^2；

（1）参数信息

1）基本参数

柱截面宽度 B 方向对拉螺栓数目：8；柱截面宽度 B 方向竖楞数目：5；

柱截面高度 H 方向对拉螺栓数目：8；柱截面高度 H 方向竖楞数目：5；

对拉螺栓直径（mm）：M14。

2）柱箍

柱箍材料：钢楞；截面类型：圆形钢管 48×3.0；

钢楞截面惯性矩 I（cm）：10.78；钢楞截面抵抗矩 W（cm）：4.49；

柱箍的间距（mm）：450.00；柱箍肢数：2。

3）竖楞信息

竖楞材料：木楞；宽度（mm）：50；高度（mm）：100；

竖楞肢数：2。

4）面板参数

面板类型：胶合面板；面板厚度（mm）：18.000；

面板弹性模量（N/mm^2）：9500.000；

面板抗弯强度设计值 f_c（N/mm^2）：13.000；

面板抗剪强度设计值（N/mm^2）：1.500。

5）木方和钢楞

方木抗弯强度设计值 f_c（N/mm^2）：13.000；方木弹性模量 E（N/mm^2）：9500.000；

方木抗剪强度设计值 f_t（N/mm^2）：1.500；

钢楞弹性模量 E（N/mm^2）：210000.000；

钢楞抗弯强度设计值 f_c（N/mm^2）：205.000。

（2）柱模板荷载标准值计算

按《施工手册》，新浇混凝土作用于模板的最大侧压力，按下列公式计算，并取其中的较小值：

$$F = 0.22\gamma_c t\beta_1\beta_2\sqrt{V}, \quad F = \gamma H$$

式中 γ——混凝土的重力密度，取 24.000kN/m^3；

t——新浇混凝土的初凝时间，可按现场实际值取，输入 0 时系统按 200/(T+15) 计算，得 5.714h；

T——混凝土的入模温度，取 20.000℃；

V——混凝土的浇筑速度，取 2.500m/h；

H——模板计算高度，取 3.00m；

β_1——外加剂影响修正系数，取 1.000；

β_2——混凝土坍落度影响修正系数，取 1.000。

根据以上两个公式计算的新浇筑混凝土对模板的最大侧压力 F；

分别为 47.705kN/m^2、72.000kN/m^2，取较小值 47.705kN/m^2 作为本工程计算荷载。

计算中采用新浇混凝土侧压力标准值 F_1=47.705kN/m^2；

倾倒混凝土时产生的荷载标准值 F_2=2.00kN/m^2。

（3）柱模板面板的计算

模板结构构件中的面板属于受弯构件，按简支梁或连续梁计算。本工程中取柱截面宽度 B 方向和 H 方向中竖楞间距最大的面板作为验算对象，进行强度、刚度计算。强度验算要考虑新浇混凝土侧压力和倾倒混凝土时产生的荷载；挠度验算只考虑新浇混凝土侧压力。

由前述参数信息可知，柱截面宽度 B 方向竖楞间距最大，为 $l=137.5\text{mm}$，且竖楞数为 5，面板为大于 3 跨，因此柱截面宽度 B 方向面板按均布荷载作用下的三跨连续梁进行计算（图 3-6）。

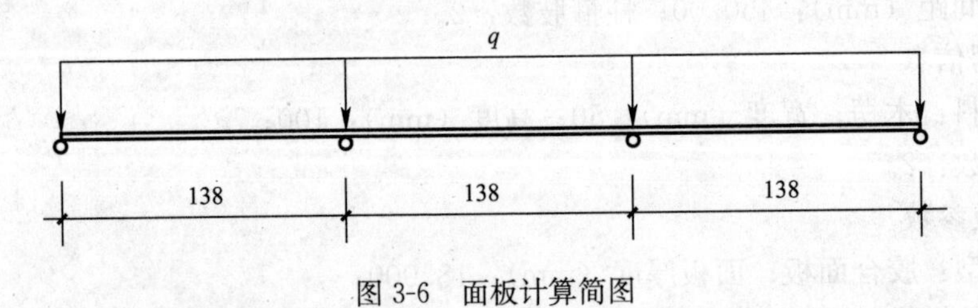

图 3-6 面板计算简图

1）面板抗弯强度验算

对柱截面宽度 B 方向面板按均布荷载作用下的二跨连续梁用下式计算最大跨中弯矩：

$$M = 0.1ql^2$$

式中，M——面板计算最大弯矩（N. mm）；

l——计算跨度（竖楞间距）：$l=137.500\text{mm}$；

q——作用在模板上的侧压力线荷载，它包括：

新浇混凝土侧压力设计值 q_1：$1.2\times47.705\times0.450\times0.90=23.185\text{kN/m}$；

倾倒混凝土侧压力设计值 q_2：$1.4\times2.00\times0.450\times0.90=1.134\text{kN/m}$，式中，0.90 为按《施工手册》取用的临时结构折减系数。

$$q = q_1 + q_2 = 23.185 + 1.134 = 24.319\text{kN/m};$$

面板的最大弯矩：$M=0.1\times24.319\times137.500\times137.500=0.460\times10^5\text{N. mm}$；

面板最大应力按下式计算：

$$\sigma = \frac{M}{W} < f$$

式中 σ——面板承受的应力（N/mm^2）；

M——面板计算最大弯矩（N. mm）；

W——面板的截面抵抗矩：

$$W = \frac{bh^2}{6}$$

b：面板截面宽度，h：面板截面厚度；

$$W = 450.00 \times 18.000 \times 18.000/6 = 2.430 \times 10^4\text{mm}^3;$$

f——面板的抗弯强度设计值（N/mm^2）；$f=13.000\text{N/mm}^2$；

面板的最大应力计算值：$\sigma=M/W=0.460\times10^5/2.430\times10^4=1.892\text{N/mm}^2$；

面板的最大应力计算值 $\sigma=1.892\text{N/mm}^2$ 小于面板的抗弯强度设计值 $[\sigma]=13.000\text{N/mm}^2$，满足要求！

2）面板抗剪验算

最大剪力按均布荷载作用下的二跨连续梁计算，公式如下：

$$V = 0.6ql$$

其中，V——面板计算最大剪力（N）；

l——计算跨度（竖楞间距）：$l=137.500$mm；

q——作用在模板上的侧压力线荷载，它包括：

新浇混凝土侧压力设计值 q_1：1.2×47.705×0.450×0.90=23.185kN/m；

倾倒混凝土侧压力设计值 q_2：1.4×2.00×0.450×0.90=1.134kN/m，式中，0.90为按《施工手册》取用的临时结构折减系数。

$$q = q_1 + q_2 = 23.185 + 1.134 = 24.319\text{kN/m};$$

面板的最大剪力：V=0.6×24.319×137.500=2006.287N；

截面抗剪强度必须满足下式：

$$\tau = \frac{3V}{2bh_n} \leqslant f_V$$

式中，τ——面板承受的剪应力（N/mm²）；

V——面板计算最大剪力（N）：V=2006.287N；

b——构件的截面宽度（mm）：b=450.00mm；

h_n——面板厚度（mm）：h_n=18.000mm；

f_V——面板抗剪强度设计值（N/mm²）：f_V=13.000N/mm²；

面板截面受剪应力计算值：τ=3×2006.287/(2×450.00×18.000)=0.372N/mm²；

面板截面抗剪强度设计值：[f_V]=1.500N/mm²；

面板截面的受剪应力 τ=0.372N/mm² 小于面板截面抗剪强度设计值 [f_V]=1.500N/mm²，满足要求！

3）面板挠度验算

最大挠度按均布荷载作用下的二跨连续梁计算，挠度计算公式如下：

$$\omega = \frac{0.677ql^4}{100EI}$$

式中，ω——面板最大挠度（mm）；

q——作用在模板上的侧压力线荷载（kN/m）：q=47.705×0.450=21.467kN/m；

l——计算跨度（竖楞间距）：l=137.500mm；

E——面板弹性模量（N/mm²）：E=9500.000N/mm²；

I——面板截面的惯性矩（mm⁴）；

$$I = bh^3/12$$

$$I = 450.00 \times 18.000 \times 18.000 \times 18.000/12 = 2.187 \times 10^5\text{mm}^4;$$

面板最大容许挠度：[ω]=137.500/250=0.550mm；

面板的最大挠度计算值：ω=0.677×21.467×137.500⁴/(100×9500.000×2.187×10⁵)=0.025mm；

面板的最大挠度计算值 ω=0.025mm 小于面板最大容许挠度设计值 [ω]=0.550mm，满足要求！

（4）竖楞方木的计算

模板结构构件中的竖楞（小楞）属于受弯构件，按连续梁计算（图 3-7）。

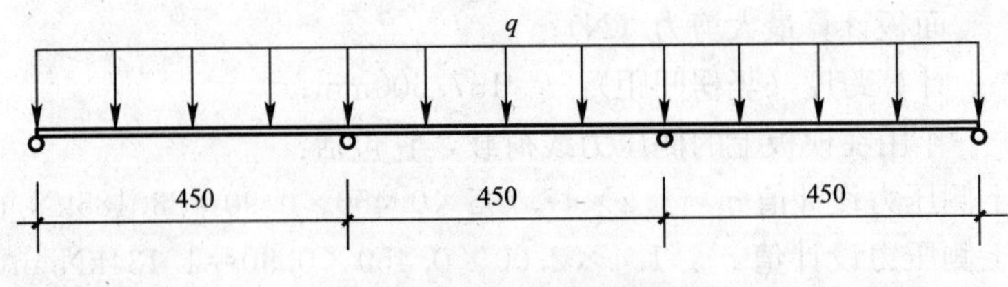

图 3-7　竖楞方木计算简图

本工程柱高度为 3.0m，柱箍间距为 450.00mm，竖楞为大于 3 跨，因此按均布荷载作用下的三跨连续梁计算。

本工程中，内龙骨采用木楞，宽度 50.00mm，高度 100.00mm，截面惯性矩 I 和截面抵抗矩 W 分别为：

$$W = 50.00 \times 100.00 \times 100.00/6 = 83.333\text{cm}^3;$$

$$I = 50.00 \times 100.00 \times 100.00 \times 100.00/12 = 416.667\text{cm}^4;$$

1）抗弯强度验算

支座最大弯矩计算公式：

$$M = 0.1ql^2$$

式中　M——竖楞计算最大弯矩（N.mm）；

l——计算跨度（柱箍间距）：l=450.00mm；

q——作用在竖楞上的线荷载，它包括：

新浇混凝土侧压力设计值 q_1：1.2×47.705×0.138×0.90=7.084kN/m；

倾倒混凝土侧压力设计值 q_2：1.4×2.00×0.138×0.90=0.347kN/m；

$$q = (7.084 + 0.347)/2 = 3.715\text{kN/m};$$

竖楞的最大弯矩：M=0.1×3.715×450.00×450.00=0.752×10^5N.mm；

$$\sigma = \frac{M}{W} < f$$

式中　σ——竖楞承受的应力（N/mm²）；

M——竖楞计算最大弯矩（N.mm）；

W——竖楞的截面抵抗矩（mm³），W=83.333×10^3；

f——竖楞的抗弯强度设计值（N/mm²）；f=13.000N/mm²；

竖楞的最大应力计算值：$\sigma=M/W$=0.752×10^5/83.333×10^3=0.903N/mm²；

竖楞的最大应力计算值 σ=0.903N/mm² 小于竖楞的抗弯强度设计值 $[\sigma]$=13.000N/mm²，满足要求！

2）抗剪验算

最大剪力按均布荷载作用下的三跨连续梁计算，公式如下：

$$V = 0.6ql$$

式中　V——竖楞计算最大剪力（N）；

l——计算跨度（柱箍间距）：l=450.00mm；

q——作用在模板上的侧压力线荷载，它包括：

新浇混凝土侧压力设计值 q_1：1.2×47.705×0.138×0.90=7.084kN/m；

倾倒混凝土侧压力设计值 q_2：$1.4\times2.00\times0.138\times0.90=0.347$kN/m；

$$q=(7.084+0.347)/2=3.715\text{kN/m};$$

竖楞的最大剪力：$V=0.6\times3.715\times450.00=1003.143$N；

截面抗剪强度必须满足下式：

$$\tau=\frac{3V}{2bh_n}\leqslant f_V$$

式中 τ——竖楞截面最大受剪应力（N/mm^2）；

V——竖楞计算最大剪力（N）：$V=1003.143$N；

b——竖楞的截面宽度（mm）：$b=50.00$mm；

h_n——竖楞的截面高度（mm）：$h_n=100.00$mm；

f_V——竖楞的抗剪强度设计值（N/mm^2）：$f_V=1.500\text{N/mm}^2$；

竖楞截面最大受剪应力计算值：$\tau=3\times1003.143/(2\times50.00\times100.00)=0.301\text{N/mm}^2$；

竖楞截面抗剪强度设计值：$[f_V]=1.500\text{N/mm}^2$；

竖楞截面最大受剪应力计算值 $\tau=0.301\text{N/mm}^2$ 小于竖楞截面抗剪强度设计值 $[f_V]=1.500\text{N/mm}^2$，满足要求！

3）挠度验算

最大挠度按三跨连续梁计算，公式如下：

$$\omega=\frac{0.677ql^4}{100EI}\leqslant[\omega]=l/250$$

式中 ω——竖楞最大挠度（mm）；

q——作用在竖楞上的线荷载（kN/m）：$q=47.705\times0.138=6.559$kN/m；

l——计算跨度（柱箍间距）：$l=450.00$mm；

E——竖楞弹性模量（N/mm^2）：$E=9500.000\text{N/mm}^2$；

I——竖楞截面的惯性矩（mm^4），$I=416.667\times10^4$；

竖楞最大容许挠度：$[\omega]=450.00/250=1.800$mm；

竖楞的最大挠度计算值：

$$[\omega]=0.677\times6.559\times450.00^4/(100\times9500.000\times416.667\times10^4)=0.046\text{mm};$$

竖楞的最大挠度计算值 $\omega=0.046$mm 小于竖楞最大容许挠度 $[\omega]=1.800$mm，满足要求！

柱箍、对拉螺栓的验算略。

（5）质量控制要求

操作工艺严格按照混凝土墙面要求进行施工和验收，弯曲、变形的模板未经修整严禁使用；由于现行国家规范没有混凝土的质量标准模板工程施工中，根据施工经验，在国家规范和要求的基础提出关于综合楼工程混凝土的模板工程质量检测控制标准：①模板及支架必须具有足够的强度、刚度和稳定性；②模板的接缝不大于 2.5mm，均需采取有效的堵缝防漏浆措施；③柱、梁节点，梁、板节点，墙、板节点等处模板，其接头必须平整顺直，棱角分明；④浇筑混凝土施工时，必须派专人值班，以防发生模板移位，跑模等意外事件。

模板的允许偏差，其合格率严格控制在 90%以上。

3.5.5 混凝土施工

（1）原材料、配合比及运输

1）混凝土原材料

本工程用于混凝土的水泥、黄砂、石子、外加剂等原材料全部采用同产地、同品种、同批次，同时必须全部符合现行国家标准规定。黄砂采用中粗砂，含泥量<2.5%，石子采用5～25mm碎石，含泥量<0.8%，减水剂采用EA-2型减水剂，由于进入结构施工阶段正处于冬季，为加快施工进度，可根据现场实际情况适当添加混凝土早强剂。

梁、板采用集中供应的预拌混凝土，泵送入模。考虑到大梁在框支柱节点处钢筋密集，为确保混凝土的均匀密实，粗骨料采用粒径为5～25mm的碎石；细骨料为中粗砂，并严格控制粗细骨料的含泥量、泥块含量、针片状骨料在规范的允许范围内。

2）混凝土搅拌运输

混凝土原材料每盘偏差应符合现行国家标准，但混凝土搅拌时间要比现行国家标准最短时间延长60～90s。混凝土运输至浇筑地点时坍落度应符合浇筑时的规定。

（2）混凝土浇筑

本工程混凝土布料采用汽车泵软管输送，因此混凝土自高处倾落的自由高度必须控制在2m以内，布料厚度每皮严格控制在50cm内。插入式振捣时的落震点先中间后周边，周边震点紧贴箍筋或离模板10～20cm，振捣器严禁碰撞模板，震点插入间距控制在30～40cm之间，呈梅花状布置。每一震点的振捣延续时间控制在混凝土表面呈现浮浆，无气泡和不再下沉时为宜。插入时必须做到"快插慢拔"，振捣器插入下层混凝土过程中应经常观察模板，发现有渗漏浆等现象时应马上采取措施进行处理，以确保混凝土的表面色泽和质量要求。

（3）混凝土保养与维修

1）混凝土浇捣完后，对暴露的混凝土表面应及时采用粘性薄膜封闭覆盖，进行保温、保湿养护。

2）混凝土施工完后，采用搭设保护架及对混凝土表面覆盖机制三夹板或纤维板进行产品保护直至交付使用，以防混凝土受损伤或污染。

3）工程竣工交付使用后，混凝土表面应喷涂无色渗透封闭性保护液，以便清洗及防止污染混凝土面。

4）混凝土如在使用过程中受损伤时，宜先调配与混凝土同色的水泥砂浆修补，待砂浆达到一定强度后再进行磨光，并喷涂渗透性封闭保护液，使修补处与原混凝土长期保持同色泽。

3.5.6 小型混凝土砌块墙体砌筑

根据设计说明，本工程框架内、外墙采用200厚小型混凝土砌块，总面积达15000m²左右。

根据在工程实践应用过程中，针对小型混凝土砌块吸水性强、散水性差、墙面抹灰易裂纹发霉等缺陷，在验收、存放、搬运、砌筑、抹灰几方面作了研究，制定了详细的技术措施和要求，并指定专人监督检查。

操作工艺流程如下：扫除墙面灰→1∶1水泥砂浆拉毛墙面→洒水湿润基层（湿度入表层约10mm）→做灰饼→必要部位挂网→阳角做护角→抹底层灰→抹中层灰→抹面层

灰→抹踢脚线→清理。

（1）验收、存放、搬运

材料员在材料进场时要按技术要求进行验收，不合格的砌块拒收退货，不可露天堆放，货到应及时转运至各施工楼层。

（2）砌筑

为防止收缩拉裂墙体，每砌筑 1.5m 高用 2 根 ϕ6mm 通长钢筋拉结。砌筑高度约 1.25m 时，最好间隔 24h 后再继续砌筑。砌筑前进行实地排列，不足整块的可以锯砖，但不得小于砌块长度的 1/3。

针对质量通病经常出现的部位，如墙脚、墙顶、砌块与墙柱相接处，门窗洞口等，分别采取预防措施。特别是厕所墙脚部位，最下一层用水泥标准砖砌 3 层，以防霉脚难以抹灰。砌体墙顶与楼板或梁底相接时加一层标准砖斜砌，并用砂浆抹粘标砖与楼板之间的缝隙。门窗过梁采用钢筋混凝土梁带。

（3）抹灰

在墙面抹灰过程中，将着重抓施工前墙面的清洁和砌块含水率的控制两个环节，保证了抹灰工程的质量。

根据现场试验，通过指定专人用水将墙体淋湿后，隔一定时间（冬季一般 10～11h，夏季为 7～8h）后再进行抹灰施工的方法，可控制砌体的含水率达 20%左右，较好地预防抹灰发霉等缺陷发生。同时采用 108 胶胶质水泥浆打底，局部加挂网的辅助方法，可以加强基层和抹灰砂浆层的粘结力，克服由砌块及砂浆的温度、干湿变形产生的内应力而引起的墙体抹灰裂缝。

3.5.7 外墙脚手架

本工程单体为层高 3～5 层建筑，最高高度为 19.5m，因此考虑在建筑物的四周搭设落地双排钢管脚手架，外侧密目安全网予以全封闭。

3.6 装修工程施工方案和技术措施

本工程外墙装饰以高级外墙乳胶漆和真石外墙漆为主。

室内墙面主要采用乳胶漆和瓷砖，吊顶分别采用轻钢龙骨矿棉板、石膏板，楼地面为架空木地板、复合木地板、复合地板、地砖，屋面 1∶8 陶粒混凝土找坡保温层，APP 防水卷材，门窗采用优质铝合金门窗。

3.6.1 装修工程施工总体说明

（1）施工顺序及流程

根据本工程特点，在进入装修阶段施工过程中，劳动力组织形式与结构阶段比较，须作相应调整，专业班组配备亦作及时调整，以每一楼层为单位，实行专业班组分层流水作业，同时开始施工，保证整个装修工程如期顺利完成。

施工流程如下：

1）施工顺序原则：基层：地面→墙面→顶棚

2）面层：顶棚→墙面→地面

3）具体施工顺序：

测量放线墙体工程→各专业管线及预埋件安装工程→地面基层处理工程→墙体罩面板安装→吊顶工程→饰面工程→油漆粉饰施工→地面饰面工程→灯具、洁具、五金件等→门窗扇安装→油漆修补→安装工程→清理。

外墙面砖、石材饰面施工、水电安装、脚手架搭设与拆除等工序穿插于上述施工流程，不另外占用工期。

屋面防水工程：在结构完成后，待女儿墙施工完毕，方可开始屋面防水施工。

室外工程：在外装修完成外脚手架拆除后40天内完成。

（2）装饰工程施工部署

本项目每一楼层施工将分为四个阶段：

第一阶段：墙体工程及地面基层处理阶段。

按照先立墙体，后进行地面的原则，各专业施工队组流水施工，其中墙体工程中，泥水工与木工在各楼层施工区域交叉施工。

第二阶段：吊顶工程及细木工程阶段

木工各队组进行流水施工，分别完成吊顶工程、罩面板安装工程等，另由木工队组交叉完成固定家具等项工程；木工与泥水工相交叉，由泥水工完成石材墙面、地面镶贴等项工程。

第三阶段：构件安装及油漆粉饰工程阶段

木工各队组、油工各队组等其他专业队组交叉施工。木工完成木门等项安装工程；油漆工完成吊顶、墙面及木饰面油漆粉饰工程；电工完成灯具安装调试；水工完成洁具及五金配件安装工程。

第四阶段：清理竣工阶段

进行现场清理保护工作，进行竣工验收准备，完成竣工验收工作。

装修阶段是多工种交叉作业阶段，要注意施工用电安全，非专职电工不得私拉乱接电线，要注意对成品的保护，制定出可行的成品保护措施。

3.6.2 施工方法与施工技术

（1）室内抹灰工程

施工顺序：基底处理→底层抹灰→中层抹灰→面层抹灰

施工方法：①抹灰前对基底表面的灰尘、污垢、油渍、碱膜等均应仔细清除干净，并洒水湿润，混凝土表面应预先进行剥皮斩毛处理，用聚合水泥浆扫毛一遍；②抹灰的工艺流程一般按照“先上后下”的原则进行，以便减少修理，保护成品；③在墙面上用2m托线板进行挂线做塌饼，洒水湿润墙面，用1∶2水泥砂浆做好门窗及阴阳角的侧边和护角，然后做竖筋刮糙；④墙面基底凹凸不平或抹灰较厚处必须先用水泥砂浆分层垫平，每层厚度不宜大于20mm，必要时可用钢丝网加固；⑤底层抹灰应压实粉平，使其粘结牢固，中层应待底层稍干后方能进行操作，并用刮尺和木蟹打平整；⑥罩面应待中层达到六七成干后进行，先从阴角、阳角开始，铁板压光应不少于两遍，厚度不大于2mm。

（2）外墙保温施工

1）技术解决方案：①采用容重为18kg/m^{3}的EPS板；②保温板铺贴完成后，打锚固件辅助固定，大墙面每平方约 3 个，架空层部位每平方约 5 个；③建筑物首层采用双层规格为 130g/m² 的标准玻璃纤维网格布，一层以上采用单层规格为 130g/m² 的标准玻璃纤维网格布；④外保温系统施工完毕，养护 3 天后再施工涂料；⑤对涂料的要求：采用专用的外墙柔性腻子；涂料延伸率要达到 300%以上；具有水蒸气渗透性，其对应指标参见国家图集；其所有性能指标应符合外墙建筑涂料的相关标准。

2）施工条件：①外墙、外门窗口、屋面排水、雨落水管预埋件施工并验收完毕；②外保温工程施工期间以及完工后 24 小时内，操作地点环境温度和基层墙体表面温度均不得低于 5℃，风力不大于 5 级；③为保证施工质量，施工面应避免阳光直射，应在脚手架上搭设防晒网遮挡施工墙面；④雨天不得施工；若工期要求必须施工时，应采取有效措施，防止雨水冲刷墙面；⑤墙体系统在施工过程中所采取的保护措施，应待泛水，密封胶等永久性保护按设计要求施工完毕后方可拆除。

3）涂料饰面系统施工方法

① 聚苯板的粘贴

根据图纸的要求，首先沿着外墙散水的标高弹好散水水平线。

聚苯板的粘贴可采用以下方法：

点粘法：用不锈钢抹子，沿聚苯板的四周涂抹配制好的粘结剂，在板的中间部分均匀设置 8 个点，如图 3-8 所示，涂抹粘结剂的涂抹面积与聚苯板的面积之比不得小于 40%；采用非标准尺寸时，涂抹粘结剂的涂抹面积与聚苯板的面积之比也不得小于 40%。

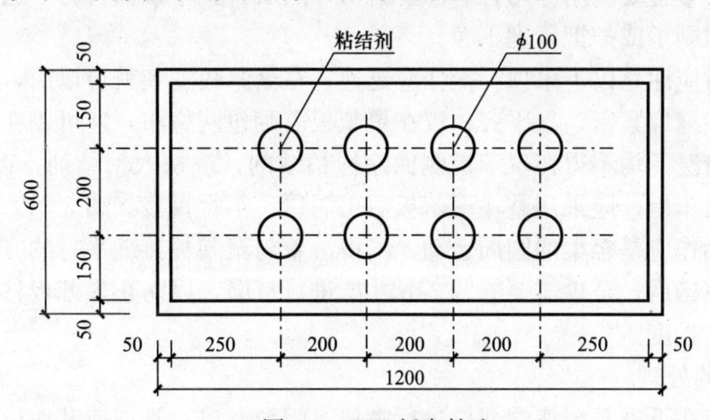

图 3-8　EPS 板点粘法

聚苯板抹完粘结剂后，应立即将板平贴在基层墙体上滑动就位，粘贴时应轻揉，均匀挤压。为了保证板面的平整度，应随时用一根长度不小于 2.0m 的靠尺进行压平操作。

聚苯板应自下而上沿水平方向横向铺贴，每排聚苯板应错缝 1/2 板长，见图 3-9。

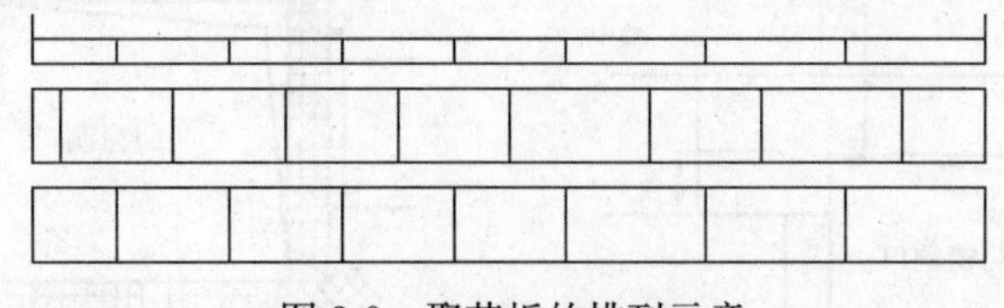

图 3-9　聚苯板的排列示意

聚苯板粘贴 24 小时后，可用专用的搓抹子将板边的不平之处搓平，消除板间接缝的高低差，当板缝间隙大于 1.5mm 时，应用聚苯板条填实后磨平。

保温板粘贴完成后，打锚固件辅助固定，锚固件的布置详见图 3-10。

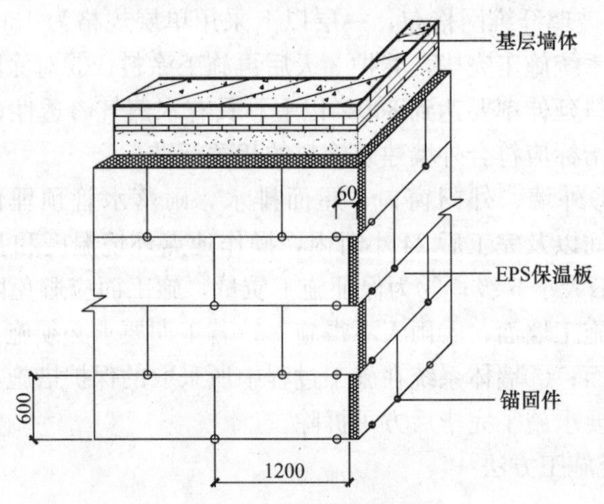

图 3-10 锚固件的布置

锚栓施工时，机械钻好孔后应进行清孔；

面积大于 $0.1m^2$ 的单块板应加锚固件，数量视形状及现场情况而定；

在阳角、门窗洞口边缘，锚固件应加密，间距不大于 300mm，距基层边缘不小于 60mm。

在墙角处，聚苯板应垂直交错连接，保证拐角处板材粘贴的垂直度。

聚苯板表面不平整处应用专用打磨抹子磨平，然后将整个墙面打磨一遍。打磨时散落的聚苯屑应随时用刷子或扫把清理干净。

粘贴聚苯板时应注意以下事项：操作应迅速，在聚苯板安装就位以前，粘结剂不得有结皮；聚苯板的接缝应紧密，且平齐；仅在聚苯板需翻包网格布，才可以在聚苯板的侧面抹粘结剂，其他情况下均不得在聚苯板侧面涂抹粘结剂，或挤入粘结剂，以免引起开裂；门窗洞口角部的聚苯板，应采用整块聚苯板裁出洞口，不得拼接（图 3-11）；

打磨墙面的动作应是轻柔的圆周运动，不得沿着与聚苯板接缝平行的方向打磨；

聚苯板施工完毕后，至少需要静置 24h 才能进行打磨，以防止聚苯板移动，减弱板材与基层墙体的粘结强度。

② 特殊部位的处理

标准网格布应在下列系统终端部位进行翻包：门窗洞口、管道或其他设备需穿墙的洞口处；勒角，阳台，雨篷等系统的尽端部位；变形缝、腰线、檐口等需要终止系统的部位；女儿墙的顶部（图 3-12）。

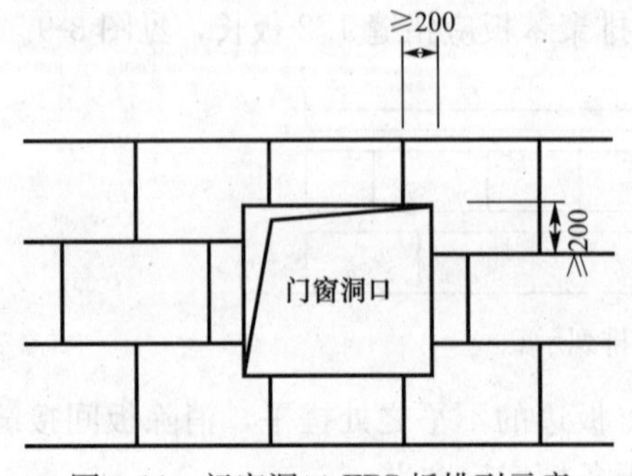

图 3-11 门窗洞口 EPS 板排列示意

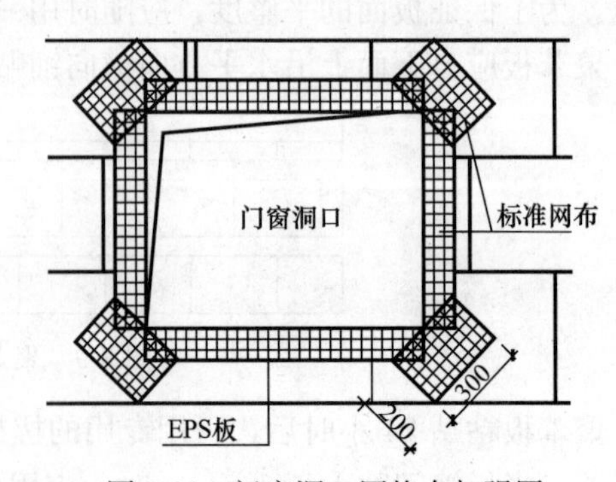

图 3-12 门窗洞口网格布加强图

③ 破损处的修理

使用锋利的工具刀，割除损坏处的保温叠合层，露出一块略大于实际损坏处面积的，尺寸规格一致的，洁净的基层墙面，用圆盘或砂带打磨器沿破损部位周边约110mm宽度范围内磨掉饰面涂料，直至露出原有抹面砂浆。小心剔除残留的聚苯板，并将基层墙面上原有的粘结剂清除干净。预切一块聚苯板，并打磨其边缘部分，使其能紧密嵌入被切除的破损部位。在这块聚苯板的背面全部涂上粘结剂，但不得在其四周侧面涂抹粘结剂。然后将其塞入破损处，粘在基层墙面上。

用粘胶纸带盖住周边未损害的饰面涂料，以防止其在施工时受损。

3.7 施工进度及主要资源设备控制

3.7.1 施工劳动力组织与部署

(1) 总工期安排

本工程总工期300日历天，中间又有一个春节，工期非常紧迫，施工劳动力、材料投入体量较大，根据我公司的施工技术、管理及资源设备的调配能力，在确保工程质量、施工安全和施工现场标准化的前提条件下，桩基工程日历20天，基础工程20～30日历天，上部结构工程90～100日历天，装修施工75～90日历天，室外总体工程50日历天，扣除春节放假25天。

(2) 用工量估算

根据初步测算，本工程每平方米建筑面积的单位用工量约为4.8工，整个工程的用工量估计将达到98000工日，各施工阶段用工量估算见表3-4。

各施工阶段用工量估算表（单位：工日） **表3-4**

施工阶段	施工用工量
基础结构	13500
上部结构	34500
装修工程	50000
合计	98000

(3) 劳动力组织特点

本工程结构复杂，板厚、柱大、梁深，施工面铺开之后，根据工程特点，按施工工种平面流水、立体交叉的作业方式组织施工。劳动力组织的特点是：各工种集中施工，劳动力分布面集中，多工种专业配合施工的要求高，各施工层段的用工量大。

整个工程配备一套项目管理人员，各专业施工班组原则上按不同施工区域配备两套施工人员，局部班组根据不同工程量及施工工期安排，进行流水搭接交叉施工，既缩短施工周期，同时又减少了不必要的人工消耗。

(4) 劳动力组织

根据本工程工期安排，同时考虑到采取赶工和提高工效等措施，因此在基础施工阶段，现场日平均劳动力组织约300人；在上部结构施工阶段，现场日平均劳动力组织约350人；在装饰施工阶段，现场日平均劳动力组织约300人。

在进入上部结构施工阶段后期，特别是装饰施工初期，结构、砌墙、粉刷、设备安装、门窗以及专业制作安装分包等工程几乎在同时组织平面流水、立体交叉施工，这一时期的用工量将处于高峰阶段，估计人数达 420 人。

因此在施工过程中，公司对于各施工现场项目部的劳动力进行统一调配，合理安排；各项目部对于各施工阶段的劳动力安排应做到相互穿插、流动，保持工种的合理流水，达到均衡施工、提高工效的目的。

3.7.2 施工机械设备计划表（表 3-5）

结构施工机械设备计划表　　表 3-5

名　称	型　号	数　量	使用阶段
挖土机	WY100	1 台	挖土阶段
挖土机	WY50	1 台	挖土阶段
抽水泵	2～3 寸	8 只	基础结构施工
汽车吊	25t	2 台	主体结构施工
施工井架	6t	6 台	结构、装修施工
电弧焊机	BX-300	4 台	结构、装修施工
钢筋对焊机	UN1-100	1 台	结构施工
电渣压力焊机	JSD-600	3 套	结构施工
钢筋切断机	GJ5-40	2 台	结构施工
木工多功能机	MJ224	2 台	结构、装修施工
插入式振捣机	HZ_6X50	6 台	结构施工
平板式振捣机	PZ-50	2 台	结构施工
经纬仪	J2	2 台	结构施工
水准仪	自动按平	2 台	结构、装修施工

3.8 关键施工技术措施

为了确保本工程结构达到一次性验收合格，因此针对工程框架结构的特点，以模板设计为重点，测量放线为先导，确定解决梁、柱接头和混凝土表面平整光滑为突破口的施工方案，并针对放线、钢筋、模板和混凝土 4 个环节有所侧重地采取一系列的技术措施和管理措施。

3.8.1 小型混凝土砌块墙面抹灰层防止空、裂的施工技术措施

本工程为框架结构，内、外墙全部采用混凝土砌块，为了从根本上消除混凝土砌块墙面抹灰层空裂的质量通病，分析空裂的原因包括：

1）混凝土砌块按质量密度小，孔隙率大，吸水力高，其结构状态为充满了封闭式网状微气孔的泡沫状结合体，其强度等级较低。如某硅酸盐制品厂生产的质量密度在混凝土空心砌块其抗压强度等级为 MU3.5～MU4.0 之间、400～550kg/m^3 的强度等级为 MU3.0，由此可知其表面抗拉强度等级则更低，如 MU3.0 的抗拉强度等级只能达到 0.4MPa，这样在其表面采用常规抹灰材料和传统抹灰工艺进行施工，形成基层强度低，面层强度较高，附着力差的特点，且由于抹灰层在硬化进程中会产生收缩变形，必然会产

生抹灰层的空鼓、开裂。

2）砌块在割锯过程中在表面会形成一层脆弱的浮着层，该层因切割振动而使其强度有所降低，在抹灰前不将该层清除干净，砂浆抹在其表面会形成强度不同的两层“皮”，给抹灰面空鼓、开裂埋下伏笔。

3）因加工的原因，混凝土空心砌块尺寸偏差一般较大，砌体表面凹凸不平，对抹灰层的收缩产生不均匀，从而为产生空裂提供条件。

4）混凝土空心砌块孔隙率大，吸水率高。抹灰前不进行浇水湿润或浇水不够，砌块较容易地吸干抹灰砂浆里层的水分，使水泥水化不能正常进行，而使抹灰层与砌体无法牢固粘结，产生空鼓、开裂。

5）使用的抹灰材料不适应混凝土空心砌块的特性，是产生抹灰层空鼓、开裂的一个重要因素。

6）混凝土空心砌块质量严重不符合要求，施工承包方贪图价格便宜而用于工程上，造成质量问题。

3.8.2 施工对策

（1）严把产品质量关，杜绝伪劣产品，进场时，对产品严格检查，对不符合要求的，坚决剔除，把好施工工序第一关。

（2）抹灰前的准备工作：

a. 清扫。清除砌块表面浮着层及灰尘。

b. 修补。对墙面局部凹凸不平进行整修补平，以保证墙面平整度控制在 8mm 范围内。需要提醒的是，修补之前，该处的墙面要浇水湿润，使水分充分渗入墙体，一般浇水不少于 3 遍，刷 108 水泥素浆一遍，108 胶水的掺量为水泥量的 15%左右，用 1∶3 水泥砂浆嵌平压实，这是一道很重要的工序，不可忽视。

c. 抹灰贴饼。

d. 清洗。充分湿润混凝土空心砌体墙面，根据季节的不同而不同，在抹灰前一天，首先清扫墙面残存浮渣，然后均匀洒水清洗，一般为 2～5 遍，以水分渗透深度在 10～20mm 范围内为宜。

（3）抹水泥（或混合）砂浆的方法：

a. 在抹灰前对墙面再作一次湿润，以后对基层进行刷浆处理，将 108 胶水与水按 1∶1 比例搅拌均匀，对尚湿润的墙面用毛刷均匀涂刷胶水一遍，封闭混凝土空心砌块表面气孔，以保持抹灰砂浆中的水分厂使抹灰层与砌体粘结牢固。

b. 在墙面胶水未干但表面无明显水迹时，随即均匀开抹抹灰砂浆，但需注意的是，在抹灰砂浆中需掺入适量的 108 胶水并与砂浆搅拌均匀。抹灰操作两遍成活。第一层底灰厚度宜控制在 8mm 范围内用木抹子压实搓平，待底层稍干后再进行面层灰施工。

c. 应注意混凝土空心砌块的抹灰与其间的钢筋混凝土墙体或梁柱、板面的抹灰必须分别处理。墙面底灰如采用混合砂浆时，钢筋混凝土墙体或梁柱、板面必须先采用 1∶3 水泥砂浆提前刮好，到最后一遍面层时方能和墙面一样采用同种砂浆，由此混凝土墙体及梁柱板面与砌块相交处不易出现空裂现象。

3.9 安全生产保证措施

3.9.1 安全生产总体管理措施

（1）安全生产责任制

建立、健全各级各部门的安全生产责任制，责任落实到人。各项经济承包有明确的安全指标和包括奖惩办法在内的保证措施。

（2）新进企业工人的三级教育

工人变换工种，须进行新工种的安全技术教育。

工人应掌握本工种操作技能，熟悉本工种安全技术操作规程。

认真建立“职工劳动保护记录卡”，及时作好记录。

（3）施工组织设计

施工组织设计应有针对性的安全技术措施，经技术负责人审查批准。

（4）分部分项工程安全技术交底

进行全面的针对性的安全技术交底，受交底者履行签字手续。

（5）特种作业持证上岗

特种作业人员中必须经培训考试合格持证上岗，操作证必须按期复审，不得超期使用，名册应齐全。

（6）安全检查

必须建立定期安全检查制度。有时间、有要求，明确重点部位、危险岗位。

安全检查有记录。对查出的隐患应及时整改，做到定工、定时间、定措施。

塔吊、人货两用电梯、井架和脚手架，认真做好验收合格挂牌（即“四验收”）。

（7）班组“三上岗、一讲评”活动

班组在班前须进行上岗交底、上岗检查、上岗记录的“三上岗”和每周一次的“一讲评”安全活动。对班组的安全活动，要有考核措施。

3.9.2 主要施工部位的安全保证措施

（1）外墙脚手架安全操作规程

根据本工程施工方案，外墙选用落地双排脚手架和局部悬挑式脚手架按有关规定与建筑物结构可靠连接，脚手架搭设完毕需验收合格挂牌后，方能使用。脚手架的日常管理设专人负责，定期检查，脚手架不得超载，多余物件即使清理及时清理，各部连接接点专人检查整理。

材质。①钢管、角铁、扣件、螺栓的质量应符合规范要求；②不准使用锈蚀铁丝作拉结和绑扎辅料；③不准使用锈蚀、弯瘪、滑牙和有裂缝的金属杆件；④不准使用枯脆、单径、破损散边的竹片篱笆。

纵距、横距和步距。①脚手架按沪建施（87）第525号文件执行；②脚手架横向间距不得大于1.2m；满堂脚手架不得大于1.8m；③脚手架小横杆里端距离墙面不得大于10cm（特殊结构除外），外端挑出应大于25cm；④阴、阳墙角处立杆距墙的尽端不得大于30cm。

软硬拉结。①各类拉结、支撑点应符合规范要求；②软拉结应双股并联，不得拉结在窗框、水落管和锈蚀的金属预埋件上；③设置预埋硬拉结处，混凝土强度应达到设计标准；④硬拉结与脚手架里立杆连接点不准采用电焊焊接。

搭接。钢管脚手架剪刀撑、斜撑搭接长度不小于1m，且不少于2只扣件紧固。

竹篱笆、栏杆。①施工操作层必须满铺篱笆，四角绑扎牢固；②铺设竹笆层时，应设备40cm踢脚笆、围护笆或不低于1m的小眼安全网。

(2) 施工用电安全措施

支线架设。①配电箱的电缆线应有套管，电线进出不混乱。大容量电箱上进线加滴水弯；②支线绝缘好，无老化、破损和漏电；③支线应沿墙或电杆架空敷设，并用绝缘子固定；④过道电线可采用硬质护套管理地并作标记；⑤室外支线应用橡皮线架空，接头不受拉力并符合绝缘要求。

现场照明。①一般场所采用220V电压。危险、潮湿场所和金属容器内的照明手持照明灯具，应采用符合要求的安全电压；②照明导线应用绝缘子固定。严禁使用花线或塑料胶质线。导线不得随地拖拉或绑扎脚手架上；③照明灯具的金属外壳必须接地或接零。单相回路的照明开关箱必须装设漏电保护器；④室外照明灯具距地面不得低于3m；室内距地面不得低于2.4m。碘钨灯固定架设，要保证安全。钠、铊等金属卤化物灯具的安装高度宜在5m以上。灯线不得靠近灯具表面。

电箱（配电箱、开关箱）。①电箱应有门、锁、色标和统一编号。②电箱内开关电器必须完整无损，接线正确。各类接触装置灵敏可靠，绝缘良好。无积灰、杂物、箱体不得歪斜。③电箱安装高度和绝缘材料等均应符合规定。④电箱内应设置漏电保护器，选用合理的额定漏电动作电流进行分级配合。⑤配电箱应设总熔丝、分熔丝、分开关。零排地排齐全。动力和照明分别设置。⑥配电箱的开关电器应与配电线或开关箱一一对应配合，作分路设置，以确保专路专控；总开关电器与分路开关电器的额定值、动作整定值相适应。熔丝应和用电设备的实际负荷相匹配。⑦金属外壳电箱应作接地或接零保护。⑧开关箱与用电设备实行一机一闸一保险。⑨同一移动开关箱严禁配有300V和220V两种电压等级。

变配电装置。①高压露天变压器间的面积应不小于3m×3m，围墙高度不低于3.5m，地平整无杂草，金属门应向外开启并接地，配有安全警告标牌，室外有散水坡。②配电间面积不小于3m×3m。单列配电柜（板）通道：正面为小于1.5m，侧面不小于1m，背面不小于0.8m；双列配电柜正面不小于2m。③配电间必须符合“四防一通”的要求。④变配电间应配有安全防护用品和消防器材，并有各类警告标牌。开关应有编号及用途标记。保持室内清洁无杂物。

4 某航空综合楼工程施工管理案例

4.1 项 目 简 介

4.1.1 工程概况

某航空公司综合楼，建设地点上海杨浦区，结构类型为多层框架结构，质量目标为创上海市优质工程，安全目标为上海市标化工地和文明工地，合同工期为360天。项目参建方包括建设单位、施工单位、设计单位、监理单位、勘察单位等。

4.1.2 工程项目管理实施依据

工程建设项目招标文件、答疑纪要、投标文件、中标通知书、投标书及其附件、合同专用条款、合同通用条款、标准规范及有关技术文件、施工图纸、工程量清单工程报价单或预算书等。

《中华人民共和国合同法》、《中华人民共和国建筑法》、《中华人民共和国招标投标法》、《建筑工程施工许可暂行办法》、《建设工程质量管理条例》以及各级地方有关的行政法规、管理条例等。

4.1.3 项目管理的基本目标和任务

根据合同要求制定质量、进度（工期）、成本、信息、合同、组织与协调、安全文明、风险等目标和任务。

4.1.4 组建项目管理组织机构

（1）根据项目的规模和特点，拟成立专门的某航空公司综合楼项目部以保障该项目的建设管理服务工作顺利进行，项目部由公司法定代表人授权组建，项目实行项目经理管理责任负责制，并按“项目法人”模式具体实施项目的建设管理。项目部人员将由项目经理、项目副经理、技术负责人（项目工程师）、现场管理人员（五大员）、各类专业工程师、内勤人员、辅助工作人员等构成，并由公司直属领导。

（2）项目部明确各级管理职责与权限。项目经理全面负责部署项目部和本项目施工管理的日常工作。技术负责人（项目工程师）负责项目的有关技术审查、审报、审批工作，负责设计提出的有关技术要求，及时与设计单位沟通，落实项目的设计变更，在项目管理上对项目经理负责。项目部的其他主要成员各司其职，在项目管理上对项目经理负责。

4.1.5 项目施工管理的工作内容

本项目的施工管理过程分为项目施工准备阶段、项目施工阶段、项目竣工验收和缺陷责任期三个主要阶段，各阶段的项目管理的工作程序见表 4-1。

各阶段项目管理工作程序表 **表 4-1**

阶段	工作程序
施工准备阶段	1. 检查施工场地范围内零星拆迁和管线、杆迁移工作
	2. 落实现场三通一平，现场围墙，搭设施工临建设施和现场管理用房
	3. 准备参加设计技术交底和施工图纸会审
	4. 编制施工组织设计、各类安全专项施工方案，编制材料设备采购计划、进度的总体计划和分部计划
施工阶段	5. 做好质量、进度、投资控制，合同、信息管理和组织协调、环境等管理，检查施工的安全文明措施和施工方法的科学可靠性
	6. 编制工程用款计划，及时做好工程的计量申报工作，及时上报进度款，做好资金管理
	7. 组织现场协调会，督促施工进度，适时调整进度计划，根据现场实际情况及时对组织设计、管理方案进行调整
	8. 按规定要求（如每月或周）向项目经理、公司管理部门提交有关的项目管理情况报告
竣工验收阶段和缺陷责任期	9. 及时上报竣工验收申请，办理工程竣工结算，上交汇总各类技术资料，办理资料归档，配合建设单位及时进行工程备案
	10. 工程移交业主，在缺陷责任期内及时做好质量保修工作，缺陷责任期满后接受缺陷责任终止证书并结清相关费用

4.1.6 项目部印章使用规定

项目部印章是项目部在执行建设施工管理工作中表达管理意见的有效凭证，在规定所列范围内具有效力，其余范围一律无效。

(1) 印章使用范围

仅适用于本工程项目施工管理，以项目部名义所发出的与本工程管理内容有关的通知、会议记录、工作用表及专题报告等；向公司的请示、汇报；向公司有关部门提供的计划、报告；对本管理工程文件资料和质量记录的标识；其他管理工作业务必须用章之处。

(2) 印章使用管理

印章由项目经理到公司领取，由公司办公室代为发放。发放印章时进行编码登记、拓印留底，并由领用人签字。印章由项目经理或建设管理代表或指定专人妥善保管，并正确使用。建设管理任务完成后，由项目经理送还印章，不得自行传用于其他工程项目。如印章保管不妥造成丢失，应立即上报公司并由保管人负责。

4.2 项目的进度控制

4.2.1 进度目标

本工程根据合同要求，合同工期为 360 天，项目部按照合同工期要求，安排各阶段的工作量，按时完成项目施工目标。

4.2.2 工程项目施工进度工作内容

(1) 项目施工准备阶段

1) 项目部协助业主进行项目拆迁和征地工作。

2) 协助业主办理建设工程施工许可证、工程质量监督备案、施工安全监督备案。

3）如有业主直接发包的工序，及时与相关承包商办理交接工作。

4）准备参与图纸会审与技术交底。

5）编制施工总进度计划。

6）核实监理单位签发的开工报告并转报业主备案。

7）核实监理单位审批的施工组织设计并转报业主确认。

(2) 项目施工阶段

1）编制的施工阶段性进度计划，按年、季、月度编制的综合性进度计划。

2）参加现场协调会，协调解决工程施工过程中的相互协调配合问题。

3）核实经监理工程师签发的工程进度款支付凭证。

4）核实经监理工程师批准的工程延期，计算工期延误造成的损失。

5）确定关键线路，及时调整各工序施工顺序，做好材料设备的采购供货计划，定期向业主提供进度报告。

6）工程完工后及时上报竣工资料，参加工程竣工验收，并办理工程移交手续。

4.2.3 编制施工项目总进度计划

项目部编制的施工项目总进度计划应包括以下内容：施工项目的概况和特点，安排建设总进度的原则和根据，资金使用安排情况，设备采购和施工力量进场的时间安排，施工道路、临时设施、临时用水电等方面配合协作进度的衔接，计划中存在的问题和解决的措施，以及需要上级主管部门或业主方协助解决的重大问题。

4.2.4 进度控制的主要措施

(1) 组织措施

落实项目部中进度控制部门的人员，具体控制任务和管理职责分工；确定进度协调工作制度，包括协调会议举行的时间，协调会议的参加人员等；及时对影响进度目标实现的干扰和风险因素进行分析。

(2) 技术措施

采用可行的技术方案或方法来加快施工进度。

(3) 合同措施

分段施工、流水作业，以及各阶段工期与进度计划的协调等。

(4) 经济措施

通过及时拨付进度款来促进施工进度，对提前完成工作的班组给予奖励等经济手段。

(5) 信息管理措施

进行项目分解并建立编码体系，将计划进度与实际进度进行动态比较，及时进行调整。

4.3 项目的质量控制

4.3.1 质量目标

根据双方签订的合同条款，本工程质量目标为：工程质量达到国家标准及设计标准，一次性通过验收，并创“上海市优质工程”。

4.3.2 项目质量控制原则

（1）坚持质量第一的原则。应自始至终地把“质量第一”作为对工程项目质量控制的基本原则。

（2）坚持以人为控制核心的原则。质量控制要“以人为核心”，发挥项目部全体人员的积极性、创造性，增强责任感，以工作质量确保工序质量和工程质量。

（3）坚持以预防为主的原则。重点做好质量的事前、事中控制，同时严格对工作质量、工序质量和中间产品质量的检查，确保工程质量。

（4）坚持质量标准的原则。坚持以数据为依据、按照合合同规定对工程质量进行严格检查。

（5）贯彻科学、公正、守法的职业规范原则。项目部质量控制人员在监控和处理质量问题过程中，要尊重事实、尊重科学、遵纪守法、坚持原则。

4.3.3 项目质量控制的工作内容

（1）明确质量管理目标。

（2）确定项目的管理模式、组织机构和职责分工。

（3）制定质量管理程序和控制指标。

（4）制定资源（人、财、物、技术和信息等）的配置计划。

（5）制定项目沟通的程序和规定。

（6）制定质量管理风险管理计划。

4.3.4 质量管理体系

为确保项目按政府批准的项目内容、标准要求和设计文件完成施工任务，保证质量符合国家有关工程建设规范、标准和要求，项目部将从总体上构建参建各方的工程质量保证体系，明确各方在各建设阶段的质量职责和义务，明确项目管理人员的岗位职责。

4.3.5 施工阶段质量控制措施

（1）事前控制

1）比选承包商和材料设备供应商

在工程施工招标阶段，项目部应根据工程项目的范围、内容、要求和资源状况等，实行施工专业分包，在招标评选时，可邀请情况比较熟悉的专家担任评审委员，认真审核投标单位的标书中关于保证工程质量的措施和施工方案，择优选择分包商。分包商确定后及时办理建设工程施工许可证、工程质量监督备案、施工安全监督备案、建设项目报建费审核工作。

2）编制施工控制计划

施工控制计划应在项目初始阶段由负责项目管理的人员组织编制，经项目施工单位的总工程师办公室评审后，由项目经理批准并经业主确认后实施。施工控制计划必须完全体现业主拟定的质量目标、投资目标和进度目标，并满足业主的特殊要求。它应包括如下内容：对施工质保体系的要求，对施工质量计划、进度计划的要求，对施工技术、资源供应及施工准备工作的要求。当施工采用分包时，应在施工控制计划中明确分包范围、分包人的责任和义务，分包人在组织施工过程中应执行并满足施工计划的要求。

3）设置施工质量控制点

施工质量控制点主要包括：地基与基础工程、主体结构、建筑装饰装修、建筑屋面、建筑给排水及采暖、建筑电气、智能系统和电梯等分部工程的阶段性验收。每一分部工程的实体质量要符合设计要求，达到建筑工程施工质量验收统一标准。在计划的分部工程阶段性验收时间之前，如果项目施工管理人员发现有的分部工程不能达到设计要求或施工质量要求，督促施工单位立即整改，整改合格后方可进行施工交验。

4）组织图纸会审

为了避免设计过程中可能存在的缺陷和失误，同时对建设工程的使用功能、结构及设备选型、施工可行性和工程造价等进行有效的预控，项目部应在施工正式开工之前组织图纸会审，设计单位、监理单位、施工单位以及有关施工监督管理和物资供应等人员参加。为了保证图纸技术会审的质量，在设计会审前项目经理应组织管理人员先行预审，进一步理解设计意图和设计文件对施工的技术、质量和标准要求。首先核查设计人员选用规范、图集的时效性与适用性；其次核查设计图纸的正确性与准确性；最后核查设计采用新材料、新技术的合理性与经济性。

5）做好施工交接工作

交接工作主要包括：一、场地红线及自然地貌情况、四邻各类原有建筑物的详细情况。包括基础类型、埋置深度、持力层，施工时间及质量情况，建筑物主体结构类型，层数，总高，承包商及工程质量情况等。二、水源电源接驳点及其管径、流量、容量等，如已装有水表电表的，双方应办理水表、电表读数认证手续。三、水准点坐标点交接。四、占道及开路口的批准文件，具体位置及注意事项；地下电缆，水管等管线情况；交代指定排污点及市政对施工排水的要求；提醒承包商注意可能碰到的地下文物的保护。五、按合同规定份数向承包商移交施工图纸，地质勘察报告及有关技术资料。

6）确认施工组织设计

项目管理人员应及时确认经监理工程师批准的施工组织设计，对施工组织设计中的项目进度控制、质量控制、安全控制、成本控制、人力资源管理、材料管理、机械设备管理、技术管理、资金管理、合同管理、信息管理、现场管理、组织协调、竣工验收、考核评价及回访保修的内容提出优化改进意见。

7）核实工程开工条件

监理单位签发的开工报告，由项目施工管理单位核实后转报业主批准。具备如下开工条件的工程方可开工：项目法人已经设立、项目组织管理机构和规章制度健全、项目经理和管理机构成员已经到位；项目初步设计及总概算已经批复；项目资本金和其他建设资金已经落实；项目施工组织设计已经编制完成；项目主体工程（或控制性工程）的承包商已经通过招标选定，施工承包合同已经签订；项目业主与项目设计单位已签订设计图纸交付协议；项目征地、拆迁的施工场地“三通一平”工作已经完成，有关外部配套生产条件已签订协议；项目主体工程施工准备工作已经做好连续施工的准备；需要进行招标采购的材料，其招标组织机构落实，采购计划与工程进度相衔接。

（2）事中控制

1）项目部按照监理工程师批准的施工组织设计实施施工

施工单位在施工前应组织图纸交底，理解设计意图和设计文件对施工的技术、质量和标准要求。

施工单位应对施工过程的质量进行监督，加强对特殊过程和关键工序的识别与质量控制，并应保持质量记录。

施工单位应加强对供货质量的监督管理，按规定进行复验并保持记录。

施工单位应监督施工质量不合格品的处置，并对其实施效果进行验证。

施工单位应对所需的施工机械、装备、设施、工具和器具的配置以及使用状态进行有效性检查试验，以保证和满足施工质量的要求。

施工单位应对施工过程的质量控制绩效进行分析和评价，明确改进目标，制定纠正和预防措施，保证质量管理持续改进。

施工单位应根据项目质量计划，明确施工质量标准和控制目标。通过施工分包合同，明确分包人应承担的质量职责，审查分包人的质量计划应与项目质量计划保持一致性。

施工单位应对工程的施工准备工作和实施方案进行审查，必要时应提出意见或发出指令，以确认其符合性。

施工单位应组织施工分包人按合同约定，完成并提交质量记录、竣工图纸和文件，并对其负责的分部分项质量进行审查。

施工单位应建立安全检查制度，按规定组织对现场安全状况进行巡检，掌握安全信息，召开安全例会，及时发现和消除安全隐患，防止事故发生。

施工单位应建立和执行安全防范及治安管理制度，落实防范范围和责任，检查报警和救护系统的适应性和有效性。

施工单位应建立施工现场卫生防疫管理网络和责任系统，落实专人负责管理并检查职业健康服务和急救设施的有效性。

施工单位应根据总承包合同变更规定的原则，建立施工变更管理程序和规定，对施工变更进行管理。

2）定期收集质量报表资料

质量报表是反映工程实际质量状况的主要方式之一。施工单位应按照管理制度规定的时间和报表内容，定期填写质量报表。项目管理人员通过收集进度报表资料掌握工程实际质量情况。

收集的数据要进行整理、统计和分析，形成与质量目标具有可比性的数据。

现场实地检查工程质量情况。项目管理人员应常驻现场、随时检查质量目标的实际执行情况。

3）定期召开现场质量工作会议

参建各方要定期参加现场质量工作会议，对工程的质量情况、存在的问题进行分析商讨，同时提出质量改进措施。

（3）事后控制

1）参与单位工程的预验收

当单位工程基本达到竣工验收条件后，承包商应在自审、自查、自评工作完成后，填写工程竣工报验单，并将全部竣工资料报送项目监理机构，申请竣工验收。项目建设管理人员应及时督促监理人员对承包商报送的竣工资料进行全面审查，同时对工程实体的质量要进行检查；针对这两个方面存在问题，要求并监督施工承包商限时进行整改。

2）组织工程竣工验收

单位工程全面完工后，承包商应自行组织有关人员进行检查评定，并向项目建设管理单位提交工程验收报告。项目建设管理单位收到工程验收报告后，应组织勘测单位、设计单位、监理单位、承包商和质监部门进行工程竣工验收。单位工程实体质量达到建筑工程施工质量验收统一标准，观感质量综合评价和质量控制资料均符合要求，则单位工程质量验收合格。如果在竣工验收过程中还存在少数工程质量缺陷，应立即督促承包商限时整改。

3）参与保修阶段的工程质量问题的处理

对业主提出的工程质量缺陷及时进行修复，监理单位对施工承包商进行修复的工程质量进行验收和签认保修金的支付。

4.4 项目的投资控制

4.4.1 投资控制目标

本项目投资控制的目标是确保工程造价不超过中标价的90%～93%。通过有效的投资控制措施，在满足进度和质量要求的前提下，力求取得经济效益。

4.4.2 项目投资控制原则

（1）对工程造价进行主动控制

对工程造价采用主动的、积极的控制方法，做到主动控制，将控制立足于事先主动地采取决策措施，以尽可能地减少以至避免目标值与实际值的偏离。

（2）技术与经济相结合

技术与经济相结合进行工程造价的控制，从组织、技术、经济、合同及信息管理等多方面采取措施控制工程造价。

（3）动态比较

动态的比较造价的计划值和实际值，严格审查各项费用支出，采取对节约投资的有利奖励措施。项目部要以提高工程经济效益为目的，在工程建设过程中把技术与经济有机结合，通过技术比较、经济分析和效果评价，正确处理技术先进与经济合理之间的对立统一关系，力求在技术先进的条件下经济合理，在经济合理的基础上技术先进，把控制工程造价的观念渗透至各项组织管理措施和施工技术措施中去。

4.4.3 投资控制工作内容

（1）施工阶段工程投资控制的工作内容

1）审查合同标价的工程量清单，基本单价及其他有关文件。

2）编制资金使用计划。

3）正确进行工程量计算，复核工程付款账单，按规定进行工程造价款结算。

4）严格控制设计变更，合理进行现场签证。

5）工程变更和索赔的处理。

6）投资偏差分析。

（2）竣工验收阶段工程投资控制的工作内容

1）及时组织竣工决算，及时与业主完成审计工作。

2）认真做好项目回访与保修工作，以使项目达到最佳的使用状况，发挥最大的经济效益。

4.4.4 投资控制措施

（1）施工阶段的投资控制措施

1）项目部要落实好成本控制目标的管理部门和人员，建立计划值与实际值比较的投资控制工作程序，并采用计算机对投资控制进行管理。

2）明确目标，做到“三控制”相互统一；实行质量、进度、工期投资三控制协调统一的管理。

3）作好实际投入资金与合同价的动态比较。对索赔、现场签证、材料价差严格审查把关，并记好台账。

4）做好施工图预算的审查

① 审查工程量清单中的工程量。主要是检查工程预算中所列的工程量，是否严格地按照定额中规定的工程量计算规则，正确的以施工图纸所表示的尺寸、材质、规格、数量进行计算的，以防止发生错误、错项和漏项。为做好施工图预算审查工作，项目管理人员应该熟悉设计图纸及有关技术资料，根据施工图纸和设计说明书进行审查，以发现预算中是否存在多算、少算、重复、漏算等错误。

② 审查工程量清单中的措施项目与其他项目是否全面、实际。由于施工组织设计是全面安排施工的技术经济文件，其清单中的措施工作相对应，项目管理人员应结合现场的实际情况，按照施工组织设计或施工方案进行审查。

③ 审查工程量清单中的综合单价是否正确合理。检查全部分部分项工程所列综合单价是否与投标报价时的工程清单中的综合单价相符，其名称、规格、计量单位和所包括的工程内容是否一致，是否有项目重复汇总、小数点位置标错等问题。

④ 审查费用汇总是否出现笔误，如项目重复汇总、小数点位置标错等现象。审查是否符合有关部门的现行规定。

（2）竣工阶段的投资控制措施

1）配合工程竣工验收作好竣工决算计划并明确专人负责。

2）加强管理，及时督促各部门作好竣工验收的决算工作，对发现的问题及时解决。

3）内外结合，加强决算的审价工作。严格审核施工单位竣工决算报表的正确性、完整性、合理性；特别要核定工程量及设计变更、现场签证等的落实情况。在对竣工决算进行全面复核时，还要重点检查决算单价与投标时的清单报价是否一致。

4）协助作好工程造价审计，审价工作。

5）作好缺陷责任期的资金管理工作。

4.5 项目的信息管理

4.5.1 项目管理资料归档范围

（1）对与本工程建设有关的重要活动、记载工程建设主要过程和现状、具有保存价值的各种载体的文件，均应收集齐全，整理立卷后归档。

（2）工程文件的具体归档范围应符合《建设工程文件归档整理规范》GB/T 50328 要求，内容包括：立项文件；建设用地、征地、拆迁文件；勘察、测绘、设计文件；招投标文件；开工审批文件；财务文件；建设、施工、监理机构及负责人；监理文件；施工文件；竣工图；竣工验收文件；工程竣工总结；竣工验收记录；财务文件；声像、微缩、电子档案。

4.5.2 工程项目信息的分类

（1）公共信息，包括：法律、法规和部门规章信息，市场信息，自然条件信息。

（2）工程概况信息。指项目的工程名称、工程编号、基础、结构、装饰装修、设备安装、建筑造型等特点，以及建筑面积、造价、建设单位、设计单位、施工单位、监理单位等基本项目信息。

（3）施工记录信息，包括：施工日志、质量检查记录、材料设备进厂记录、用工记录等。

（4）工程技术资料信息，包括：地勘报告、设计施工图、招标文件、设计图会审资料、主要原材料、成品、半成品、构配件、设备出厂质量证明和试（检）验报告、施工试验记录、预检记录、隐蔽工程验收记录、基础和结构验收记录、设备安装工程记录、施工项目管理规划、技术交底资料、工程质量检验评定资料、竣工验收资料、设计变更和洽商记录、竣工图等。

（5）计划统计信息，包括：资金需要量计划信息、工程总进度计划、资源计划、施工分析资料、工程统计资料、材料消耗记录、各种台账等。

（6）目标控制信息，包括：进度控制信息、质量控制信息、费用控制信息、安全控制信息等。

（7）现场管理和工程协调信息，包括：施工平面图、现场管理信息、内部关系协调信息、外部关系协调信息等。

（8）商务信息，包括：投标信息、合同和合同管理信息、结算信息、索赔信息、竣工验收信息、回访保修信息等。

4.5.3 工程档案管理措施

（1）认真贯彻执行国家和省、市计委、建设厅、档案局关于档案管理的通知、规定。工程从准备阶段到竣工全过程必须按档案资料的具体内容，整理立卷方法、填写程序、纸张规格、装订等的要求作到规范化和标准化，使档案资料能够在工程竣工后，完整、准确、系统地反映出工程建设活动的全过程。

（2）公司总经理、总工程师负责领导、督促公司有关部门认真履行各自职责，定期进行检查、督促、及时收集、整理、归档，确保档案资料的完整、准确。

（3）档案管理制度。为加强项目建设档案管理工作，充分发挥档案在建设项目管理、经营中的重要作用，项目部应根据建设部关于工程项目档案管理工作的有关规定及公司的业务特点，制定项目档案管理制度。

4.5.4 建立工程项目信息管理系统的要求

根据《建设工程项目管理规范》GB/T 50326 的规定，工程项目信息管理系统应以项目经理为中心建立，满足项目部的全部管理需要。建立该系统的主要要求如下：

（1）项目部应使建立的工程项目信息管理系统目录完整、层次清晰、结构严密、表格自动生成。经签字确认的工程项目信息应及时存入计算机。

（2）应方便工程项目管理人员进行信息的输入、整理、存贮和提取。

（3）应能及时调整数据、表格与文档，补充、修改与删除数据。信息的种类与数量应能满足工程项目管理的全部需要。

（4）应能使施工准备阶段的管理信息、施工过程中项目管理各专业的信息、结算信息、统计信息等有良好的接口。

（5）工程项目信息管理系统应能连接项目部各职能部门、项目经理与项目管理层各职能部门、项目经理与企业法定代表人、项目部与企业管理层各职能部门、项目经理与发包人、分包人、监理机构等。

（6）应使项目部与企业管理层、劳务作业层信息收集渠道畅通，主要信息资源能够共享。

（7）应建立协同工作平台，实现网上操作。

4.6 项目的合同管理

4.6.1 施工合同的签订前的管理

（1）在工程中标之后，公司经营部门做好施工合同的谈判签订管理。在合同谈判期间，依据招标文件、中标人投标书及合同通用条款，逐条进行谈判。对通用条款的哪些条款要进行修改，哪些条款不采用等，都应提出具体要求和建议。经过谈判后，双方对施工合同内容取得完全一致意见后填入专用条款，即可正式签订施工合同协议书，经双方签字、盖章后即生效。

（2）施工合同条款内容除当事人写明各自的名称、地址、工程名称和工程范围，明确规定履行内容、方式、期限，违约责任以及解决争议的方法外，还应明确建设工期、中间交工工程的开工和竣工时间、工程质量、工程造价、技术资料交付时间、材料设备供应责任、拨款和结算、交工验收、质量保证期、双方互相协作等内容。

（3）工程开工前公司经营部门组织相关人员，对项目部全部管理人员进行合同交底，使全体管理人员明确合同中的规定。

4.6.2 施工合同的履行中的管理

施工合同生效后，对双方当事人均有法律约束力，双方当事人应当严格履行。施工合同的履行应遵守全面履行和诚信履行的原则。双方应严格按施工合同的规定进行，具体工作有以下几方面：

（1）在工期管理方面。按合同规定，要求承包人在开工前申报包括分月、分段进度计划的施工总进度计划，并加以审核；按照分月、分段进度计划，进行实际检查；对影响进度计划的因素进行分析，属于发包人的原因，应及时要求其迅速解决等。

(2) 在质量管理方面。检验工程使用的材料、设备质量；检验工程使用的半成品及构件质量；按合同规定的规范、规程，监督检验施工质量；按合同规定的程序，验收隐蔽工程和需要中间验收工程的质量；验收单项竣工工程和全部竣工工程的质量等。

(3) 在费用管理方面。严格进行合同约定的价款的管理；对预付工程款和进度款进行管理；对工程量进行及时上报，进行工程款的结算和支付；对变更价款进行商定；对施工中涉及的其他费用及时与业方沟通；办理竣工结算；对保修金进行管理等。

4.6.3 施工合同的档案管理

在合同的履行过程中，对合同文件，包括有关的签证、记录、协议、补充合同、备忘录、函件、电报、电传等都做好系统分类，认真管理。为了防止合同在履行中发生纠纷，项目施工管理人员应及时填写并保存经有关方面签证的文件和单据，主要包括：发包方负责供应的设备、材料进场时间以及材料规格、数量和质量情况的备忘录；材料代用议定书；材料及混凝土试块化验单；经设计单位和工程师签证的设计变更通知单；隐蔽工程检查验收记录；质量事故鉴定书及其采取的处理措施；合理化建议内容及节约分成协议书；中间交工工程的验收文件；赶工协议及提前竣工收益分享协议；其他有关资料。

4.6.4 材料采购合同的管理

(1) 材料采购合同签订前的管理

1) 在材料采购招标之前，通过投标资格预审，对设备、材料供货商的资格、资信和履约能力进行审查，以筛选合格的潜在投标人前来投标。

2) 在材料设备招标定标之后，应做好材料采购合同的谈判签订管理。在合同谈判期间，依据招标文件、中标人投标书及合同通用条款，逐条进行谈判。对通用条款的哪些条款要进行修改，哪些条款不采用等，都应提出具体要求和建议，与供货商进行谈判。经过谈判后，双方对材料采购合同内容取得完全一致意见后填入专用条款，即可正式签订材料采购协议书，经双方签字、盖章后，材料采购合同即生效。

3) 材料采购合同条款内容应详细写明各种材料的品种、型号、规格、等级、数量等；应写明材料的质量要求和技术标准，即性能、规格、质量、检验方法、包装以及储运条件；应写明交货期限、交货方式及地点、价格条款。

(2) 材料采购合同履行中的管理

材料采购合同一旦生效，对双方当事人均有法律约束力，双方当事人应当严格履行。施工合同的履行应遵守全面履行和诚信履行的原则。对材料采购合同履行的管理主要是通过材料员来实现的，材料员应当严格按照材料采购合同规定完成采购方的工作和应尽义务，同时对供货方的履约活动按采购合同的规定进行监督、检查、其具体工作有以下几方面：

1) 按照合同规定的日期，督促供应商按期交付材料，防止进度拖延。

2) 按合同规定的标准和方法对货物的名称、品种、规格、型号、数量、质量、包装等进行检测和测试，以确定是否与合同相符。

3) 按合同中明确规定货款的结算办法和结算时间对材料采购已经履行的部分进行按实结算。

4.6.5 对现场变更和签证的管理

(1) 工程变更的程序

1) 提出变更要求。施工承包人、业主或监理工程师均可提出工程变更的要求。施工承包人提出的变更多数是从方便施工条件出发，提出变更要求的同时应提供变更后的设计图纸和费用计算；业主提出设计变更大多是由于当地政府的要求，或者工程性质改变；监理工程师提出的工程变更大多是发现设计错误或不足。

2) 监理工程师审查变更。无论是哪一方提出的工程变更，均需先由监理工程师审查批准。监理工程师审批工程变更时应与项目管理单位和施工承包人进行适当的协商，尤其是一些费用增加较多的工程变更项目，更要与业主进行充分的协商，并最终征得业主同意后才能批准。

3) 编制工程变更文件。工程变更文件包括：工程变更令，主要说明变更的理由和工程变更的概况，工程变更估价及对合同价的影响；工程量清单，工程变更的工程量清单与合同中的工程量清单相同，并需附工程量的计算记录及有关确定单价的资料；设计图纸(包括技术规范)；其他有关文件等。

4) 发出变更指示。监理工程师的变更指示应以书面形式发出。如果监理工程师认为有必要以口头形式发出指示，指示发出后应尽快加以书面确认。

(2) 工程变更的估价

工程变更不应以任何方式使合同作废或失效，但对变更的影响应按合同条件进行估价。如监理工程师认为适当，应以合同中规定的费率及价格进行估价。如合同中未包括适用于该变更工作的费率和价格，则应在合理的范围内使用合同中的费率和价格作为估价的基础。若合同清单中既没有与变更项目相同，也没有相似项目时，在监理工程师与业主和承包商适当协商后，由监理工程师和承包商商定一个合适的费率和价格作为结算的依据；当双方意见不一致时，监理工程师有权单方面确定其认为合适的费率或价格。

(3) 工程签证

工程变更将造成工程成本的变化，为了明确建设单位和承包商的经济责任，加强经济核算工作，保证施工企业的合理收入，要进行工程变更签证。工程签证的范围一般包括以下一些方面：施工场地内的障碍物清理；由于设计不同或设计变更通知单下达不及时所造成的人工、材料、机械费用损失；由业主负责供应的材料没有及时进场，或材料规格、品种、质量不符而发生调换代用、加工、退货、试验及积压所造成损失；因工地条件限制，材料及半成品需要二次搬运的人工、机械费；停电、停水等造成的窝工费；由于不可抗拒的自然灾害所造成的材料、机械等损失；因气候影响无法施工的停工费；业主借用承包商工人的人工费；业主要求赶工而增加的人工费及机械台班费；工程缓建或停建，材料及机械迁出费；业主与承包商临时协商的人工费及材料费等。

4.6.6 对索赔的管理

(1) 项目施工管理人员和监理工程师对索赔文件的处理

施工单位把索赔文件送达监理工程师，工程师接到索赔通知后28d内给予批准，或要求承包人进一步补充索赔理由和证据；工程师在28d内未予答复，应视为该项索赔已经认可。如工程师对索赔文件提出质疑，施工单位应及时进行答复。

（2）处理索赔的程序

1）谈判协商。处理索赔事项时，一般进行双边磋商，也就是谈判协商。在谈判时要注意：①了解对业方的真实意图。这需要在谈判中了解并判定，只有了解发包人的真实意图和底线后才能有的放矢地处理好索赔。②迅速结束谈判。索赔问题的解决宜快不宜迟。因为一来拖延时间会使人们记忆淡薄，对解决索赔更加不利；二来会使双方合作关系紧张，对工程的实施产生不利影响。

2）邀请公平的中间人进行调解。当谈判无结果而陷入僵局时，则应经过双方协商或单方邀请与索赔无利害关系的中间人（单位），如监理单位，来公平地调解。

4.7 项目的组织协调

4.7.1 本项目协调工作的重点

项目部在认真熟悉招标文件的要求以及到现场实际踏勘的基础上，了解到社会对工程实施的干扰以及工程实施对社会的干扰都较大。鉴于这样的实际情况，项目部认为，在本工程项目的实施过程中，协调好项目外部关系显得尤为重要，协调的重点工作如下：

（1）施工前到有关部门办理好相关手续（如城市规划、建设、质监、安监、环保、消防、交通、各管线的请照工作及相关手续的办理）和政策咨询，以保证建设工程项目的顺利开工和实施。

（2）配合交通管理部门搞好交通组织工作，保障工地现场的交通有序。

（3）协调好与工程项目周边相关单位及居民的关系（如企业、街道办事处、派出所等），赢得他们的理解和支持。采取合理有效的措施做到“便民不扰民”保证工地现场的文明、有序、安全。

（4）按照《建设项目管理规定》和合同要求，接受业主指导、监督和管理。保持和业主的良好沟通，尊重业主，随时向业主报告工程实施情况，及时向业主提供充分的、准确的信息，让业主能全面掌握项目的实施情况，对重大问题做出决策。

（5）协调好与设计单位的关系。在涉及设计方面的技术问题、设计交底、图纸会审、设计图纸的变更时，做到尊重设计、以设计为指导，并及时向设计方如实反映工程实际情况，积极做好组织、协调、联系工作。确保设计工作能及时满足工程实施过程中的需要。

（6）协调好本项目施工总承包单位与各专业分包单位之间、施工单位和监理单位之间的关系。随着工程项目的不断推进，难免会出现各种矛盾，其中既有工期配合，也有施工场地上的矛盾，解决矛盾的指导思想是“工程高效、安全和按期竣工”的总体目标。

（7）协调好主体工程与绿化、路灯、环卫设施、“小三线”等工程进场时间、场地使用、相互配合等问题，使得主要工程、附属工程以及各专业工程之间的协调进行，如期完成建设项目总体目标。

4.7.2 协调的具体措施

（1）制定“项目管理目标责任书”和“项目管理实施计划”，协调项目部与业主以及各标段施工、监理和其他建设参与各方的关系。

（2）为了保证协调工作顺利、有效地进行，项目部根据本项目工程的具体情况和特点以及协调工作的需要建立了专门的组织协调机构并配置专职人员，负责执行各项具体协调工作，做到“专人专事，责任到人”。

（3）与业主的协调工作由本项目的项目经理牵头负责。

（4）与相关职能部门（城市规划、建设、质监、安监、环保、消防、交通等）的协调工作由专人负责。本工程委派项目副经理，长期从事施工管理工作，熟悉基本建设程序，对建设工程中各种证照、手续的办理程序及相关政策、法规相当熟悉，有着丰富的管理经验、技术水平及过硬的协调能力，并在长期的工作中与相关职能部门及相关人员建立了良好的工作关系。

（5）专人负责与电信、自来水、电力等相关专业部门的协调工作以及主体工程与绿化、路灯、光彩、环卫设施工程的协调工作。

（6）专人负责与设计单位的协调工作以及施工现场各专业施工单位之间、施工单位与监理单位之间的协调工作。

（7）专人负责协调与工程项目周边相关单位及居民（如企业、街道办事处、派出所等）的关系。

（8）落实各单位、各部门的联系人及联系方式，建立通信联系网络，保持信息畅通。

（9）制定内部人际关系协调的规章制度。作好思想工作，加强教育培训，提高人员素质。

（10）建立工地协调会议制度。根据施工中出现的问题多少，紧急程度，定期或不定期的召开工地协调会议，及时解决工地现场发生的问题。

4.7.3 项目部内部的协调

（1）项目部内部人际关系的协调

1）项目部是由人组成的工作体系，工作效率很大程度上取决于人际关系的协调程度，项目经理应首先抓好人际关系的协调，激励项目部成员。

2）在人员安排上要量才录用。对项目部各种人员，要根据每个人的专长进行安排，做到人尽其才。人员的搭配应注意能力互补和性格互补，人员配置应尽可能少而精，防止力不胜任和忙闲不一的现象。

3）在工作委任上要职责分明。对项目部内的每一个岗位，都应订立明确的目标和岗位责任制，应通过职能清理，使管理职能不重不漏，做到事事有人管，人人有专责，同时明确岗位职权。

4）在成绩评价上要实事求是。谁都希望自己的工作做出成绩，并得到肯定。但工作成绩的取得，不仅需要主观努力，而且需要一定的工作条件和相互配合。要发扬民主作风，实事求是评价，以免人员无功自傲或有功受屈，使每个人热爱自己的工作，并对工作充满信心和希望。

5）在矛盾调解上要恰到好处。人员之间的矛盾总是存在的，一旦出现矛盾就应进行调解，要多听取项目监理机构成员的意见和建议，及时沟通，使人员始终处于团结、和谐、热情高涨的工作气氛之中。

(2) 项目部内部组织关系的协调

1) 在职能划分的基础上设置组织机构，根据工程对象及施工合同所规定的工作内容，确定职能划分，并相应设置配套的组织机构。

2) 明确规定每个部门的目标、职责和权限，最好以规章制度的形式作出明文规定。

3) 事先约定各个部门在工作中的相互关系。在工程施工中许多工作是由多个部门共同完成的，其中有主办、牵头和协作、配合之分，事先约定，才不至于出现误事、脱节等贻误工作的现象。

4) 建立信息沟通制度，如采用工作例会、业务碰头会、发会议纪要、工作流程图或信息传递卡等方式来沟通信息，这样可使局部了解全局，服从并适应全局需要。

5) 及时消除工作中的矛盾或冲突。项目经理应采用民主的作风，注意从心理学、行为科学的角度激励各个成员的工作积极性；经常性地指导工作，和成员一起商讨遇到的问题，多倾听他们的意见、建议，鼓励大家同舟共济。

(3) 项目部内部需求关系的协调

1) 对施工设备、材料的需求平衡。施工管理开始时，要做好施工规划的编写工作，提出合理的资源配置，要注意抓住期限上的及时性、规格上的明确性、数量上的准确性、质量上的规定性。

2) 对施工管理人员的需求平衡。要抓住调度环节，注意各专业管理人员的配合。一个工程包括多个分部分项工程，复杂性和技术要求各不相同，这就存在管理人员配备、衔接和调度问题。

4.7.4 项目部外部的协调

(1) 与业主与的协调

项目部要及时接受项目业主的指令、指导和监督并对其负责，积极协调参建各方和施工项目所在地周边的关系，协助业主与政府相关经理部门及时联络、沟通，并办理相关管理手续。因此，项目施工管理人员必须与业主保持良好的沟通，积极地向业主汇报工作情况，让业主及时了解整个工程项目的进展，确保业主建设意图的实现。

1) 项目施工管理人员要理解建设工程总目标、理解业主的意图。对下属项目施工管理人员，必须要求他们了解项目构思的基础、起因、出发点。

2) 利用工作之便做好宣传工作，主动帮助业主处理建设工程中的事务性工作，以自己规范化、标准化、制度化的工作去影响和促进双方工作的协调一致。

3) 尊重业主，和业主一起投入工程施工全过程。对业主提出的某些不适当的要求，只要不属于原则问题，都可先执行，然后利用适当时机、采取适当方式加以说明或解释；对于原则性问题，可采取书面报告等方式说明原委，尽量避免发生误解，以使建设工程顺利实施。

(2) 与政府及有关职能部门的协调

必须加强与政府各职能部门（涉及的部门包括建委、招标办、质监站、安监站、卫生防疫、行政执法、人防办、环保、消防、文物、市政、街道办事处、派出所、公安交通、通信、供电、供水等）的联系，了解政府的有关政策，及时办理相关手续，绝不违章作业，确保工程严格按国家规定的基本建设程序顺利进行。在工程施工过程中，对管理部门提出的有关整改问题应积极、及时进行改正和处理，不断完善和提高现场施工管理水平。

(3) 与设计单位的协调

在施工过程中，常会遇到因设计单位对原设计存在的缺陷提出的工程变更，项目部必须协调与设计单位的工作，以加快工程进度，确保质量，降低消耗。

1）尊重设计单位的意见，例如，项目部组织设计单位人员向承包商介绍工程概况、设计意图、技术要求、施工难点等，把标准过高、设计遗漏、图纸差错等问题解决在施工之前；施工阶段要严格按图施工；结构工程验收、专业工程验收、竣工验收等工作应邀请设计代表参加；若发生质量事故，认真听取设计单位的处理意见。

2）施工中发现设计问题，应及时向设计单位提出，以免造成大的直接损失。

3）注意信息传递的及时性和程序性。监理工程师联系单、设计单位申报表或设计变更通知单传递，要按设计单位→监理单位→承包商之间的程序进行。

4.7.5 项目施工管理组织协调的方法

为做好三大目标的动态跟踪管理，项目施工管理人员应建立例会制度，定期组织工地会议，针对出现的质量、进度、投资、安全等问题重点协调解决。

(1) 参加现场例会。及时参加监理工程师组织的现场例会，研究施工中出现的进度、质量、安全及工程款支付等问题。每次例会都要将会议所讨论的问题和决定记录下来，形成会议纪要，供与会单位、部门确认和落实。

(2) 专业性协调会议。除定期召开现场例会外，还应根据需要组织召开一些专业性协调会议，其目的是通过多方的协调来解决具体技术经济问题、材料供应问题、协调配合问题。例如，加工订货会、业主直接分包的工程内容承包商与总承包商之间的协调会、专业性较强的分包单位进场协调会等。

(3) 交谈协调法。为了保持信息畅通、寻求协作和帮助、正确及时发布工程指令，常采用交谈协调方法。它包括面对面的交谈和电话交谈。

(4) 书面协调法。当会议和交谈不方便或不需要时，或者需要精确地表达自己的意见时，可采用书面协调方法。

4.8 项目的安全及文明施工管理

4.8.1 职业健康安全目标

根据合要求和公司要求，项目部制定了本工程的职业健康安全目标：无重大安全责任事故，火灾事故、设备倒塌事故发生，安全轻伤率控制在1‰以下，创“上海市文明、标化工地”。

4.8.2 项目部施工安全管理原则

坚持一手抓生产、一手抓安全，两手都要硬的原则；坚持预防为主的原则；坚持全员、全过程、全方位、全天候的动态管理原则。

4.8.3 项目部安全管理体系

项目部建立了安全管理体系，贯彻实施国家和省、市有关安全生产的方针、政策、法规、规程，在施工中认真执行“安全第一，预防为主”的方针，结合本工程的施工特点和具体情况，制定严密的安全管理制度，以保证安全生产。

4.8.4 项目部施工安全管理的控制措施

(1) 建立各级安全生产责任制

1) 项目部建立健全各级安全生产责任制。项目部管理人员安全生产责任制还应上墙。

2) 签订安全生产责任书。即项目部与总公司，各班组与项目部，各班组与职工都应订立责任书。

3) 施工现场各工种安全技术操作规程齐全，装订成册，并经常进行员工教育。

4) 本工程建筑面积1万平方米以下的，按规定配备1名专职安全员；做到持证上岗。

(2) 施工组织设计

1) 施工项目部在编制施工组织设计（施工方案）时，项目部根据工程的施工工艺和施工方法，编写较全面、具体、针对性强的安全技术措施。

2) 工程专业性较强的项目，如打桩、基坑支护与土方开挖、支拆模板、起重吊装、脚手架、临时施工用电、物料提升机等均要编制专项的安全施工组织设计。

(3) 分部（分项）工程安全技术交底

1) 建立安全技术交底制度。安全技术交底必须与下达施工任务同时进行。新进场班组员工必须先进行安全技术交底再上岗。

2) 项目部安全技术交底内容包括工作场所的安全防护设施、安全操作规程、安全注意事项等，做到既有针对性又简单明了。

3) 安全技术交底必须以书面形式进行，双方履行签字手续。

(4) 安全检查

1) 项目部必须建立定期安全检查制度，项目每半月不少于一次，班组每星期不少于一次。

2) 各种安全检查（包括被检）做到每次有记录，对查出的事故隐患应做到定人、定时、定措施进行整改，并要有复查情况记录。

3) 对重大事故隐患的整改必须如期完成，并上报公司和有关部门。

4) 班前安全活动班组应开展班前三上岗（上岗交底、上岗检查、上岗教育）和班后下岗检查，每月开展安全讲评活动。

5) 特种作业持证上岗。施工现场特种作业人员和中小型机械操作工必须持证上岗。

6) 对于本工程施工中的落地式脚手架工程、基坑支护工程、“三宝”“四口”防护、临时施工用电、物料提升机（井字架）、施工机具、塔吊安装等工序，严格按《建筑施工安全检查标准》JGJ 59中的规定执行，这里不再展开。

(5) 安全教育

1) 建立企业和施工现场的安全培训教育制度和档案，明确教育岗位、教育人员、教育内容。

2）建立现场职工安全教育卡。新进场工人须进行公司（15 学时）、项目部（15 学时）、班组（20 学时）的“三级”安全教育，经考核合格后才能进入操作岗位。

（6）安全标志

1）施工现场应有安全标志布置平面图。

2）安全标志应按图挂设，特别是主要施工部位、作业点和危险区域及主要通道口均应挂设相关的安全标志。

3）施工机械设备应随机挂设安全操作规程牌。

4）安全标志应符合国家（安全标志）（GB 2894）的规定，制作美观、统一。

4.8.5 文明施工的具体内容及标准

项目部根据《建筑施工安全检查标准》JGJ 59 和结合上海市地方安保体系标准规定进行有关文明施工的考核检查。综合内容可归纳分为外部环境、内部环境、防治扬尘、防治污水、防治噪声和环境卫生六个方面：

（1）外部环境管理的主要内容：实行工地打围作业、封闭式施工；外墙面的美化装饰；工地“门前三包”责任制；落实“净化、绿化、美化、亮化”措施等，做到外部景观化。

（2）内部环境管理的主要内容：施工现场总平面布置规划；施工道路硬化；临时设施、机具设备、建筑材料堆放；场内出入口及道路畅通；现场裸露地面绿化等，做到内部标准化。

（3）防治扬尘污染管理的主要内容：施工区域的封闭或隔离；建筑垃圾集装密闭清理；运输车辆与挖掘设备除尘处理；现场存土的覆盖、固化或处理；细颗粒散体材料封闭运输及现场库房内存放；施工作业的洒水降尘制度等。

（4）防治水污染管理的主要内容：搅拌的废水排放；油漆、油料的渗漏防治；施工现场临时食堂的污水排放等。

（5）防止噪声污染管理的主要内容：人为的施工噪音防治；施工机械噪音防治。

（6）环境卫生管理的主要内容：落实各项卫生防病措施；现场“除四害”及消杀工作；现场内部生活环境卫生等。

4.8.6 施工环境保护具体措施

（1）加强工地文明施工的宣传工作、组织建设参与各方学习建筑施工安全检查标准和上海市安保体系标准，提高认识、统一思想、部署任务、营造氛围，全方面提高建设参与各方的施工环保意识，使创建“文明工地”的思想深入人心。

（2）在项目实施过程中，按照创建“文明工地”活动的工作标准和要求，制定具体实施方案，对各建设项目工地进行检查、考核。对不合格的施工现场的相关部门和人员公开曝光和严肃处理。同时，对创建“文明工地”成绩突出的，给予通报表扬。

（3）经费保障。项目部在安全文明专项资金方面做到专款专用，足额到位。

4.9 项目的风险管理

本工程项目为综合楼工程，工程地点又处在城市中心地段，施工过程中的不同风险时刻存在，经过认真分析研究对本工程主要采取以下措施方法予以解决。

4.9.1 风险回避

对于部分工序风险超过自己的承受能力，成功把握不大的风险，不介入。例如塔机的安装，外墙的石材幕墙的干挂等进行分包，回避风险。

4.9.2 风险预防

项目部通过提高质量控制标准以防止因质量不合格而返工或罚款；通过加强对施工管理人员安全教育和强化安全措施，减少事故的发生等。在风险损失已经不可避免的情况下，通过种种措施以遏制风险势头继续恶化或局限其扩展范围使其不再蔓延，使风险局部化。例如本工程项目部在施工过程中发现门窗安装分包单位由于企业自身形势恶化，安装进度远远不能到位，项目部在确认分包商无力继续实施其承包的工作时，项目部根据合同约定立即撤换了门窗分包商，及时进行调整，达到减少风险的目的。

4.9.3 风险分散

项目部主要通过增加风险单位来减轻总体施工合同风险的压力，达到共同分摊风险的目的。项目部采用各类任务书、责任书、分包合同、采购合同、招标文件中进行分摊，使项目参与各方共同承担风险，增强责任感，提高积极性。例如项目部反对承包商采用成本加酬金合同，因为承包商没有任何风险责任，它就会千方百计提高成本以争取工程利润，最终损害工程的整体效益，要他们来共同承担风险。

4.9.4 风险转移

风险的转移主要包括保险的风险转移和非保险的风险转移二类。

非保险风险转移的手段主要用于工程承包中的专业分包和材料设备采购。通过专业分包等手段将项目部承担的风险部分或全部转移至他人，从而减轻自身的风险压力。本项目根据工程特点，对桩基工程、防水工程、窗安装工程、幕墙安装工程、消防工程、塔机安装工程进行了分包，转移了风险。

保险风险财务转移的手段，是将工程的部分项目和一些高危作业项目向保险公司购买保险。通过保险，施工方将自己本应承担的归咎责任和赔偿责任转嫁给保险公司，从而施工方免受风险损失。

4.9.5 风险自留

本工程根据工程技术、自然环境、合同，物价因素等方面风险的大小以及发生可能性，在报价中增加了3%的风险准备金。

5　某厂房及配套设施工程施工管理案例

5.1　工程概况

5.1.1　工程建设概况

工程名称：某厂房及配套设施（1～6号厂房）

建设地点：翔安区翔安大道与上吴路交界处

质量标准：合格

工期要求：220日历日，开工日期、竣工日期按合同约定。

5.1.2　工程设计概况

（1）建筑功能：厂房

（2）砌体：

1）砌体材料：±0.000～1.0m之间外墙填充墙采用190mm厚混凝土空心砖墙（遇混凝土短柱截断）。

2）墙身防潮做法：20mm厚1∶2水泥砂浆加5%防水剂。位置在外墙室内地坪以下60mm标高处（墙身两侧有高差时，防潮层应沿墙身高差面形成闭合）。

（3）楼地面：

本工程楼地面为细石混凝土楼地面、块料楼地面、水泥砂浆楼地面。

（4）屋面工程：

1）天沟找坡不小于1%，坡向雨水口，沟底水落差不得超过200mm。

2）屋面防水施工应满足《工程建设标准强制性条文》中屋面防水施工有关条文。

（5）内、外墙装饰：

本工程内、外墙装饰主要采用涂料墙面、砖墙面。

（6）顶棚：

本工程卫生间及变电室底板为涂料顶棚。

（7）门窗工程：

本工程门窗主要为铝合金门。

5.2　施工部署

5.2.1　项目管理目标

工程工期：总工期为220日历日。

工程质量：合格

现场管理：安全生产、文明施工标准化工地

为确保工程质量，工程工期达到业主的要求，在施工过程中应加强管理，使管理工作、安全生产、文明施工均达到一流水平。公司及项目部专门就项目投标和后期生产组织了多次论证，决定从基础开始组织配备强有力、高素质、有经验的项目管理班子。公司将组织跟踪检查落实，在施工整个实施过程中，制定了如下项目管理目标：有严格的管理组织，有完善全面的制度，有科学合理切实可行的方案，有经过训练有素的施工班组，真正形成完整的工程施工保证体系。

5.2.2 工程项目部组织机构（图 5-1）

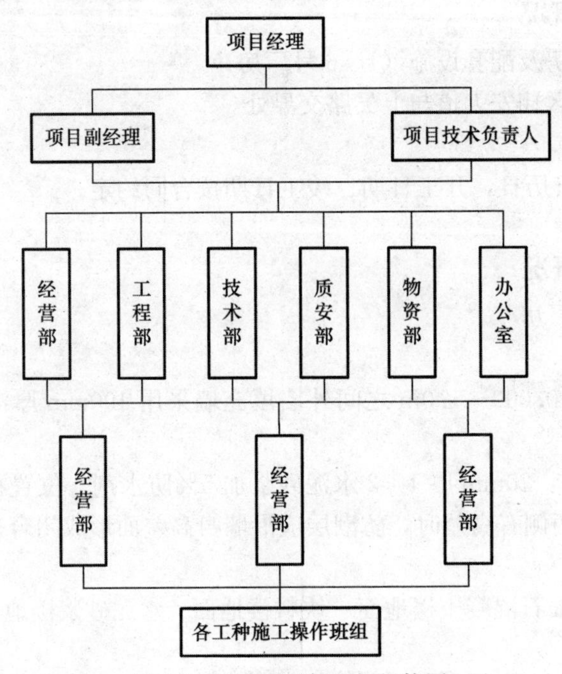

图 5-1 工程项目部组织机构图

5.2.3 施工总平面布置

根据施工现场初勘及工程项目施工总平面图，绘制本项目施工总平面布置图。

（1）现场规划

现场设有项目部、材料堆场、钢筋加工场、钢结构加工场、模板加工场、仓库、配电房、门卫及搅拌场；由于场地受限，生活区在场外设置，统一规划。

根据文明施工的要求，施工现场内的主要干道采用硬地坪。

（2）现场施工设施

1）施工用水：在附近联系自来水接至现场并安装水表计量，水压不应低于 $3kg/cm^2$；并配备 1 座 $30m^3$ 蓄水池。

2）施工用电：电网供电、设置独立配电室并自备 1 台 50kW 发电机辅助供电。

3）排水：在临设场地内及混凝土、砂浆搅拌站周围适当位置设置截水沟和排水沟，做到有组织排水。

4）通信：项目经理、项目技术负责人及施工各负责人配备无线电话供对外联系。

5.3 主要施工方案

5.3.1 施工测量放线方案

（1）平面定位

施工现场采用激光全站仪定位，而后采用DJ2经纬仪复检，并引出控制线桩，做好保护。

（2）垂直控制

±0.00以上竖向引测采用内控法，内部控制网建立于一层室内地面，用标记铁板埋于现浇混凝土中。

（3）标高控制

建立工程高程控制三等水准测量，高程起算以厦门市城建水准点高度为准。

（4）沉降观测

沉降观测点位置根据设计要求设置。

5.3.2 土方工程

（1）土方机械的选择

机械开挖采用反铲挖掘机3台，自卸汽车15部。

（2）土方开挖

本工程土方开挖采用机械开挖，人工清底相结合的施工方法，地梁采用人工挖土。

（3）施工要点

1）本工程水池土方开挖采用分层开挖。

2）基坑边角部位，机械开挖不到之处，应用少量人工配合清坡，将松土清至机械作业半径范围内，再用机械掏取运走。

3）机械开挖应控制深浅，避免超挖和土层遭受扰动。

（4）土方外运

本工程土方外运采用反铲挖掘机配合自卸车装运。

（5）回填土施工

清除填土范围内所有杂物，抽出积水，分层（层厚为300mm）夯实，回填到设计标高。

（6）场地排水

必须做好现场场地的排水、截水、疏水等工作，并尽可能减少雨季施工工作量。

5.3.3 基础工程

（1）清理及垫层浇灌

地基验槽完成后，清除表层浮土及扰动土，不留积水，立即进行垫层混凝土施工，垫层混凝土必须振捣密实，表面平整，严禁晾晒基土（条基不必打垫层）。

（2）放线

垫层浇灌完成后，混凝土达到1.2MPa后，放出独立基础的轴线、基础底边线、柱位线的位置和条形基础位置；

（3）支模板

模板一次支到顶，留长方向一阶不加支撑以方便钢筋的进入，待钢筋绑扎完毕，即可最后加支撑。模板采用木模，利用架子管或木方加固。

（4）绑扎基础钢筋网片；待支完模板后进行钢筋网片的绑扎，模板全部支好后插柱筋；钢筋绑扎不允许漏扣，连接点处必须全部绑扎。见图 5-2。

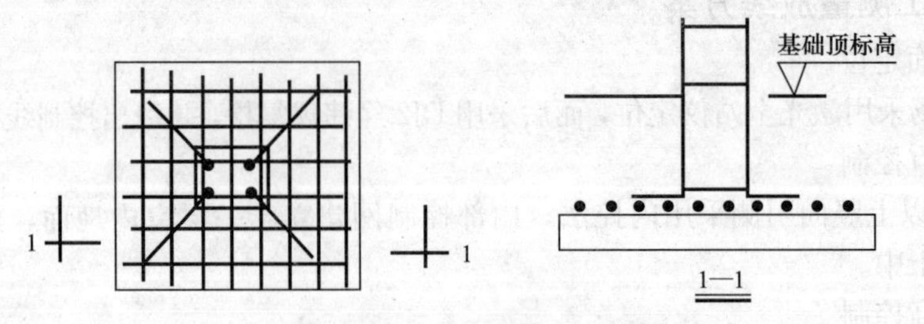

图 5-2　独立柱基钢筋绑扎示意图

（5）清除模板内的杂物，木模浇水湿润，堵严板缝及孔洞。并作好隐蔽验收工作。

（6）混凝土工程：

1）混凝土用混凝土运输车运输，用插入式振动棒及平板振动器振捣混凝土，做到快插慢拔，振捣密实。

2）严格控制承台基梁混凝土面标高，混凝土面实行二次抹模平，做到表面平整无收缩裂痕。

3）浇捣顺序为先垫层次独立基础后基础梁，垫层混凝土初凝后放出轴线和模板边线。基梁可留在跨中 1/3 范围内。

4）混凝土试块制作计划将根据实际施工情况制定，试块养护分标准养护与现场养护。

5.3.4　主体工程

（1）钢筋工程

钢筋采用施工现场加工制作。绑扎按施工操作规格要求进行，绑扎质量等级要保证符合要求。

钢筋对焊根据钢筋部位使用不同工艺焊接；钢筋在制作前要认真熟悉图纸设计意图。

所有梁筋安放完毕，自检无误再绑扎板筋。底筋完成后，交水、电预埋各类管线。当水、电等各类管线施工完毕，再绑扎面筋。支垫好保护层，并在浇筑混凝土时派专人护筋。钢筋的锚固、搭接、焊接、弯曲等均应按照图纸和规范要求进行。

（2）模板工程

施工要点。①柱模安装时在基础面上弹出纵横轴线和四周边线；②对于通排柱模板，应先安装两端柱模板，校正固定；③柱模板宜加柱箍，每隔 50cm 加设一道钢管环箍；④梁跨度大于 4m 时，梁底板中部应起拱；⑤挑檐模板必须撑牢拉紧，防止向外倾覆，确保安全；⑥上下层模板的钢管立柱，一般应安装在一条竖向中心线上。

模板工程的质量要求。①模板及其支承结构的材料、质量，应符合规范规定和设计要求；②模板及支撑应有足够的强度、刚度和稳定性；③模板安装后应仔细检查各部位构件是否牢固；④现浇整体式结构模板安装的允许偏差，应符合要求。

（3）混凝土浇筑工程

在浇竖向结构混凝土前，应先在底部填以 50～100mm 厚与混凝土砂浆成分相同的水泥砂浆；浇筑中不得发生离析现象。

采用振捣器振捣实混凝土每一点的振捣延续时间，使混凝土表面呈现浮浆和不再沉落；在混凝土浇筑过程中，经常观察模板、支架、钢筋、预埋件和预留孔洞的情况，应及时采取措施处理。

混凝土浇筑完毕后应加以覆盖和浇水养护，浇水次数应能保持混凝土处于湿润状态；混凝土的养护用水应与拌制水相同。

（4）砌体工程

砌筑施工前对结构验收、复核外，应对进入施工现场的砖进行实测，然后进行排砖，尽最大可能选择少砍砖或不砍砖。在绘制皮数杆时，要注意门、窗洞口，过梁的具体位置与皮数的关系。根据现场实际情况，书面交底明确组砌方法。

每天砌筑高度不要超过一步架。要注意各类预埋件安装，特框架柱、墙上的预埋拉结筋，在浇筑混凝土时埋入，并留出 1.5 倍的焊接长度，砌筑前搭接焊接，以保证支拆模方便，结构混凝土不受损失。预制过梁搁置长度应满足设计要求，后浇构造柱部位落地灰一定要随砌随清理干净。

5.3.5 装饰工程

（1）门窗安装工程

施工准备。门窗洞口已按设计要求施工完毕，并已画好门窗安装位置线，铝合金门窗的品种、规格、开启形式应符合设计要求，

操作工艺。①就位和临时固定。根据门窗安装位置线，将铝合金门窗安装入洞口就位，将木楔塞入门窗框与四周墙体间的安装缝隙，用木楔或其他器具临时固定。②门窗框与墙体的连接固定。根据门窗与各种墙体连接固定。③门窗框与窗体安装缝隙的密封。门窗安装固定后，应先进行隐蔽工程验收。④安装门窗扇及门窗玻璃。门窗扇及门窗玻璃的安装应在洞口墙体表面装饰工程完工后进行。

（2）抹灰工程

1）设置标筋

为了有效地控制墙面抹灰层的厚度和垂直度，使之灰面平整，抹灰层涂抹之前应设置标筋（冲筋）。

2）抹灰层的涂抹

当标筋稍干后，分层进行抹灰层涂抹，应防止涂抹后的砂浆破坏已涂抹的砂浆的内部结构而影响与前一层的粘结。室内抹灰工程应在上、下水管道安装后进行，穿楼板和墙体的孔洞应在抹灰前嵌塞密实。室外抹灰工程应在安装好门框、栏杆和预埋件后，并将墙上的孔洞填塞密实再进行。

3）罩面压光

室内抹灰面层本工程设计为 5mm 水泥砂浆压光。罩面灰应待底灰 5～6 成干后进行，如底灰过干，应加水湿润。罩面分纵、横两遍涂抹，最后用铁抹子压光，不留抹纹。

（3）涂料工程

1）基层处理

砖墙面进行涂料饰面，必须用 1∶1∶6 或是 1∶1∶4 混合砂浆打底糙，用铁抹子抹

平、压光，并用毛刷子蘸水将光面刷毛，在常温下养护 7～14d，待基层含水率低于 10%方可进行涂料施工。

混凝土墙面上涂料饰面，必须将混凝土表面灰尘、油污清除干净，对较大孔洞和麻面用 20%的 108 胶拌水泥调成腻子将洞补平，并在常温下养护。

为防止水分从涂层背面渗透过来，如遇到女儿墙、卫生间、洗手间等应在室内墙根部或墙面做防水封闭层，否则内侧潮湿外渗造成外墙正面的涂层容易起粉、发花、鼓泡或污染，影响装饰效果。

2）操作条件

涂料施工时的温度，应严格按其说明书上的规定。风力超过 4 级不宜进行喷涂作业。

喷涂的墙面应事先将窗框、水管等不需涂装的部位加以遮盖，对于污染务必及时清除。

3）材料要求

为使立面颜色均匀，一个工程所用的涂料应选用同一批号的产品，尽可能一次备足。

任何涂料使用前均需充分搅拌均匀，使之无沉淀。

（4）水泥砂浆楼地面

1）基层表面处理：对基层的尘土、杂物等清除干净。基层表面达到平整、干净、湿润。

2）规方、找平：在房间四周弹出厚度控制线，经核对无误后贴灰饼，大面积地面尚应在纵横方向冲筋，并在抹地面的前一天将基层浇水湿润。

3）铺设、抹压：在湿润的基层上，用水泥浆对基层表面涂刷一遍，必须随刷随铺面层水泥砂浆，并边铺边用刮尺（刮杠）以灰饼、冲筋为准反复槎刮平整。

当砂浆刮不出水后，应立即进行第一遍抹压，先用木抹子槎平、压实，再用铁抹子稍用力抹压出水花，使面层均匀、紧密与基层结合牢固。第二遍压光应在水泥砂浆初凝收水后进行。水泥砂浆终凝之前进行第三遍压光，确保水泥砂浆面层达到密实、光滑、平整。

4）养护：为保证水泥砂浆地面能在湿润条件下凝结硬化，防止早期失水导致地面裂缝的产生。必须重视对水泥砂浆地面养护工作要及时覆盖、洒水或蓄水养护，当水泥砂浆面层强度≥5MPa 时，才能允许人穿软底鞋在其上行走。

（5）细石混凝土楼地面

1）细石混凝土水泥强度等级不应低于 32.5 级号宜采用中砂。

2）采用机械搅拌，拌合均匀。浇捣时的坍落度应大于 3cm。

3）铺设时，先刷以水灰比为 0.4～0.5 的水泥浆，随刷随铺混凝土，用刮心找平，用平板振动器振捣，振捣必须密实。然后进行抹平和压光。

4）施工间歇后继续浇捣前，应对已硬化的混凝土表面用钢丝刷刷到石子外露，表面用水冲洗，并涂以水泥浆，使新旧混凝土接缝紧密。施工缝处的混凝土，应捣实压平。

5）混凝土面层应在初凝前完成抹平工作，终凝前完成压光工作。

6）混凝土面层浇捣完毕后，应在 12h 内加以覆盖和浇水。浇水养护日期不少于 7 昼夜。浇水次数应能保持混凝土具有足够的湿润状态。

（6）地砖楼地面

工艺流程：基层清理→贴灰饼→标筋→铺结合层砂浆→弹线→铺砖→压平拔缝→嵌缝→养护

按施工大样图要求弹控制线，排砖确定后，用方尺规方。

将选配好的砖清洗干净后，放入清水中浸泡 2～3 小时后取出晾干备用。结合层做完弹线后，接着按顺序铺砖。

压平、拔缝：每铺完一个段落，压实后拉通线抚纵缝后横缝进行拔缝调直，调缝后再用木槌拍板砸平，上述工序必须连续作业。①嵌缝，养护：铺完地面砖两天后，将缝口清理干净，洒水润湿，用水泥浆抹缝、嵌实、压光，用棉纱将地面擦拭干净，勾缝砂浆终凝后，宜铺锯末洒水养护不得少于 7 天。②材料要求：水泥强度等级不低于 32.5 级，砂浆强度不低于 M15，稠度 2.5～3.5cm，块材符合现行国家产品标准及规范规定的允许偏差。

（7）墙面砖施工

1）材料要求

水泥：32.5 级以上的普通水泥或矿渣水泥。

聚乙烯醇缩甲醛（即 108 胶）无色透明胶状体。

面砖：必须为一级品，表面平整，颜色一致，每块砖的尺寸正确，边角整齐。

2）施工工具

水平尺、靠尺板、底尺、小灰桶、小水壶、平锹、扫帚、抹子擦布等常用的施工工具。

3）施工工艺

基层处理 → 面砖的选择和浸泡 → 弹规矩线 → 润湿基层 → 刮抹粘结灰浆 → 镶贴面砖 → 擦缝、嵌缝

① 基层处理

在结构施工时，墙面尽可能按清水墙面标准施工，做到平整垂直。

对于脚手架眼、管洞、管槽等应填充堵严。

② 面砖的选择和浸泡

粘贴之前必须对面砖进行挑选，首先将色泽不同的砖分别堆放。

③ 面砖在粘贴之前，要先浸入水中湿润 2～3h 左右。

④ 面砖粘贴之前，必须进行预排，以保证接缝均匀。

⑤ 弹规矩线

根据墙面的宽度、高度和设计要求，弹出面砖定位的立缝线和水平缝线。

⑥ 润湿基层

在粘贴之前，要先把基层表面清扫干净，然后洒水润湿墙面。

⑦ 刮抹粘结灰浆

用抹子直接把 108 胶水泥素浆刮抹到基层上，双手持砖上墙粘贴，并用橡胶锤或拳头振击，待面砖接缝处溢出灰浆，至表面平整为止。

⑧ 镶贴面砖

镶贴顺序为：先安放垫尺板（此垫尺板的高度应与面砖的高度相同），此垫尺板必须用水平尺找正，先铺好墙面两端的阴角瓷片，然后依据两端阴角瓷片拉线粘贴中间瓷片，如此逐皮逐层往上粘贴。在水泥素浆终凝之前将垫尺板取出。

⑨ 擦缝、嵌缝

墙面镶贴完毕之后，在粘结水泥素浆终凝之前，必须适时地把接缝处流出灰浆用锯末、棉纱等物揩擦干净，以防灰浆硬结后难以清除。

4）劳动组织

本工艺可按3人编为一个施工小组，1人拌灰浆，2人粘贴面砖。如果一块面积较大，粘贴施工人员可相应增加。

5）质量要求及注意事项

在由下往上逐行粘贴时，每贴好一行砖后，应及时用靠尺板横向靠平，竖向靠直。偏差处用橡皮锤轻轻敲平，并校正横竖缝平直，避免粘结浆收水后，再进行纠偏移动，造成空鼓和不平整现象。

5.3.6 安装工程

（1）安装工程施工部署

1）水、电安装工程管理目标

质量管理目标是水、电安装工程质量达到国家或专业质量检验评定标准。安全管理目标是一般事故频率控制在2‰以内，重大事故为零。

2）劳动力组织措施

公司拥有相对固定的水、电安装工程施工队伍，各施工班组的技术工人都经过岗位培训，具有操作上岗证，而且操作技术熟练、经验丰富。

3）水、电安装工程施工准备及材料、设备进场检验

（2）安装工程施工的总体方案

1）主体结构阶段水、电施工

主体结构预留、预埋、基础接地体、防雷引下线焊接，采取与土建同步施工，穿插作业，确保工程进度的配合策略。

2）装修阶段水、电施工

装修阶段，以土建施工进度为依据，给排水、电气各专业采取分阶段超前、交叉配合。

3）主要重点分项工程施工

主要重点分项工程：给排水管道安装，给水附件安装，卫生器具及给水配件安装，配管及管内穿线，桥架安装、电缆敷设，配电柜、配电箱安装，开关、插座安装，灯具安装等配合，合理布局，精心施工确保水、电安装工程质量。

4）建立和加强安装工程现场管理制度

（3）安装工程主要工序流程

1）给排水分部工程主要工序流程

配合土建预留孔洞、预埋套管→现场管道预制→现场管道安装→管道试验→给排水附件安装→卫生器具及给水配件安装→系统调试→工程竣工验收

2）电气分部工程主要工序流程

基础接地体、防雷引下线焊接→线管预埋→电缆桥架安装→管内穿线、电缆敷设→绝缘电阻测试→避雷带、接地线焊接敷设→配电箱安装→开关、插座安装→灯具安装→试电检查→系统调试→工程竣工验收

（4）水、电安装工程主要施工方法

1）给排水分部工程主要施工方法及技术要求

① 配合土建预留孔洞、预埋套管

与土建密切配合，做好孔洞、套管预埋工作，混凝土楼板、墙上预留孔洞、预埋套管时应有专有设计施工图将管道走向、位置、标高、尺寸测定好，标好孔洞部位。

② 管道预制、管道安装。生活给水管道采用PPR管，热熔连接。PPR管敷设应横平竖直，管道转弯或支管连接处须用PPR管弯头、三通、四通等专用配件熔接，安装时应固定牢固并整齐美观。PPR管与阀门、水嘴等部件连接应采用专用配件，一端与PPR管熔接，另一端与阀门水嘴等配件丝接。PPR管安装时必须按不同管径和要求设置管卡或吊架，位置应准确，埋设要平整管卡与管道接触紧密，但不得损伤管道表面。PPR管立管和横管支架的间距应符合规定。PPR管道穿墙壁或埋地暗敷时，应配合土建预留孔槽。

③ 消火栓给水管道安装。消火栓给水管道采用镀锌钢管，$DN \leqslant 100$者，丝扣连接，$DN > 100$者为法兰连接或焊接。

④ 排水（雨、污）管道安装。排水（雨、污）管道采用硬聚氯乙烯排水塑料管，粘接。

⑤ 管道试验

生活给水PPR管试压。PPR管道施工完毕后进行水压试验，试验压力应为系统工作压力的1.5倍，且不得小于1.5MPa。

消火栓给水管道试压。消火栓给水管道安装完毕，应进行试压，试验压力不低于1.2MPa。

给水管道冲洗。给水管道在验收前应进行系统冲洗。

排水（雨、污）灌水、通水试验。暗装或埋地的排水管在隐蔽前必须做灌水试验。所有排水（雨、污）管，安装完毕后都应进行通水试验。

⑥ 给水附件安装

消火栓安装。箱式消火栓安装口朝外，阀门中心距地面为1.2m，允许偏差为20mm。阀门距箱侧面为140mm，距箱后表面为100mm，允许偏差为5mm。安装消火栓水龙头带，水龙头带与水枪和快速接头绑扎紧密，应根据箱内构造将水龙头带挂在箱内挂钉或水龙头带盘上。

水泵接合器安装。采用SQ型地上式水泵接合器，接合器应带有闸阀、止回阀、安合阀等配套阀门。

阀门安装。阀门型号、规格应符合设计要求和施工规范、规定。

水表安装。安装螺翼式水表时，表前至阀门应有8～10倍水表直径的直线管段，其他水表的前后应有不少于300mm的直线段。

2）电气分部施工方法及技术要求

线管预埋。暗配管时，施工人员必须熟悉图纸，管路宜沿最近的路线敷设。

焊接钢管暗敷。钢管不应有折扁和裂缝，管内应无铁屑及毛刺。钢管内壁、外壁均应作防腐处理，当埋入混凝土内时，管外壁不作防腐处理。钢管管路的弯制采用人工揻棒弯制和液压弯管机弯制两种方法。切断管口宜用钢锯、砂轮切割机，切断时断面应与中心线垂直。暗配钢管连接采用套管焊接连接，套管与连接管的管径相匹配。暗配钢管与盒

（箱）连接可采用焊接连接，垂直进入，不宜斜插入，且焊接后应补涂防腐漆。

阻燃 PVC 管敷设。施工过程中，施工班组对敷设的管路、灯头盒布局应认真测量、准确下料，尽量减少管路中弯头和接口。

管内穿线。对于穿管敷设的绝缘导线，其额定电压不低于500V，管内穿线宜在建筑物抹灰、粉刷及地面工程结束后进行。导线剥开绝缘层时，不得损伤线芯，绝缘扎带应包扎均匀严密，并不能低于原有的绝缘程度。配线工程施工后应进行各回路绝缘检查，绝缘电阻测试值应符合国家标准《电气装置工程设备交接试验标准》的规定，并做好记录。

电缆敷设。电缆敷设前，施工员应组织施工班组认真核对本区域内所需敷设电缆的型号、规格、数量。根据电缆敷设的范围、数量，将电缆领出后，用高阻计对电缆的绝缘性能进行检验。电缆在桥架内敷设时，采用人工牵引方法，电缆盘置于电缆的集中点，在电缆敷设过程中，由一个人专门指挥，全体施工人员的指挥人员的信号下步调一致，电缆敷设到位后，施工员、施工班组长检查确认长度符合实际使用要求，方可将其截断。电缆穿管前，应检查确认在保护管内及管口处无杂物、毛刺等，接地螺栓等已爆破接完成。

配电柜、箱安装。配电柜、箱安装前，屋顶、楼板应施工完成，无渗漏，室内地面工作结束并清扫干净，门窗安装完毕，预埋件符合设计要求，并已达到安装的要求。

开关、插座安装。安装在同建筑物、构筑物内的开关，应采用同系列的产品，并且开关通断位置应一致，且操作灵活、接地可靠。插座安装高度应符合设计要求，同一场安装的插座高度应一致。插座的接线应符合要求。

防雷及综合接地安装。①基础接地体、防雷引下线、避雷带、接地线焊接应采用搭接焊；②避雷带及其支架安装应位置正确、固定牢固、防腐良好，避雷带规格尺寸和弯曲半径正确，支架件间距均匀、高度一致；③中间的配电箱、接线箱、接线盒用钢管配线时，进出箱（盒）的钢管应根据钢管直径大小焊接跨接线，不得利用箱（盒）体作接地保护线；④接地保护干线应保护其全长完好的电气通路，接地设备与干线应使用并联连接，不得串联连接。接地保护干线应在不同的两点以上与接地网相连接。

5.3.7 钢管脚手架施工

本工程外架采用双排钢管脚手架。

（1）施工准备

1）选择 $\phi 48$，壁厚 3.5mm 的热轧无缝钢管用作架料。

2）根据工程特点和施工要求编制脚手架搭设方案。

3）搭架的位置已进行场地清理。

4）脚手架下部地面进行混凝土硬化处理并做好有效的排水措施。

（2）脚手架搭设要点：

1）要有足够的坚固性和稳定性。

2）要有足够的面积，能满足施工操作，材料堆放等的需要。

3）因地制宜，就地取材，尽可能节约架子用料。

4）构造简单，装拆方便，并能多次周转使用。

5）脚手架使用荷载和安全系数：

脚手架使用荷载是以脚手架上实际作用的荷载为准，落地式外脚手架，用于砌筑砖墙。

(3) 脚手架搭设步骤：

1) 搭设脚手架前，确定脚手架的搭设形式，搭设前要做好材料及工具的准备。

2) 脚手架底座用10cm厚素混凝土浇筑1.2m宽。以保证稳定性。

3) 搭设时，双排宜先立里排立杆，后立外排立杆。

4) 立杆要求装垂直。

5) 随着脚手架的搭高，每搭七步要及时装十字撑。

6) 装好一部分立杆后，要紧跟着装大横杆，同一步内纵向水平高低差不得超过6cm。同一步里、外两根大横杆的接头要错开。

7) 大横杆装好一部分后，紧跟着小横杆，小横杆要与大横杆相垂直。

8) 搭设脚手架，除了要求各杆件装得直外，结点必须绑紧。

(4) 脚手架外安全网：

必须沿建筑物四周设置安全网，并随楼层高而上升，以防操作人员高空坠落发生安全事故。

(5) 脚手架拆除步骤：

拆除前的工作：

1) 完成外墙装饰面的最后整修和清洁工作，质量已符合设计和规范要求，验收完毕合格。

2) 对脚手架进行安全检查，确认脚手架不存在严重隐患。

3) 拆除前应对相关人员进行施工方案、安全、质量和外装饰保护等措施的交底。

4) 外脚手架的拆除一般严禁在垂直方向上同时作业。

拆除脚手架要特别注意加强出入口处的管理。

5) 在拆除脚手架的周围，坠落范围四周设置明显“禁止入内”的标志，并有专人监护，以保证在拆除时无其他人员入内。

6) 对于拆除脚手架用的垂直运输设备要事先检查和试车，使之符合安全使用的要求。

7) 建筑物的外墙门窗都要关紧，并对可能遭到碰撞处给予必要的保护。

8) 脚手架拆除顺序：

安全网→挡脚板（或侧挡板）→脚手板→扶手→剪刀撑→搁栅→大横杆→立柱

拆除脚手架应一步步进行，由上而下，一步一清地进行拆除，不可两步或两步以上同时拆除。若高差大于两步时应进行加固处理。

拆下的脚手架钢管、扣件及其材料运至地面后，应及时清理，将合格的、需要整修后可重新使用的和应报废的加以区分，按规格堆放。

5.4 项目采购管理

5.4.1 物资（材料）采购

(1) 主要物资（材料）情况描述

1) 提前选定好装饰材料和设备，及时提出材料采购计划、落实货源，让合同部先行订货，签定合同，然后组织材料进场，及时进库，避免造成停工待料的现象。

2）本工程所涉及的材料种类多且各主要材料用量大，要求在采购过程应严格按照“材料采购控制流程”进行采购。

3）本工程配备全套新模板及支撑。

4）主体材料如钢筋、模板等应根据施工进度的要求和现金流量的情况及时进场。

5）混凝土应严格选择原材料供应商，控制其混凝土的外加剂，施工过程由材料员或项目技术负责人随时到厂检查其配合比、外加剂及加工工艺的情况。

6）对水、电等安装工程的有关材料应提前作好计划和预订工作。

7）所有材料进场均随附出厂合格证，到现场后应同监理工程师一起进行随机抽检、送检，检验合格后方可投入使用。

8）工程开工后，对模板应在最短时间内一次性进场；防水、铝合金等特殊材料应提前做好材料试验送检工作，并做好有关备案工作；装修用材料如涂料及墙地砖应在主体结构封顶后及时做好选色、选样及订货，并应一次性进场。

（2）材料采购过程的流程控制（图 5-3）

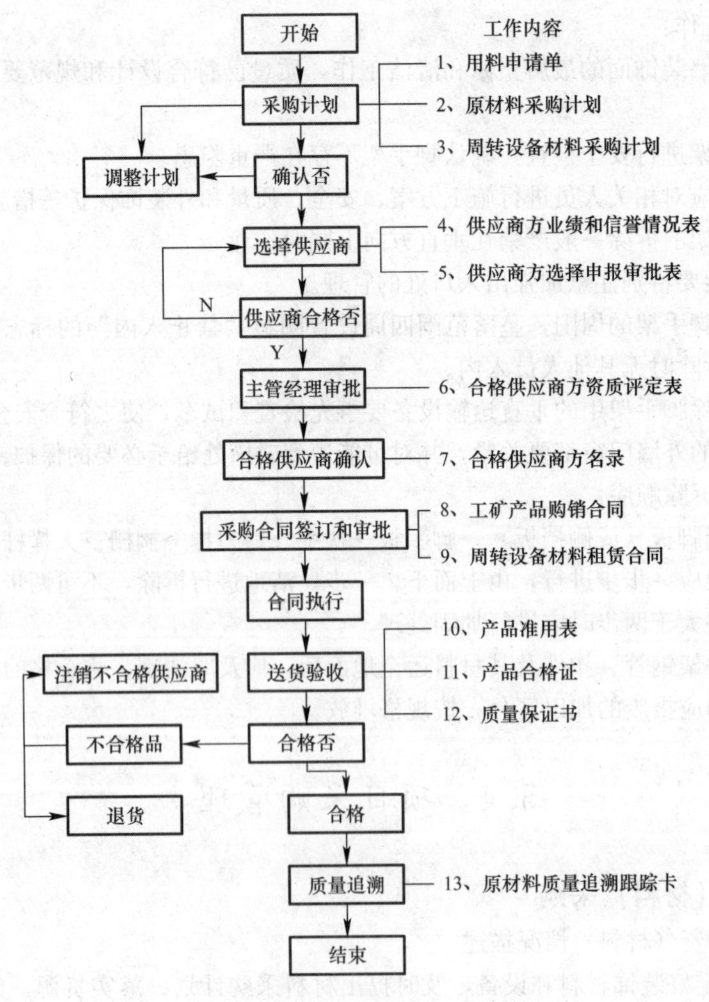

图 5-3　材料采购质量工作流程图

（3）工程主要材料进场计划表（表 5-1～表 5-3）

建筑工程主要消耗物资进场计划表 **表 5-1**

材料名称	单 位	进场数量	进场时间
水泥	t	详见预算书	按进度配置
预拌混凝土	t	详见预算书	按进度配置
钢筋	t	详见预算书	按进度配置
钢构件	t	详见预算书	按进度配置
电焊条	kg	详见预算书	按进度配置
混凝土空心砖	块	详见预算书	按进度配置
红砖	块	详见预算书	按进度配置
碎石	m^3	详见预算书	按进度配置
砂	m^3	详见预算书	按进度配置
彩钢板	m^2	详见预算书	按进度配置
保温棉	m^2	详见预算书	按进度配置
压型钢板	m^2	详见预算书	按进度配置
钢材	t	详见预算书	按进度配置
防火板	m^2	详见预算书	按进度配置
腻子	m^2	详见预算书	按进度配置
乳胶漆	m^2	详见预算书	按进度配置
镀锌钢板	m^2	详见预算书	按进度配置

安装工程主要消耗物资进场计划表 **表 5-2**

材料名称	单 位	数 量	进场时间
配电箱	台	详见预算书	按进度配置
灯具	套	详见预算书	按进度配置
桥架	个	详见预算书	按进度配置
开关插座	个	详见预算书	按进度配置
镀锌扁钢	m	详见预算书	按进度配置
PPR 水管	m	详见预算书	按进度配置
金属线槽	m	详见预算书	按进度配置
钢管	m	详见预算书	按进度配置
UPVC 管	m	详见预算书	按进度配置
镀锌钢管	m	详见预算书	按进度配置
水表	组	详见预算书	按进度配置
阀门	个	详见预算书	按进度配置
电线、电缆	m	详见预算书	按进度配置
KGB 管及配件	m	详见预算书	按进度配置
开关插座	个	详见预算书	按进度配置
消防箱（栓）	套	详见预算书	按进度配置
卫生洁具	套	详见预算书	按进度配置
压力仪表	台	详见预算书	按进度配置
防火阀	个	详见预算书	按进度配置

主要周转材料及构件进场计划表　　表 5-3

序　号	材料名称	规　格	单　位	数　量	进场时间
1	模板	18 胶合板	m^2	按预算书	开工后分批进场
2	钢管支撑	$\phi 48\times3.5m$	t		开工后分批进场
3	扣件	回转	个		开工后分批进场
4	扣件	直角	个		开工后分批进场
5	扣件	对接	个		开工后分批进场
6	尼龙安全网	3×6	m^2		开工后分批进场
7	竹脚手板	2.4×0.35m	m^2		开工后分批进场
8	木方	0.1×0.1×2m	m^3		开工后分批进场

5.4.2　机械设备采购

（1）主要机械设备情况描述

1）本工程所需的主要大型机械设备有 2 台汽车吊，开工 20 天后进场；3 台挖掘机，开工时进场；自卸汽车 15 辆，开工时进场。

2）土建工程施工用的配套设备如：木工机械、钢筋加工机械、砂浆机等应以各配套设备并在开工后及时进场。

3）合同签订后，对现有设备进行全面仔细检查和维修保养，对所需重新配置的设备应抓紧落实采购，然后按照工程制定的施工方案顺序和时间进度作好调配供应计划。机械设备在使用过程中，应严格按照公司的设备管理制度进行维护保养。

（2）施工机械设备管理与维护工作流程（图 5-4）

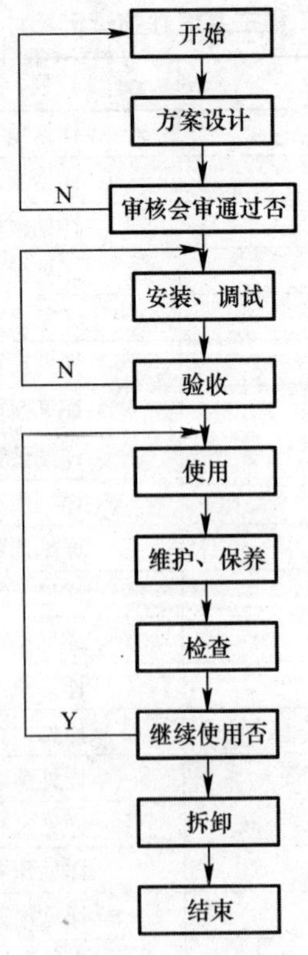

图 5-4　施工机械设备管理与维护工作流程图

（3）拟投入的主要施工机械设备进场计划（表 5-4）

拟投入的主要施工机械设备进场计划表 **表 5-4**

序号	机械名称、设备名称	型号规格	数量	国别产地	制造年份	额定功率	生产能力	进场时间
1	汽车吊	100t	2 台	福州	2009	3	4	按计划进场
2	挖掘机	5	3 台	中国	2008	6	7	开工时
3	装载机	8	1 台	中国	2009	9	10	开工时
4	震动压路机	18t	1 台	中国	2009	11	12	开工时
5	自卸汽车	东风	15 台	杭州	2009	13	14	开工时
6	柴油发电机	黄山	1 台	江苏	2009	50kVA	15	按计划进场
7	打夯机	HWD	4 台	上海	2009	2kW	16	按计划进场
8	离心高压泵	HZJ-60	2 台	漳州	2009	4kW	17	按计划进场
9	高压洗车设备	18	1 套	福州	2009	19	20	按计划进场
10	混凝土搅拌机	JZ350	2 台	浙江	2009	15.5kW	0.35m³/次	按计划进场
11	砂浆机	HJ200	6 台	浙江	2009	3kW	200L/次	按计划进场
12	平板震动器	Pa-50	4 台	上海	2008	1.1kW	21	按计划进场
13	插入式震动器	HZP-70A	4 台	上海	2008	1.1kW	22	按计划进场
14	圆盘锯	K6	2 台	福州	2009	3kW	23	按计划进场
15	木工电锯	24	2 台	福州	2009	2.2kW	25	按计划进场
16	交流焊机	BX-320	4 台	漳州	2009	36kVA	26	按计划进场
17	压力试压泵	10～22mm	2 台	福州	2009	27	28	按计划进场
18	气割设备	29	4 套	上海	2008	30	31	按计划进场
19	钢筋切断机	GW40	1 台	江苏	2009	7.5kW	32	按计划进场
20	电渣压力焊机	UN-100	1 台	江苏	2009	100kVA	33	按计划进场
21	钢筋调直机	JK-A	1 台	江苏	2009	7.5kW	34	按计划进场
22	钢筋弯曲机	35	1 台	江苏	2009	5.5kW	36	按计划进场
23	混凝土试模	37	18 组	福州	2009	38	39	按计划进场
24	坍落度计	40	4 套	福州	2009	41	42	按计划进场
25	砂浆试模		18 组	福州	2009	43	44	按计划进场
26	经纬仪	J-2	2 台	南京	2009	45	46	开工前 3 天
27	水准仪	DS-6	2 台	南京	2009	47	48	开工前 3 天
28	全站仪	尼康	1 台	中国	2009	49	50	开工前 3 天
29	汽车泵	51	2 台	中国	2009	52	53	按计划进场
30	双轮手推车	54	30 部	福州	2008	55	56	按计划进场
31	潜水泵	57	8 台	福州	2008	58	59	按计划进场
钢结构生产加工设备								
1	车床	C6132A1	1	广州	2009	60	61	按计划进场
2	车床	C6246	1	沈阳	2009	62	63	按计划进场
3	摇臂钻床	Z3080×25	3	沈阳	2009	64	65	按计划进场
4	立式钻床	Z5140A	2	沈阳	2009	66	67	按计划进场
5	钻铣床	ZX30	2	广州	2008	68	69	按计划进场
6	空压机	V-6/8-1	2	沈阳	2009	70	71	按计划进场

续表

序号	机械名称、设备名称	型号规格	数量	国别产地	制造年份	额定功率	生产能力	进场时间
7	空压机	FT150320	2	厦门	2009	72	73	按计划进场
8	单梁吊机	DLD-5t	2	广州	2009	74	75	按计划进场
9	二氧化碳弧焊机	KRⅡ500	2	唐山	2009	76	77	按计划进场
10	交流弧焊机	BX3-500-2	12	上海	2009	78	79	按计划进场
11	直流弧焊机	AX5-500	2	上海	2008	80	81	按计划进场
12	焊条烘干炉	ZY-30	2	温州	2008	82	83	按计划进场
13	仿形气割机	CG2-150	2	杭州	2009	84	85	按计划进场
14	半自动切割机	CG1-30	2	上海	2009	86	87	按计划进场
安装工程施工设备								
1	电焊机	WS-400B	6	北京	2010	10-14kW	400A	按进度计划
2	电动试压泵	DSY-165\6.3	2	浙江	2009	1.1kW	16MPa	按进度计划
3	电动套丝机	DN15-100	2	上海	2009	0.75kW	100mm	按进度计划
4	电动弯管机	DN50	2	福州	2009	1.1kW	小于57mm	按进度计划
5	液压车	5t	1	上海	2008	88	5t	按进度计划
6	叉车	5t	1	厦门	2008	55kW	5t	按进度计划
7	手提焊机	6KW	4	漳州	2009	6kW	150A	按进度计划
8	砂轮切割机	D400	2	福州	2008	2.2kW	400mm	按进度计划
9	冲击电钻	26mm	8	福州	2008	750W	26mm	按进度计划
10	角向磨光机	100～150	4	福州	2009	300W	90	按进度计划
11	焊条烘干恒温箱	100Kg	2	苏州	2010	15kW	100kg	按进度计划

5.5 项目质量管理

5.5.1 工程质量目标

本工程质量目标为“合格”工程。

5.5.2 组织机构（图 5-5）

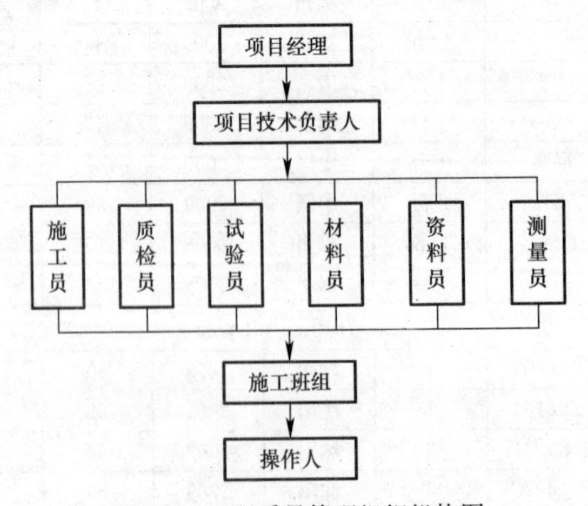

图 5-5 工程质量管理组织机构图

责任人严格按照责任制执行贯彻质量管理工作，贯彻质量第一意识。

5.5.3 质量目标管理网络

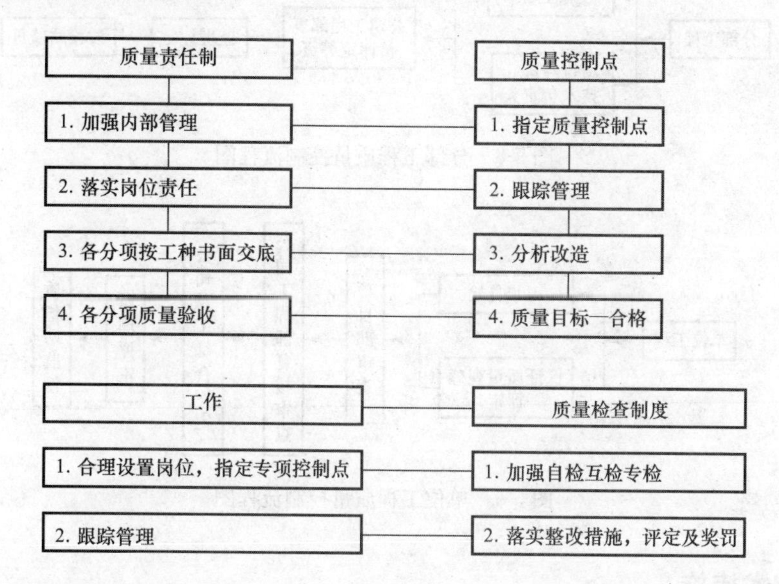

5.5.4 保证质量目标的控制流程（图 5-6～图 5-9）

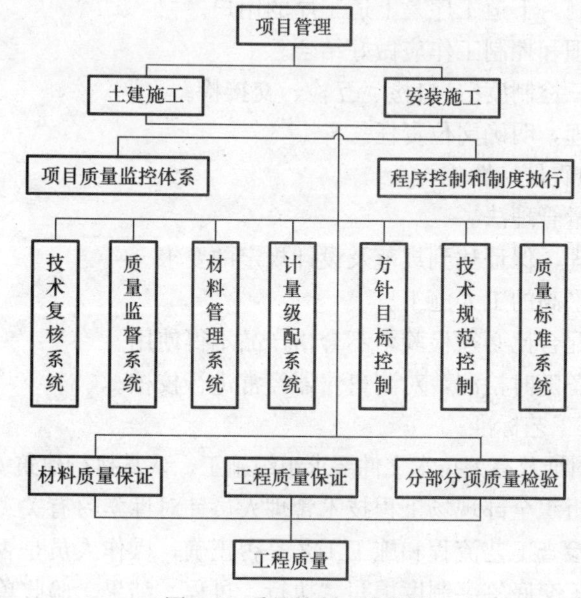

图 5-6　质量控制总流程图

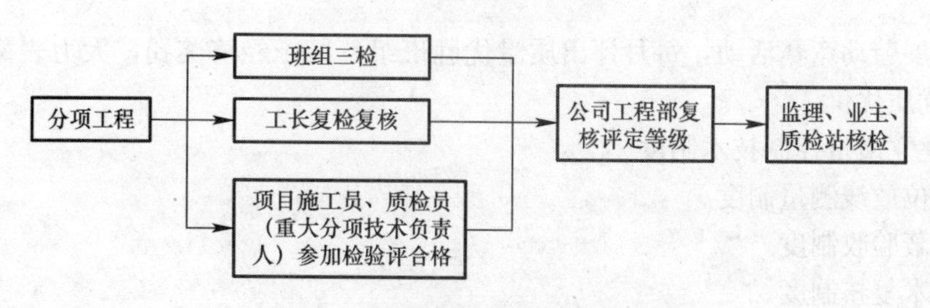

图 5-7　分项工程质量控制流程图

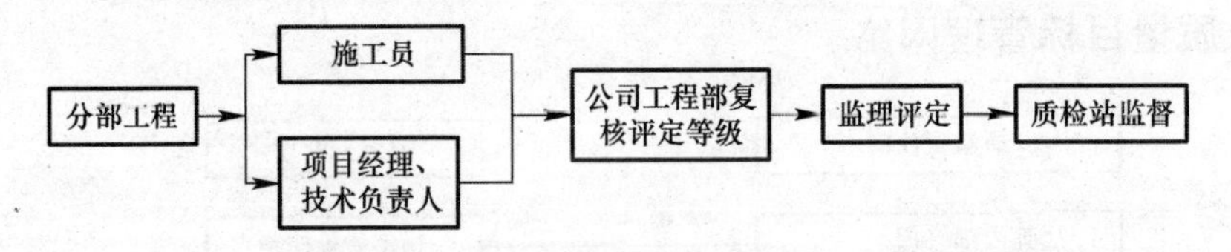

图 5-8　分部工程质量控制流程图

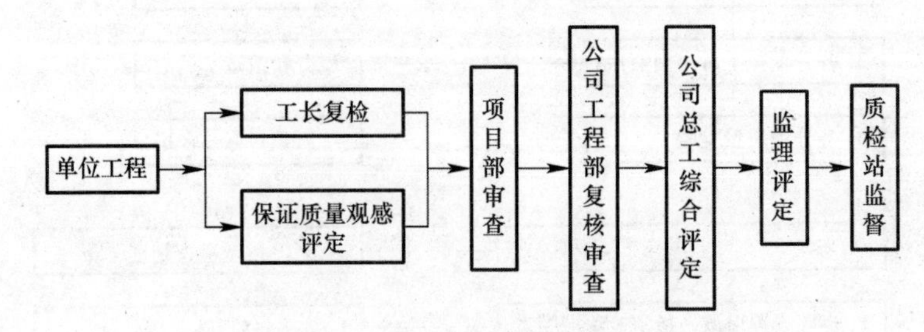

图 5-9　单位工程质量控制流程图

5.5.5　技术措施

(1) 在施工过程中的质量控制技术管理及方法

1) 严格工序控制，下道工序是上道工序的用户。

2) 加强检查管理和控制工作应做好结合。

3) 必须作好“三检制度”：自检、互检、交接检。

4) 严格技术管理，明确岗位责任。

(2) 重点控制的质量特性

1) 实行全面质量管理法。

2) 进行强化管理，保证达到规范及设计规定的要求。

3) 选择技术水平高的工人施工。

4) 对原材料、配合比必须检验，不合格产品不得使用。

5) 施工机械设备随时检测，对测量仪器经常进行校核。

(3) 执行规程及工艺标准

1) 严格按设计图纸及有关技术文件要求组织施工，认真执行建筑安装规程及工艺标准。

2) 技术负责人组织全部现场工程技术管理人员针对性学习有关“规范”和“规程”。

3) 贯彻落实、检查工艺流程和施工工艺是否正确，操作人员是否执行。

4) 认真贯彻施工交底签字制度填写“执行、过程、结果、验收单”。对质量工作进行考核。

5) 开展劳动竞赛活动，每月评出质量优胜班组，给予经济奖罚，大力表彰先进，对班组实行优质优价。

(4) 建立质量控制技术制度

1) 定位放线测量制度。

2) 隐蔽验收制度。

3) 技术复核制度。

4) 成品半成品登记制度。

5）混凝土、砂浆试块：混凝土、砂浆试块要按照规范规定的要求制作，确实保证试块所反映的数据具有现场代表性。

6）质量复核检查制度。

7）样板引路制度。

8）施工挂牌制度。

9）技术交底制度。

（5）特殊季节施工质量控制措施（雨、夏、台风季节）

季节特性：气温一般不低 50℃，不考虑进入冬季施工。

雨季及防台、防风施工措施：①雨季施工，要有一定数量（雨布、塑料薄膜等）的遮雨材料，雨量过大应暂时停止室外施工。②混凝土浇捣前了解 2～3d 的天气预报，避开大雨。③雨天时如必须进行钢筋焊接时，应搭设防雨棚后方能进行。④工作场地、运输道路、脚手架及钢平台应采取适当的防滑措施确保安全。⑤机电设备应采取防雨、防淹措施。⑥已安装的金属材料管道要进行检查是否有锈蚀，并作好防腐措施。⑦雨季要防止雷击。⑧安排落实专用防台、防汛物资，放在专用仓库内备用，不得作他用。⑨在台风来临之前应对脚手架、塔吊、混凝土平台等加强安全检查，确保附墙与缆风绳安全牢固，必要时要加强缆风绳临时固定。清除顶层施工面的可能被大风吹落的物件。

夏季施工：①为保证水泥水化充分及防止干缩裂缝，在混凝土浇筑后 4h 内覆盖并浇水养护，时间不少于 7d。②夏季施工应调整缓凝剂用量，来推迟混凝土的初凝时间（视当时气温而定）。③夏季施工时，应避免中午施工。④砌筑施工时，砌筑用的砖要充分浇水湿润，砂浆随拌随用。⑤夏季应做好防暑降温工作。⑥脚手架施工利用早晚天气凉爽时施工。⑦混凝土养护是关键所在，应派专人负责。

5.5.6 保证材料质量的措施

（1）要进行建筑材料采购之前应先进行市场调查。

（2）采购材料认真进行比质、比价。

（3）进场材料必须经抽样检验合格。

（4）材料使用之前要进行复检。

（5）所有材料必须分规格、分等级堆放，并做好标识。

（6）材料的发放要进行领料登记。

（7）对于上水管及配件进行水压检验，对下水管及配件进行试漏检验，对于各类电线，电气设备进行绝缘性能的检验。

（8）对于建筑装修材料，特别是板，块材料应严格对平面尺寸、平整度、颜色进行检查，必须对颜色进行选择，分区配色施工。

5.5.7 主要分部分项工程质量保证措施

（1）模板

模板工程质量保证措施包括：①模板支撑保持平直，无明显变形；②应严格按附图及其有关规定进行模板承重支撑结构的搭设。轴线位置标高不得超过允许偏差，应保持足够的刚度和稳定性；③模板的预埋件，预留孔的偏差不得超过规定；④不得用重物冲击已安好的模板；⑤模板应保持清洁，预先刷好脱模剂，混凝土浇筑前应保持模板润湿；⑥外脚手架严禁与模板支架连在一起；⑦在混凝土的施工过程中派专人对模板进行维护；⑧混凝土未达到设计强度不得拆模，模板拆除后清除水泥浆，分规格堆放；⑨模板安装和预埋件、预留孔洞应符合下表要求：

模板质量检查方法及要求：梁板混凝土浇筑完毕，轴线、模板边线放完并复检无误后，质检员应将柱模板位移及建筑边线位移其值超过要求的全部记录下来。

检查程序：班组自检→工长复检→质检员检查→项目副经理检查、验收→建设单位或监理检查验收。

记录：柱模板边线位移；墙、柱模板质量检查；模板分项工程质量评定表。

(2) 钢筋工程质量保证措施

1) 钢筋应分规格、品种堆放，作好标总识，防止借用和混用。

2) 在正式焊接钢筋之前应先作焊接试件，确定焊接参数。

3) 对于钢筋的焊接接头应普遍进行外观检查。

4) 已绑扎好的钢筋骨架位应正确，不得有偏移和扭曲的现象。

5) 钢筋不得有块锈，泥土或油污，应保持清洁，不得有变曲变形现象。

6) 在浇筑前应对钢筋进行隐蔽验收。

7) 钢筋安装及预埋件位置的允许偏差和检验方法见下表。

钢筋安装及预埋件位置的允许偏差和检验方法

(3) 混凝土工程质量保证措施

浇捣混凝土时质量的控制方法：

1) 浇筑混凝土时应注意防止混凝土的分层离析。

2) 混凝土的水灰比和坍落度，应随浇筑高度的上升，酌予递减。

3) 浇筑混凝土时，应经常观察模板、支架、钢筋、预埋件和预留洞口的情况。

4) 在浇筑梁、板与柱和墙连成整体的梁和板时，应在柱和墙浇筑完毕后停歇1～1.5h，再继续浇筑，以防止接缝处出现裂缝。

5) 梁和板应同时浇筑混凝土。

(4) 砌体工程质量保证措施

1) 砖的品种、强度等级必须符合设计要求。

2) 砂浆品种必须符合设计要求，强度必须符合规定。

3) 砌体砂浆必须饱满密实，接搓处灰浆密实。

4) 预埋拉结筋数量、长度均应符合设计要求和施工规范规定。

5) 组砌正确，墙面清洁美观。

6) 砖砌体尺寸、位置允许偏差符合规范要求。

(5) 建筑装修工程质量保证措施

1) 在进行楼地面找平层之前，确保找平层平整、坚实、牢固。

2) 在进行地面面层施工之前应先对找平层进行检查。

3) 在铺贴板块面层的过程中应保持平层干净。

4) 在进行抹灰之前应对基层进行清理。

5）在进行装修面层施工之前，应先对装修用的面层材料进行选色配料。

7）所有楼地面工程，建筑装修工程均应先作样板，确定合理的施工方法。

8）凡易污染的装修工程，安排在工程的后期施工。

9）设成品保护工，对接地面和建筑工程进行保护。

5.6 项目安全管理

5.6.1 安全管理方针与目标

贯彻执行国家及地方颁发的安全法规和标准，建立和健全安全保证体系。

5.6.2 组织措施

（1）建立现场安全、文明施工领导小组，项目经理为安全生产活动小组长。

（2）建立安全生产岗位责任制。

（3）应用现代科学知识和工程技术去研究、分析生产系统和作业中各环节固有的及潜在不安全因素，进行定性、定量的安全性、可靠性评价。

（4）做好施工现场“一图五牌”和各种安全宣传工作。

5.6.3 技术措施

为确保工程施工的安全，工地应把安全生产放在日程议事的首位，制定一套完整的安全管理制度和安全措施。

（1）土建工程安全生产技术措施

1）严格执行工人进场的三级教育和工程施工前的安全、技术交底。

2）工地成立义务消防队，由各工程班组长参加，现场质安员为队长，定期进行防火实践培训。

3）现场“四口”须有安全防护栏，按高度要求设置，并经常进行检查。

4）“四口”附近要有栏杆围护，并有明显标示其危险范围。

5）对机械设备的操作人员须进行岗前培训，凭证上岗操作。

6）现场施工用电，照明用电严格按规范要求进行设置和安装。

用电采用三相五线制，所有的机械设备，须安装“漏电保护器”实行电气线路一机一闸，各种开关插座应有配电箱并设锁，各种机械设备须设置防护罩，各种机械在班前应进行试运转，严禁机械带病运转和超负荷工作。

7）配电室搭设须符合有关规定，做到通风、防潮、防雨水，门扇应向外开，并有明显标志，配电盘上各用途线路应标明线路名称，配电室应设锁并由专人保管。室内配备干粉灭火器和砂包。

8）现场设置一个铁壳配电箱，规格150A分户箱10个，流动开关箱15个，以上产品均应符合规定和有关产品合格证和使用许可证。

（2）水电安装工程安全生产技术措施

1）明确由主管现场施工的安装工程项目副经理负责安全工作，现场配备专职安全员提高施工人员的安全意识。

2）水、电安装工程在实际施工中应认真执行国家有关安全生产的各项政策和规定。

3）建立谁负责施工，谁必须管理安全的制度。

4）水、电安装工程在施工区域吊装设备和材料时，除应明确标出“危险区域”的范围外，还应有专人负责的指挥和操作。

5）针对安装工程施工现场和建筑物中预留的不安全孔洞、电梯井等，施工前都应加设防护栏杆，挂安全网等，以防人员坠落和落物击。

6）要安装工程施工当中，一切高设施，包括脚手架、梯子等，搭设后必须进行检查，重要的还应办理验收手续。

7）水、电安装施工中进行立体交叉作业时，一定要做好可靠的隔离措施避免物件打击事故发生。

8）安装工程在施工期间应注意对各种电气设备和机械设备的保护。防止在搬运和吊装过程中遭受损坏。

9）安装施工现场的临时电力系统，严禁利用大地作相线或作零线。所有电气设备和机具除作保护接零外，必须在设备负荷线的首端处设置漏电保护装置，以确保用电安全。

10）潮湿场所或狭窄位置进行安装施工时，应使用安全照明。

11）重视安装施工现场的安全防火，制订切实有效的防火措施，杜绝一切隐患。

(3) 吊装安全专项施工方案

1）施工前编制详细的安全施工方案，经过专家论证后进行完善，监理批准后方可实施。

2）要坚决执行国家劳动部颁发的《劳动操作规程》。

3）上下交叉作业，要做到“三不伤害”，即“不伤害自己，不被别人伤害，不伤害别人”。距地面2m以上作业要有安全防护措施。

4）高空工业要系好安全带，地面作业人员要戴好安全帽，高空作业人员的手用工具袋，在高空传递时不得扔掷。

5）吊装作业场所要有足够的吊运通道，并与附近的设备、建筑物保持一定的安全距离，在吊装前应先进行一次低位置的试吊，以验证其安全牢固性。

6）吊机吊装区域内，非操作人员严禁入内，把杆垂直下方不准站人。吊装时操作人员精力要集中并服从指挥号令，严禁违章作业。

5.7 项目文明管理

5.7.1 组织措施

(1) 组织机构（图5-10）

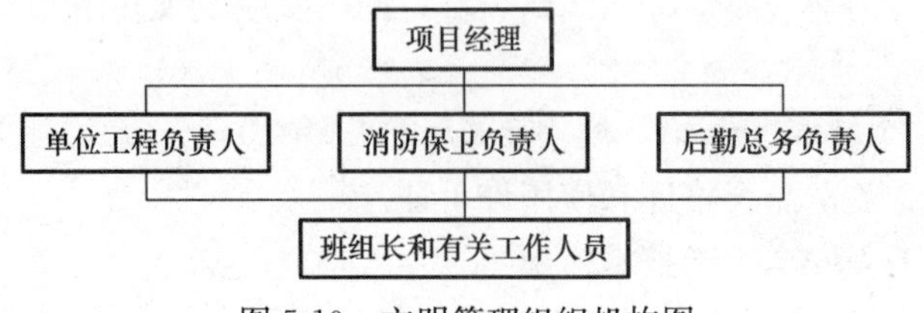

图5-10 文明管理组织机构图

（2）组织职能

1）认真贯彻文明施工评价标准，加强施工现场场容场貌、料具管理，加强消防保卫，环境保护工作，作好职工生活设施和清洁卫生；

2）坚持检查、总结、评比制度。每旬检查一次和每月检查一次。

5.7.2 技术措施

（1）本工程施工现场利用场地已有的围墙进行封闭施工；设置出入大门并在大门处设置洗车台；

（2）工现场所有临时设施，按施工总平面布置规划和搭设，工人宿舍在场外设置，确保每个工人宿舍不得少于 $2m^2$，保证有足够的使用功能；

（3）施工材料若需要场外堆放，必须办理申请临时用地手续，并不妨碍交通和影响场容；

（4）场地内建筑垃圾渣土及时清理，楼梯平台、阳台等处不能堆放材料和杂物；

（5）施工现场的工具、成品半成品临时采取防雨、防潮、防晒、防火、防爆、防损坏等措施；

（6）砖堆放高度不超过 1.5m，砂、石等散料分开堆放，并不与其他材料混放；

（7）作好搅拌机拌料数量控制，搅拌机四周，拌料处不得废弃砂浆和混凝土；

（8）工人作业面完工后及时做好“落手清”工作，做到工完料尽；

（9）施工现场内设置“一图五牌”，施工总平面布置图、工程名称牌、工程概况牌、文明安全守则牌、门卫制度牌、职工守则牌；

（10）工地设职工食堂、操作间、仓库、墙面贴瓷砖，地面为地砖，无棚造型吊顶，生熟料分开存放，作好食品卫生检查工作；

（11）现场安排若干名卫生保洁员、食品卫生员；

（12）现场设置大小排水沟、污水经三级污水池沉淀后，方可排入水系统，安全人员经常清理；

（13）工地修建冲水而所及化粪池，厕所墙面贴瓷砖，地面贴地砖，严禁随地大小便；

（14）定期时周围环境进行消毒处理和作好其他防蝇，灭鼠工作；

（15）对现场设置饮水设备，并派专人负责服务；

（16）施工现场重点防火部位（木工加工房、临时工棚，配电室，油料及其他仓库）配备足够的灭火器材、消防器材，要定期检查、维修、保养；

（17）设置防火宣传标志，每周进行一次防火检查；

（18）施工现场设置消防车通行道，并保证任何时候畅通无阻；

（19）每个施工班组中安排 2～3 名工人组成义务消防队；

（20）易燃物品设专库房存放，通风良好、照明电器设备符合防火规定；

（21）进行电焊时，周围不得有易燃爆材料；

（22）氧气瓶、乙炔瓶工作间距大于 5m，两瓶与明火作业距离不小于 10m；

（23）给各工种作好防火技术交底，电气安装和电气焊切割作业人员必须持证上岗；

（24）施工现场设三级沉淀的洗车台，对进出现场车辆冲干净，以免影响市容。工地设吸烟室，便于职工休息时有吸烟地方；

（25）施工现场内的主要干道做硬地坪。

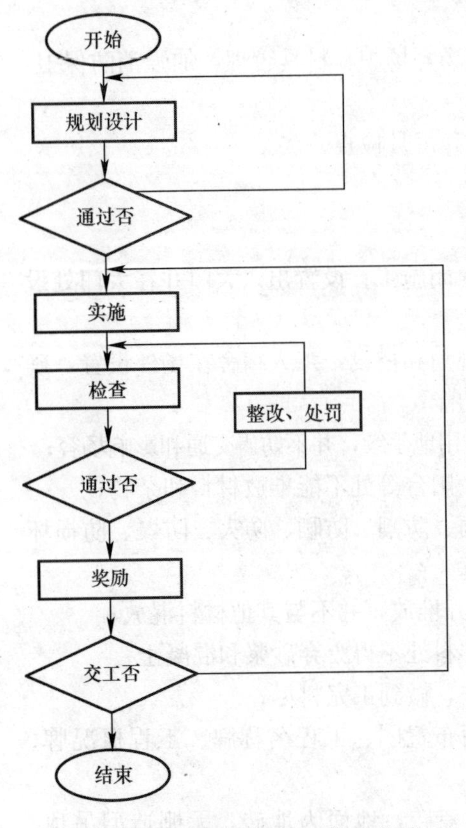

图 5-11　场容场貌管理工作流程图

5.7.3　文明标化的综合治理措施

(1) 场容、场貌管理流程控制

1) 施工现场的场容管理，必须实施划区域分块包干，责任管理，责任区域必须挂牌示意。制定施工现场生活卫生管理、检查、评比考核制度。

2) 现场标化管理必须严格遵守部颁标准来进行管理，定期对照考核。

3) 现场的管理流程过程按场容场貌管理工作流程图执行，见图 5-11。

(2) 图牌、布告栏和广告栏的管理

对安全生产内作业工作必须上墙，做到五牌一图。

现场必须布置安全生产标语和警示牌，做到无违章。

施工区、办公区、生活区应挂标志牌，危险区设置安全警示标志。

可根据业主的要求专为业主设立广告栏。

(3) 临时道路的管理

进出车辆门前要派专人负责指挥。

现场施工道路要畅通。

操作和上下攀登的地方加设防滑措施。

做好排水设施，场地及道路不得积水。

开工前必须做好临时便道。

楼层面要求做到层层清，项目要派专监护清扫，做好监控记录，保护楼层面安全、整洁。

现场建筑垃圾必须采用围护堆放，做到及时处理外运，保护现场文明、整洁。

5.7.4　材料堆放管理

材料、构件不允许乱堆乱放。各种设备、材料应尽量远离操作区域，并不准堆放过高，防止倒塌下落伤人。进场材料严格按场布图指定位置进行规范堆放。

现场材料员必须认真做好材料进场的验收工作（包括数量、质量、质保书），并且做好记录（包括车号、车次、运输单位等）。

材料堆放必须按场布图严格堆放，严禁乱堆、乱放、混放。特别是严禁把材料靠在围墙、广告牌后，以防造成倒塌等意外事故的发生。

5.7.5　临时设施的管理

办公室、厕所、食堂、宿舍等的搭建标准、要求按有关规定执行。制定“办公室及宿舍卫生管理制度”，使施工现场做到整洁、卫生。

5.7.6 保卫措施

(1) 建立专门的保卫机构，统一领导治安保卫工作。

(2) 严格出入制度，组织值班巡逻。

(3) 执行“厦门市社会治安防范责任条例”，层层签订治安责任协议书。

(4) 对施工现场的贵重物资、重要器材和大型设备，要加强管理，严格有关制度，设置防护设施和报警设备，防止物资被哄抢，盗窃或破坏。

(5) 广泛展开法律宣传和“四防”教育，提高广大职工群众保卫工程建设和遵纪守法的自觉性。

(6) 经常开展以防火、防爆、防盗为中心的安全检查，堵塞漏洞，发现隐患要及时采取临时措施，防止发现问题。

(7) 加强对外包队伍的管理，设专人负责对外包队伍进行法制、规章制度教育，对参加施工的民工要进行审查、登记造册，领取暂住证，发工作证，方可上岗工作。对可疑人员要进行调查了解。

5.8 项目进度管理

5.8.1 工期保证组织措施

(1) 项目部下设经营管理组，专门协调内外工作特别是协调外部事务联系，沟通与当地政府、业主及相关部门的工作联系，确保信息的传递。

(2) 生产组安排专人记录调整施工作业时间，以适应气候变化，交通运输变化所造成的影响，及时调度，实施动态管理。

(3) 所有现场管理人员配置对讲机，充分利用现代通讯、交通工具，进行统一调度、指挥。

(4) 加强技术工作管理，确保施工质量一次达标，避免因返工所造成的工期延误和损失。

(5) 建设单位、监理单位、设计单位、监督站等单位大力协作，及时组织分部、分项工程验收、隐蔽验收和竣工验收，必要时通过绿色通道，简化验收程序。

(6) 必要时施工连续作业，每天按二、三班作业。

(7) 落实资金计划，确保工程进度款和必要的工程备料款及时到位；赶工措施费按国家费率定额和有关文件计取，并保证及时投入。

5.8.2 人力、材料保证措施

(1) 公司拥有广泛的相对固定的管理人员，管理队伍业务素质高且经验丰富。

(2) 根据施工进度计划、提前编制材料计划、临时设施材料须在开工前准备齐。

(3) 及时编制《材料采购计划》、《劳动力计划》，及时组织材料和劳动力进场，特别是装饰材料等应提前看样订货。

根据该工程的工程量（工程量清单所提供，及现场初勘），工期要求及公司施工作业组织，拟作出如下劳动力的安排：

1) 本工程土建、装饰及安装施工队各配置两个班组，便于抢工期，轮班作业。

2) 主体结构施工投入两支土建施工队，下设钢筋班组、木工班组、混凝土班组。

3）在装饰阶段投入两支装饰队，负责墙面的抹灰涂料、墙面砖及地砖面层等的施工。

（4）安装施工队主要负责完成承包范围内的水电安装工程施工任务。

（5）专业施工队主要负责完成承包范围内的门窗工程、道路工程、防水工程等相应工程施工任务。

（6）综合施工队（普工）主要负责完成室外及其他零星工程施工任务。

该工程劳动力来源于该企业具有此类工程创优施工经验的作业队伍。具体劳动力安排及进场时间详见劳动力计划表（表5-5）。

劳动力计划表 **表5-5**

工种名称	计划总用人数	按工程施工阶段（日历天）投入劳动力情况										
		20	40	60	80	100	120	140	160	180	200	220
土方班组	30	30	30	30	30	30	30	30	30	30	30	30
钢筋班组	60	60	60	60	60	60	60	10	10	10	10	10
混凝土班组	60	60	60	60	60	60	60	10	10	10	10	10
模板班组	60	60	60	60	60	60	60	10	10	10	10	10
钢结构班组	90	60	60	90	90	90	90	90	90	30	10	10
泥水班组	100	30	50	50	50	50	100	100	100	100	100	30
门窗班组	30	30	30	30	30	30	30	30	30	30	30	30
油漆、涂料班组	40	40	40	40	40	40	40	40	40	40	10	10
水电班组	100	50	50	50	50	50	50	100	100	100	100	50
外架班组	60	60	60	60	60	60	60	60	60	60	20	20
普工组	20	20	20	20	20	20	20	20	20	20	20	20

5.8.3 机械设备保证措施

（1）配备3台挖掘机和15部自卸汽车。

（2）震动压路机1台。

（3）配备3台混凝土搅拌机和砂浆搅拌机6台。

（4）其他机械详见拟投入的主要施工机械设备表（表5-6）。

（5）机修班跟班确保机械设备完好率。

拟投入的主要施工机械设备表 **表5-6**

序号	机械名称、设备名称	型号规格	数量	国别产地	制造年份	额定功率	生产能力	自有或租赁或拟购
1	汽车吊	100t	2台	福州	2009			租赁
2	挖掘机		3台	中国	2008			自有
3	装载机		1台	中国	2009			自有
4	震动压路机	18t	1台	中国	2009			自有
5	自卸汽车	东风	15台	杭州	2009			自有
6	柴油发电机	黄山	1台	江苏	2009	50kVA		自有
7	打夯机	HWD	4台	上海	2009	2kW		自有
8	离心高压泵	HZJ-60	2台	漳州	2009	4kW		自有
9	高压洗车设备		1套	福州	2009			自有

续表

序号	机械名称、设备名称	型号规格	数量	国别产地	制造年份	额定功率	生产能力	自有或租赁或拟购
10	混凝土搅拌机	JZ350	2台	浙江	2009	15.5kW	0.35m³/次	自有
11	砂浆机	HJ200	6台	浙江	2009	3kW	200L/次	自有
12	平板震动器	Pa-50	4台	上海	2008	1.1kW		自有
13	插入式震动器	HZP-70A	4台	上海	2008	1.1kW		自有
14	圆盘锯	K6	2台	福州	2009	3kW		自有
15	木工电锯		2台	福州	2009	2.2kW		自有
16	交流焊机	BX-320	4台	漳州	2009	36kVA		自有
17	压力试压泵	10～22mm	2台	福州	2009			自有
18	气割设备		4套	上海	2008			自有
19	钢筋切断机	GW40	1台	江苏	2009	7.5kW		自有
20	电渣压力焊机	UN-100	1台	江苏	2009	100kVA		自有
21	钢筋调直机	JK-A	1台	江苏	2009	7.5kW		自有
22	钢筋弯曲机		1台	江苏	2009	5.5kW		自有
23	混凝土试模		18组	福州	2009			自有
24	坍落度计		4套	福州	2009			自有
25	砂浆试模		18组	福州	2009			自有
26	经纬仪	J-2	2台	南京	2009			自有
27	水准仪	DS-6	2台	南京	2009			自有
28	全站仪	尼康	1台	中国	2009			自有
29	汽车泵		2台	中国	2009			租赁
30	双轮手推车		30部	福州	2008			自有
31	潜水泵		8台	福州	2008			自有
			钢结构生产加工设备					
1	车床	C6132A1	1	广州	2009			自有
2	车床	C6246	1	沈阳	2009			自有
3	摇臂钻床	Z3080×25	3	沈阳	2009			自有
4	立式钻床	Z5140A	2	沈阳	2009			自有
5	钻铣床	ZX30	2	广州	2008			自有
6	空压机	V-6/8-1	2	沈阳	2009			自有
7	空压机	FT150320	2	厦门	2009			自有
8	单梁吊机	DLD-5T	2	广州	2009			自有
9	二氧化碳弧焊机	KRⅡ500	2	唐山	2009			自有
10	交流弧焊机	BX3-500-2	12	上海	2009			自有
11	直流弧焊机	AX5-500	2	上海	2008			自有
12	焊条烘干炉	ZY-30	2	温州	2008			自有

续表

序号	机械名称、设备名称	型号规格	数量	国别产地	制造年份	额定功率	生产能力	自有或租赁或拟购
13	仿形气割机	CG2-150	2	杭州	2009			自有
14	半自动切割机	CG1-30	2	上海	2009			自有
安装工程施工设备								
1	电焊机	WS-400B	6	北京	2010	10-14kW	400A	自有
2	电动试压泵	DSY-165＼6.3	2	浙江	2009	1.1kW	16MPa	自有
3	电动套丝机	DN15-100	2	上海	2009	0.75kW	100mm	自有
4	电动弯管机	DN50	2	福州	2009	1.1kW	小于57mm	自有
5	液压车	5t	1	上海	2008		5t	自有
6	叉车	5t	1	厦门	2008	55kW	5t	自有
7	手提焊机	6KW	4	漳州	2009	6kW	150A	自有
8	砂轮切割机	D400	2	福州	2008	2.2kW	400mm	自有
9	冲击电钻	26mm	8	福州	2008	750W	26mm	自有
10	角向磨光机	100-150	4	福州	2009	300W		自有
11	焊条烘干恒温箱	100Kg	2	苏州	2010	15kW	100kg	自有

5.8.4 现场施工管理措施

（1）配备1台50kW发电机组、1座蓄水池（30m^3）等应急措施，防止停水、停电影响施工，并做好防台风预案。

（2）根据施工组织设计，编制好日、月计划，每天抓好落实工作。

（3）按照施工网络进度，科学组织流水施工，充分利用空间，合理穿插、配合。

（4）做好分项施工准备工作，技术交底、安全交底、保证质量安全的同时保证进度。

（5）抓好质量、避免返工，进行自检、互检和交接检制度。

（6）雨季、台风季节的施工，做好施工场地的排水措施，硬地坪施工；有防台风应急预案。

（7）开展劳动竞赛和施工现场文明达标活动，调动一切积极因素，落实经济责任制，提高劳动效率，保证工期按质按量完成。

5.8.5 夜间施工措施

（1）夜间施工要有足够的照明设施。施工现场要做好落手清工作，不乱堆物，保持工作面上整洁。

（2）脚手架的转角、上人梯及各层楼梯口、施工洞口等到相应安装36V安全照明灯。

（3）现场配备手电筒若干，以备检查之用。

（4）夜间严禁进行搭、拆脚手架等高空危险作业，以确保安全。

如有特殊情况，需经工地负责人的批准，并采取相应措施后方可进行。

（5）水、电线路尽可能排放整齐，不准乱拖乱拉，以防出意外事故。

（6）夜间施工安排好夜餐保证夜间施工效率。

（7）尽量避免夜间施工，防止对周围造成太大的噪声污染。

5.9 项目应急预案

5.9.1 防停水、停电应急措施

(1) 措施制定原则

保证工程能连续顺利进行；保证水量、电力满足施工需要。

(2) 应急措施

1) 在配电房旁设置1台50kW的内燃固定式发电机且与供电线路接入口相接，设置1座蓄水池（$30m^3$，内设高压抽水泵）且与供水线路出水口相连。

2) 平常在发电机内和仓库配备足量的柴油，在蓄水箱蓄满水，以便要用时能马上投入使用。

3) 一旦出现停水、停电现象时，由项目经理或项目副经理马上通知工地电工人员，由电工人员启动发电机或蓄水箱，其他人员不得操作启动。

4) 当恢复供水、供电时，再由电工人员先关掉发电机、蓄水箱，然后再接通市政供水、供电。

5) 电工人员平常应经常检查发电机和蓄水箱，使之随时处于备用状态。

5.9.2 防台风预案

因厦门地处台风多发生地区，因此施工时必须指定可靠的防范安排及保证措施。

(1) 防范原则：首先保证人员免伤亡原则，保证工地财产免遭损失原则。

(2) 防范重点：施工塔吊、施工电梯、外脚手架、活动房以及未完工的楼层模板等。

(3) 抗灾安排：

1) 进场后及时准备抗灾物资，备足麻袋、雨布及加固材料，以备抗灾之用。

2) 安排专人每天收听天气预报，做到有准备有计划。

3) 经常与当地的气象部门联系，了解天气情况。

4) 施工机具及时进行收集撤离。施工材料有计划的安排。

5) 临时房屋四周及顶部进行加固处理，防止台风吹倒或掀顶。

6) 台风来临前派专人进行巡逻，注意关键部位的加固。一旦出现危险根据现场情况组织人员进行抢修加固。

7) 台风来临前，安排专人进行工地值班，一旦出现险情，及时通知抗洪领导小组，以便组织抢险。

5.9.3 应急救援物资列表（表5-7）

应急救援物资表 **表5-7**

序 号	物资名称	单 位	数 量
1	发电机组	组	1
2	挖掘机	台	1
3	装载机	台	1

续表

序　号	物资名称	单　位	数　量
4	运输车辆	台	5
5	潜水泵	台	5
6	槽钢及钢管	根	50
7	雨衣	件	100
8	雨鞋	双	100
9	麻袋	个	2000
10	雨布	张	20

第三部分　建筑工程施工执业规模标准、执业范围、建造师签章文件介绍

6　房屋建筑工程施工执业规模标准介绍

6.1　房屋建筑工程施工执业资格概述

改革开放以来，在我国建设领域内已建立了注册建筑师、注册结构工程师、注册监理工程师、注册造价工程师、注册房地产估价工程师、注册规划师等执业资格制度。2002年12月5日，人事部、建设部联合印发了《建造师执业资格制度暂行规定》（人发[2002] 111号），这标志着我国建立建造师执业资格制度的工作正式建立。该《规定》明确规定，我国的建造师是指从事建设工程项目总承包和施工管理关键岗位的专业技术人员。

建造师是懂管理、懂技术、懂经济、懂法规，综合素质较高的复合型人员，既要有理论水平，也要有丰富的实践经验和较强的组织能力。建造师注册受聘后，可以建造师的名义担任建设工程项目施工的项目经理、从事其他施工活动的管理、从事法律、行政法规或国务院建设行政主管部门规定的其他业务。

建造师与项目经理定位不同，但所从事的都是建设工程的管理。建造师执业的覆盖面较大，可涉及工程建设项目管理的许多方面，担任项目经理只是建造师执业中的一项；项目经理则限于企业内某一特定工程的项目管理。建造师选择工作的权力相对自主，可在社会市场上有序流动，有较大的活动空间；项目经理岗位则是企业设定的，项目经理是企业法人代表授权或聘用的、一次性的工程项目施工管理者。

项目经理责任制是我国施工管理体制上一个重大的改革，对加强工程项目管理，提高工程质量起到了很好的作用。建造师执业资格制度建立以后，项目经理责任制仍然要继续坚持，国发[2003] 5号文是取消项目经理资质的行政审批，而不是取消项目经理。项目经理仍然是施工企业某一具体工程项目施工的主要负责人，他的职责是根据企业法定代表人的授权，对工程项目自开工准备至竣工验收，实施全面的组织管理。有变化的是，大中型工程项目的项目经理必须由取得建造师执业资格的建造师担任。注册建造师资格是担任大中型工程项目经理的一项必要性条件，是国家的强制性要求。但选聘哪位建造师担任项目经理，则由企业决定，那是企业行为。小型工程项目的项目经理可以由不是建造师的人员担任。所以，要充分发挥有关行业协会的作用，加强项目经理培训，不断提高项目经理队伍素质。

6.2 房屋建筑工程施工执业规模标准

2007 年 7 月 4 日，建设部（现住房与城乡建设部）发布了《注册建造师执业工程规模标准》（建市［2007］171 号），对施工执业人员资格及其对应的执业工程规模和类别给出了定量标准，予以明确界定。

《注册建造师执业工程规模标准》涉及 14 种不同类型的工程，分别是：房建、公路、铁路、通信、民航、港口、水利、电力、矿山、冶炼、石油、市政、机电、装饰。其中的房建工程，依据专业特点分成了 14 个工程类别、35 个子项目类别，再依据技术复杂程度、投资额等指标，将每项工程类别划分成大型工程、中型工程和小型工程三个规模等级。并规定：大中型工程项目负责人必须由本专业注册建造师担任；一级注册建造师可担任大中小型工程项目负责人，二级注册建造师可担任中小型工程项目负责人。

《注册建造师执业管理办法》（试行）第二十八条规定，“小型工程施工项目负责人任职条件和小型工程管理办法由各省、自治区、直辖市人民政府建设行政主管部门会同有关部门根据本地实际情况规定。”目前，多个省市已发布了相关规定，施工企业在任命小型工程施工项目负责人时，除依据《注册建造师执业工程规模标准》确定工程规模外，还应查询建设行政主管部门及有关部门颁发的地方性管理办法，任命符合规定的专业人员担任项目经理。

6.3 小型房屋建筑工程规模标准（表 6-1）

小型房屋建筑工程规模标准 **表 6-1**

序号	工程类别	项目名称	单位	规模	备注
1	一般房屋建筑工程	工业、民用与公共建筑工程	层	＜5	建筑物层数
			米	＜15	建筑物高度
			米	＜15	单跨跨度
			平方米	＜3000	单体建筑面积
		住宅小区或建筑群体工程	平方米	＜3000	建筑群建筑面积
		其他一般房屋建筑工程	万元	＜300	单项工程合同额
2	高耸构筑物工程	冷却塔及附属工程	平方米	＜2000	淋水面积
		高耸构筑物工程	米	＜25	构筑物高度
		其他高耸构筑物工程	万元	＜300	单项工程合同额
3	地基与基础工程	房屋建筑地基与基础工程	层	＜5	建筑物层数
		构筑物地基与基础工程	米	＜25	构筑物高度
		基坑围护工程	米	＜3	基坑深度
		软弱地基处理工程	米	＜4	地基处理深度
		其他地基与基础工程	万元	＜100	单项工程合同额
4	土石方工程	挖方或填方工程	万立方米	＜15	土石方量
		其他挖方或填方工程	万元	＜300	单项工程合同额

续表

序号	工程类别	项目名称	单位	规模	备注
5	园林古建筑工程	仿古建筑工程、园林建筑工程	平方米	＜200	单体建筑面积
		国家级重点文物保护单位的古建筑修缮工程	平方米	无	修缮建筑面积
		省级重点文物保护单位的古建筑修缮工程	平方米	＜100	修缮建筑面积
		其他园林古建筑工程	万元	＜200	单项工程合同额
6	钢结构工程	钢结构建筑物或构筑物工程（包括轻钢结构工程）	米	＜10	钢结构跨度
			吨	＜100	总重量
			平方米	＜3000	单体建筑面积
		网架结构的制作安装工程	米	＜10	网架工程边长
			吨	＜50	总重量
			平方米	＜200	单体建筑面积
		其他钢结构工程	万元	＜300	单项工程合同额
7	建筑防水工程	各类房屋建筑防水工程	万元	＜50	单项工程合同额
8	防腐保温工程	各类防腐保温工程	万元	＜50	单项工程合同额
9	附着升降脚手架	各类附着升降脚手架设计、制作、安装工程	米	＜15	高度
10	金属门窗工程	铝合金、塑钢等金属门窗工程	层	＜5	建筑物层数
			米	＜15	建筑物高度
			平方米	＜1000	单体建筑面积
			万元	＜100	单项工程合同额
11	预应力工程	各类房屋建筑预应力工程	米	＜10	跨度
			万元	＜100	单项工程合同额
12	爆破与拆除工程	大爆破工程	级	＜D	爆破等级
		复杂环境深孔爆破、拆除爆破及城市控制爆破及其他爆破与拆除工程	级	＜D	爆破等级
		机械和人工拆除工程	万元	＜200	单项工程合同额
13	体育场地设施工程	高尔夫球场、室内外迷你高尔夫球场和练习场工程	公顷	＜25	单项工程占地面积
			万元	＜300	单项工程合同额
			洞	＜9	洞数
		体育场田径场地设施工程	万人	＜0.5	容纳人数
			万元	＜300	单项工程合同额
		体育馆（包括游泳馆、冬季项目馆）设施工程	人	＜300	容纳人数
		合成面层网球、篮球、排球场地设施工程	平方米	＜2000	建筑面积
		其他体育场地设施工程	万元	＜150	单项工程合同额
14	特种专业工程	建筑物纠偏和平移等工程	万元	＜100	单项工程合同额
		结构补强、特殊设备的起重吊装、特种防雷技术等工程	万元	＜50	单项工程合同额

7 房屋建筑工程注册建造师签章文件介绍

7.1 注册建造师签章文件概述

《注册建造师管理规定》第二十二条规定，“建设工程施工活动中形成的有关工程施工管理文件，应当由注册建造师签字并加盖执业印章。施工单位签署质量合格的文件上，必须有注册建造师的签字盖章。”《注册建造师执业管理办法》（试行）第十二条规定，“担任建设工程施工项目负责人的注册建造师应当按《注册建造师施工管理签章文件目录》和配套表格要求，在建设工程施工管理相关文件上签字并加盖执业印章，签章文件作为工程竣工备案的依据。”

为配合注册建造师的执业管理，住房与城乡建设部于2008年6月2日发布了《注册建造师施工管理签章文件》（试行）（建市［2008］42号)。《注册建造师施工管理签章文件目录》是注册建造师在执行活动中使用的重要的工程施工管理文件，复合了注册建造师自律性内部规制与他律性外部监管的要求。对于担任建设工程施工项目负责人的注册建行师而言，在施工管理文件上签章，既是执业权利，也是执业义务；无论所管理的建设工程项目规模大小，签章文件作为实施执业行为的载体和规制个人执业秩序的配套文件，在执业活动中必须按规定使用、签署、用章。

《注册建造师施工管理签章文件》以法律法规、工程建设强制性标准、建设工程合同来规范施工项目负责人代理行为。作为行业最佳实践和受政策引导的执业标准，小型工程的施工项目负责人无论是否取得了注册建造师资格，都可以参考和应用《注册建造师施工管理签章文件目录》，对施工项目自开工准备至竣工验收，实施全过程、全面管理，提高施工项目负责人执业效率，统一执业标准。

7.2 房屋建筑工程签章文件类型

与《注册建造师执业工程规模范围》所设定的工程类型相同，注册建造师施工管理签章文件共分为14种工程类型。其中房建签章文件目录，主要针对“一般房屋建筑工程”，高耸构筑物工程、园林古建筑工程、体育场地设施工程、特种专业工程等房屋建筑专业工程，则参照一般房屋建筑工程的有关文件执行。

房建施工管理签章文件分成施工组织管理、施工进度管理、合同管理、质量管理、安全管理、现场环保文明施工管理和成本费用管理7个部分共44个文件。签章文件目录见表7-1。

注册建造师施工管理签章文件目录（房屋建筑工程） **表 7-1**

工程类别：一般房屋建筑工程

文件类别	文件名称
施工组织管理	项目管理目标责任书
	项目管理实施计划或施工组织设计报审表
	主要或专项工程施工技术措施或方案报审表，如高大脚手架方案、深基坑方案、吊装方案等
	施工项目部施工管理体系、质量管理体系和职业健康安全管理体系、环境管理体系审批表
	工程开工报告
	分部工程动工报审单
	总监理工程师通知回复单
	工程施工月报
	工程停工（局部停工）和复工报审表
	与其他工程参与单位（建设、监理、分包、政府监管单位等）来往的重要函件
施工进度管理	总体施工工程进度计划报审表
	单位工程施工进度计划报审表
	工程延期申请表
合同管理	工程分包合同
	工程设备、材料招标书和中标书
	合同补充、变更、中止、终止确认文件
	涉及合同管理的承诺书（确认函）及外来文、册（确认函）
	分包工程申请审批表
	分包工程招标文件
	合同变更和索赔申请报告
	工程质量保修书
质量管理	单位（子单位）、分部工程质量验收记录
	单位（子单位）、分部工程质量报验申请表
	单位工程质量评定表
	单位工程竣工（预）验收报验申请表
	单位工程质量竣工验收记录
	工程质量重大事故调查处理报告
	工程竣工报告
	工程交工验收报告
安全管理	工程项目安全生产责任书
	分包工程安全管理协议书
	安全事故应急预案
	其他危险性较大的工程专项施工方案及安全验算结果报审表
	施工现场消防方案报审表
	施工现场安全事故上报、调查、处理报告
现场环保文明施工管理	施工环境保护措施及管理方案报审表
	施工现场文明施工措施报批表

续表

文件类别	文件名称
成本费用管理	工程进度款支付报告
	工程费用和价款变更报告
	工程费用索赔申请表
	月工程进度款报审表
	工程竣工结算报告及报审表
	竣工结算报审表
	安全经费计划表及费用使用申请报告

7.3 房屋建筑工程签章文件范例

7.3.1 项目管理实施计划（方案）/施工组织设计（方案）报审表（CA102）

CA102

房屋建筑工程

项目管理实施计划（方案）/施工组织设计（方案）报审表

工程名称：××房屋改建工程编号：×××

<table>
<tr><td>致 ××市××工程项目管理咨询有限公司：
我方已根据施工合同的有关规定完成了 ××房屋改建工程施工组织设计（方案），并经我单位技术负责人审查批准，请予以审批。
附：项目管理实施计划（方案）
施工组织设计（方案）

施工单位（章）：××市××建筑有限公司
施工项目负责人（签章）：×××
××年××月××日</td></tr>
<tr><td>监理审批意见：
1. 施工现场质量管理制度中缺少技术交底制度内容；
2. 专业工种操作上岗证中个别已过有效期；
3. 未见检验批、分项分部（子分部）单位（子单位）工程验收的划分。
以上 3 条内容请补充并报监理单位审核。

项目监理机构（章）：××市××工程项目管理咨询有限公司
总监理工程师（签章）：×××
××年××月××日</td></tr>
<tr><td>建设单位批复意见：
请按监理单位审批意见予以修改或补充。

建设单位（章）：××市××房地产置业有限公司
建设单位项目负责人（签字）：×××
××年××月××日</td></tr>
</table>

注：本表由施工单位填写，一式三份，批复后由建设、监理、施工单位各留一份。

7.3.2 施工现场文明施工措施报审表（CA602）

CA602

房屋建筑工程

施工现场文明施工措施报审表

工程名称：××房屋改建工程编号：×××

<table>
<tr><td>致××市××工程项目管理咨询有限公司（监理单位）
我方已根据施工合同的有关规定完成了 ××房屋改建工程施工现场文明施工措施计划的编制工作，并经我单位上级技术负责人审查批准，请予以审查。
附：施工现场文明施工措施计划

施工单位（章）：××市××建筑公司
施工项目负责人（签章）：×××
××年××月××日</td></tr>
<tr><td>专业监理工程师审查意见：
同意按该施工措施计划实施。

专业监理工程师（签章）：×××
××年××月××日</td></tr>
<tr><td>总监理工程师审核意见：
同意

项目监理机构（章）：××监理公司项目监理机构
总监理工程师（签章）：×××
××年××月××日</td></tr>
<tr><td>建设单位审查意见：
同意

建设单位（章）：××市××房地产置业有限公司
建设单位项目负责人（签字）：×××
××年××月××日</td></tr>
</table>

注：本表由施工单位填写，一式三份，审核后由建设、监理、施工单位各留一份。

8 建造师诚信体系、职业道德及法律责任

8.1 建造师信用体系

建造师的信用体系建设是建筑业信用体系建设的一部分，而我国建造师一般还能担任项目经理或其他工作，工作性质、职业责任、职业风险相对于我国其他专业执业人员来说有较大不同，因此，建立合理有效的信用体系显得尤为重要。

2007年6月，建设部发布了《关于征求〈注册建造师信用档案管理办法〉(征求意见稿）意见的通知》建市监函［2007］37号，对我国建造师的信用档案管理提出了一定的指导性意见。2008年1月7日，全国建筑市场诚信信息平台正式的开通启用，也标志着建筑市场信用体系建设工作迈出了关键的一步，意识全国建筑加强行业自律、完善诚信建设的一项重要举措。但是，由于我国目前缺乏相应的法律法规建设，同时对于建造师的信用评价还没有统一的信用评价标准，因此该办法作为诚信法规体系的一个部门，还缺少实施的土壤。

因此，在下阶段对于建造师的信用体系的建设过程中，在之前工作成果的基础上，首先应当重视法律法规的建设，为信用体系的建设和市场各参与主体的信用行为提供必要的法律依据，规范我国的信用市场；其次是要尽快建立一套科学的、完善的信用评价体系，能够对我国建造师的诚信行为作出客观和普遍实用性的评价结果；再次是要加快统一的信息发布平台的建设工作，建立建筑市场诚信体系的基础性工作，能够确保诚信信息搜集整理及时准确和实现共享；最后是要充分发挥行业协会的监督和约束作用，建立行业内部监督和协调机制，建立以会员单位为基础的自律维权信息平台。

8.2 建造师职业道德

建造师是以专业技术为依托、以工程项目管理为主业的执业注册人员，是懂管理、懂技术、懂经济、懂法规，综合素质较高的复合型人员。建造师职业是职责、权力和利益的统一体。建造师职业的职责是必须承担一定的社会任务，为社会做出应有的贡献；建造师职业的职业权力是从事建造师工作的人拥有的特定权力；建造师职业的职业利益是建造师从工程管理工作中取得工资、奖金、荣誉等利益。

建造师的职业道德是与其职业活动紧密联系的、符合行业特点所要求的道德准则、规范的总和。建造师职业道德不仅是建造师在职业活动中的行为标准和要求，更体现了注册建造师的社会责任与职业追求，是建设行业对社会所承担的道德责任和义务。

建造师的职业道德准则作为行业性的自律标准，区别于法律法规的强制性规范，属于对建造师行为的提倡和鼓励的性质，并不具有其他惩罚性措施，但是基于我国注册建造师信用档案管理的办法，作为信用记录在案，作为建造师资质和行为的参考。

由于我国建设行业执业资格制度总体起步较晚，相比于发达国家，仍有较大的差距。2002年，中国建设工程造价管理协会出台了《工程造价咨询单位执业行为准则》和《造价工程师职业道德行为准则》，从单位和个人两方面对行为准则进行了规定。同年，中国对外承包工程商会也出台了《中国对外承包工程和劳务合作行业规范》，从行业的层面进行规范。2005年，为规范注册环境影响评价工程师的行为，国家环境保护总局制定了《建设项目环境影响评价行为准则与廉政规定》，一定程度上起到了职业道德行为准则的作用。

中国建设监理协会规定了“监理工程师职业道德准则”，中国设备监理协会也研究制定了“设备监理工程师的职业道德准则”，针对房地产估价师等执业资格有关部门也在不同文件中制定了相应道德准则。各个地方也有着不同的尝试，1998年河北省建设监理协会出台《河北省建设监理行业行为准则》，2002年上海市房地产估价师协会出台《上海市房地产评估行业执业自律准则》，2007年北京市建设工程造价管理协会召集276家工程造价咨询企业负责人共同签定了“北京市工程造价咨询行业自律公约”，倡议在全市工程造价咨询企业开展“守法、诚信”的经营理念，提倡“科学公正、优质服务、廉洁自律”的职业准则，守法经营，诚信敬业，树立良好的社会形象，共同维护行业自律公约，强化自我约束机制，积极推进北京市工程造价咨询行业的职业道德建设。2010年12月12日中国工程咨询协会会员代表大会通过了《中国工程咨询业行业公约和职业道德行为准则》。与咨询工程师相比，我国建造师一般担任项目经理或其他工作，工作性质、职业责任、遴选途径、职业风险等均有较大的不同。CIOB、RICS、PMI等均从学会的角度对会员的行为做出了规定，我国目前仅有造价工程师、监理工程师、设备监理师等咨询工程师类的职业道德准则。通过对比国内外类似执业资格职业道德行为准则的实施现状，考虑到我国建造师的实际情况，我国《注册建造师职业道德行为准则》应包括以下几个方面的内容：

（1）关于建造师的社会责任。描述建造师的职业道德追求，如可持续发展的理念等，特别是目前建设行业中健康、安全、环保越来越得到重视，建造师在执业过程中必须充分考虑自身的社会责任，以树立良好的社会形象。

（2）关于建造师应遵守法律及有关行为准则的规定。

（3）关于建造师职业能力的规定。应强调关于建造师继续教育和终身学习的明确要求。目前，建设行业出现建筑技术的复杂程度增加、对建筑节能和绿色建筑要求增高、大型建设项目增多等趋势，对于主要从事工程项目管理工作的建造师也提出了更高的要求，必须熟悉和掌握技术和管理方面的最新进展。

（4）建造师应积极谋求避免利益冲突情况，以实现“多赢”，成就和谐建设行业。

（5）关于建造师应树立风险意识的有关规定。

（6）关于建造师职业责任保险的规定。

（7）关于建造师信用档案信息的有关规定等。

8.3 建造师法律责任

建设部发布的《注册建造师管理规定》(以下简称《规定》),对建造师的注册、执业、监督管理及法律责任在《规定》中明确。

《规定》中明确了注册建造师的法律责任有八条:

(1) 隐瞒有关情况或者提供虚假材料申请注册的,建设主管部门不予受理或者不予注册,并给予警告,申请人1年内不得再次申请注册。

(2) 以欺骗、贿赂等不正当手段取得注册证书的,由注册机关撤销其注册,3年内不得再次申请注册,并由县级以上地方人民政府建设主管部门处以罚款。其中没有违法所得的,处以1万元以下的罚款;有违法所得的,处以违法所得3倍以下且不超过3万元的罚款。

(3) 违反本规定,未取得注册证书和执业印章,担任大中型建设工程项目施工单位项目负责人,或者以注册建造师的名义从事相关活动的,其所签署的工程文件无效,由县级以上地方人民政府建设主管部门或者其他有关部门给予警告,责令停止违法活动,并可处以1万元以上3万元以下的罚款。

(4) 违反本规定,未办理变更注册而继续执业的,由县级以上地方人民政府建设主管部门或者其他有关部门责令限期改正;逾期不改正的,可处以5000元以下的罚款。

(5) 注册建造师在执业活动中有不履行注册建造师义务;在执业过程中,索贿、受贿或者谋取合同约定费用外的其他利益;在执业过程中实施商业贿赂;签署有虚假记载等不合格的文件;允许他人以自己的名义从事执业活动;同时在两个或者两个以上单位受聘或者执业;涂改、倒卖、出租、出借或以其他形式非法转让资格证书、注册证书和执业印章;超出执业范围和聘用单位业务范围内从事执业活动;法律、法规、规章禁止的其他行为等九种行为的,由县级以上地方人民政府建设主管部门或者其他有关部门给予警告,责令改正,没有违法所得的,处以1万元以下的罚款;有违法所得的,处以违法所得3倍以下且不超过3万元的罚款。

(6) 注册建造师或者其聘用单位未按照要求提供注册建造师信用档案信息的,由县级以上地方人民政府建设主管部门或者其他有关部门责令限期改正;逾期未改正的,可处以1000元以上1万元以下的罚款。

(7) 聘用单位为申请人提供虚假注册材料的,由县级以上地方人民政府建设主管部门或者其他有关部门给予警告,责令限期改正;逾期未改正的,可处以1万元以上3万元以下的罚款。

(8) 县级以上人民政府建设主管部门及其工作人员,在注册建造师管理工作中,有对不符合法定条件的申请人准予注册的;对符合法定条件的申请人不予注册或者不在法定期限内作出准予注册决定的;对符合法定条件的申请不予受理或者未在法定期限内初审完毕的;利用职务上的便利,收受他人财物或者其他好处的;不依法履行监督管理职责或者监督不力,造成严重后果的等行为的,由其上级行政机关或者监察机关责令改正,对直接负责的主管人员和其他直接责任人员依法给予处分;构成犯罪的,依法追究刑事责任。

表8-1对建造师的不良行为、法律依据及处罚依据做了总结。

建造师不良行为的认定和处罚依据表 **表 8-1**

行为类别		不良行为	法律依据	处罚依据
注册	1	隐瞒有关情况或者提供虚假材料申请注册	《注册建造师管理规定》第六条、第十一条	《注册建造师管理规定》第三十三条《中华人民共和国行政许可法》第七十八条
	2	以欺骗、贿赂等不正当手段取得注册证书	《注册建造师管理规定》第七条、第九条	《注册建造师管理规定》第三十四条《中华人民共和国行政许可法》第七十九条
	3	涂改、倒卖、出租、出借或以其他形式非法转让资格证书、注册证书和执业印章	《注册建造师管理规定》第二十六条	《注册建造师管理规定》第三十七条
	4	未办理变更注册而继续执业	《注册建造师管理规定》第十三条	《注册建造师管理规定》第三十六条
执业	1	泄露在执业中知悉的国家秘密和他人的商业、技术等秘密	《注册建造师管理规定》第二十五条、第二十六条	《注册建造师管理规定》第三十七条
	2	未取得注册证书和执业印章，担任大中型建设工程项目施工单位项目负责人，或者以建造师的名义从事相关活动	《中华人民共和国建筑法》第十四条 《注册建造师管理规定》第三条	《注册建造师管理规定》第三十五条
	3	同时担任两个及两个以上工程项目负责人	《注册建造师管理规定》第二十一条、第二十六条	《注册建造师管理规定》第三十七条
	4	超出执业范围和聘用单位业务范围内从事执业活动	《中华人民共和国建筑法》第十四条 《注册建造师管理规定》第二十六条	《注册建造师管理规定》第三十七条
	5	索贿、受贿或者谋取合同约定费用外的其他利益	《注册建造师管理规定》第二十六条	《注册建造师管理规定》第三十七条
	6	实施商业贿赂	《注册建造师管理规定》第二十六条	《中华人民共和国建筑法》第六十八条 《注册建造师管理规定》第三十七条
	7	签署有虚假记载等不合格的文件	《注册建造师管理规定》第二十六条	《注册建造师管理规定》第三十七条
	8	允许他人以自己的名义从事执业活动	《注册建造师管理规定》第二十六条	《注册建造师管理规定》第三十七条
	9	同时在两个或者两个以上单位受聘或者执业	《注册建造师管理规定》第二十六条	《注册建造师管理规定》第三十七条
	10	未按照要求向注册机关提供准确、完整的注册建造师信用档案信息	《注册建造师管理规定》第三十二条	《注册建造师管理规定》第三十八条

续表

行为类别		不良行为	法律依据	处罚依据
其他	1	因过错造成质量事故	《建设工程质量管理条例》第二十六条	《建设工程质量管理条例》第七十二条
	2	未履行安全生产管理职责	《建设工程安全生产管理条例》第二十一条	《建设工程安全生产管理条例》第六十六条
	3	违章指挥、强令职工冒险作业，因而发生重大伤亡事故或者造成其他严重后果	《中华人民共和国建筑法》第四十七条	《中华人民共和国建筑法》第七十一条
	4	在注册、执业和继续教育活动中，发生其他违反法律、法规和工程建设强制性标准的行为	《建设工程安全生产管理条例》第四条 《建设工程质量管理条例》第二十六条	《建设工程安全生产管理条例》第五十八条 《建设工程质量管理条例》第七十二条